U0293630

# 广东生态景观林带

## 营建模式及关键技术研究

邓鉴锋 ■ 主编

中国林业出版社

China Forestry Publishing House

**图书在版编目(CIP)数据**

广东生态景观林带营建模式及关键技术研究 / 邓鉴锋主编.
-- 北京：中国林业出版社，2017.11
ISBN 978-7-5038-9354-4

Ⅰ.①广… Ⅱ.①邓… Ⅲ.①生态型－森林－经营管理－研究－广东
Ⅳ.①S718.55

中国版本图书馆CIP数据核字(2017)第265300号

**中国林业出版社·科技出版分社**
责任编辑：于界芬

出　版：中国林业出版社（100009 北京西城区德内大街刘海胡同 7 号）
网　址：www.lycb.forestry.gov.cn　电话：(010) 83143542
印　刷：固安县京平诚乾印刷有限公司
版　次：2017 年 11 月第 1 版
印　次：2017 年 11 月第 1 次
开　本：787mm×1092mm　1/16
印　张：14.75
字　数：294 千字
定　价：98.00 元

# 广东生态景观林带
## 营建模式及关键技术研究

# 编 委 会

**主　编**　邓鉴锋

**副主编**　陈传国　杨沅志　姜　杰

**编　者**　（按姓氏笔画排序）

王武敏　王喜平　邓洪涛　叶金盛　华国栋　许文安

刘周全　刘建明　刘彩红　刘碧云　李爱英　吴焕忠

陈汉坤　陈　芳　陈倩倩　陈黄礼　陈富强　苏晨辉

陆康英　林寿明　林育红　杨超裕　战国强　郭彦青

赖广梅　黎荣彬　薛春泉

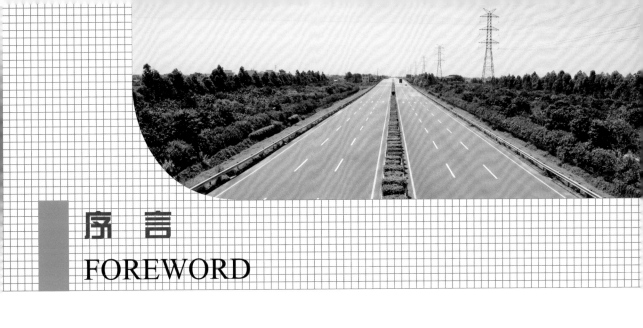

# 序 言
# FOREWORD

　　《中共中央、国务院关于加快推进生态文明建设的意见》提出"把生态文明建设放在突出的战略位置，融入经济建设、政治建设、文化建设、社会建设各方面和全过程，协同推进新型工业化、城镇化、信息化、农业现代化和绿色化"的决策部署。党的十八届五中全会把绿色发展作为新的发展理念之一。习近平总书记先后提出"绿水青山就是金山银山"，"森林是水库、钱库、粮库"等一系列重要论述，强调森林"是人类生存的根基，关系生存安全、淡水安全、国土安全、气候安全和国家外交战略大局"；在2016年1月召开的中央财经领导小组第十二次会议上更是强调森林关系国家生态安全，必须突出抓好"四个着力"，着力推进国土绿化、着力提高森林质量、着力开展森林城市建设、着力建设国家公园；在2017年3月参加首都义务植树活动时则指出"造林绿化功在当代、利在千秋的事业，要一年接着一年干，一代接着一代干，撸起袖子加油干"。总之，对于建设生态文明、建设美丽中国、实现中华民族永续发展具有重大的现实意义和深远的历史意义。

　　近年来，广东省委、省政府提出把绿色化作为广东永续发展战略，不断推动广东生产方式和生活方式绿色化，坚定不移走绿色发展、循环发展、低碳发展的路子，将打造环境新优势作为一项重要工作予以推进，先后出台了《全面推进新一轮绿化广东大行动的决定》及《关于建设生态景观林带 构建区域生态安全体系的意见》。目前，广东林业牢固树立创新、协调、绿色、开放、共享的发展理念，以建设"全国绿色生态第一省"为目标，以林业供给侧结构性改革为主线，加快推进林业重点生态工程，着力提升森林质量，持续保护森林资源，发展绿色惠民产业，优化森林生态安全格局，林业生态建设取得丰硕成果，生态状况进一步优化，人居环境明显改善，为保障国土生态安全打下了良好基础。截至 2016 年年底，森林面积达 1086.7 万 hm$^2$，森林覆盖率达 58.98%，森林蓄积量 5.73 亿 m$^3$，林业产业总值达 7600 亿元，珠江三角洲地区被确定为全国首个"国家级森林城市群建设示范区"。

多年来，广东省林业调查规划院领导组织相关技术人员和专家学者结合广东林业生态建设，尤其是生态景观林带建设的进程及实践，先后完成了《广东省生态景观林带建设规划（2011—2020 年)》《广东省生态景观林带建设指引》《广东省生态景观林带植物选择指引》《生态景观林带作业设计技术规范（DB44/T 1109—2013)》等编写工作。在此基础上，该院将基础理论与施工实践结合，系统提炼了生态景观林带的概念，深入分析不同林带类型和不同立地条件下的营建模式，对生态景观林带建设的树种选择技术、植物配置技术、色彩设计技术、植物群落设计技术、特殊立地条件下营建技术和模块化设计技术等进行专题研究，组织编写了《广东生态景观林带营建模式及关键技术研究》一书。本书的出版为广东生态景观林带建设提供科学的理论依据和技术支撑，对深入推动广东绿色生态省建设具有重要的理论意义和应用价值。

广东省林业厅厅长

2017 年 6 月

# 前言
# PREFACE

　　生态景观林带是在北部连绵山体、交通主干线两侧、主要江河两岸及沿海海岸一定范围内，营建以乡土树种为主的，具有多层次、多树种、多色彩、多功能、多效益的森林绿化带。2011年8月，广东省人民政府出台了《关于建设生态景观林带 构建区域生态安全体系的意见》（粤府〔2011〕101号），决定在全省范围内大力推进生态景观林带建设，充分发挥林业在维护区域生态安全、发展生态文明、促进宜居城乡建设、提升可持续发展水平中的独特作用。2013年，省委、省政府做出《关于全面推进新一轮绿化广东大行动的决定》（粤发〔2013〕11号），以生态景观林带建设为重要抓手之一，实施绿色发展战略，提升生态文明建设水平，力争通过10年左右的努力，将广东省建设成为森林生态体系完善、林业产业发达、林业生态文化繁荣、人与自然和谐的全国绿色生态第一省。

　　生态景观林带建设是一项系统生态工程，既不同于传统的山地造林绿化，也不同于常规的园林景观绿化，它是一项以营建线型森林景观为主、兼顾点和面的旨在精准提升森林质量和景观水平的国土绿化工程。根据全省2012—2015年度林业四大重点生态工程中期核查数据显示：截至2015年年底，全省生态景观林带建设总里程为8705.1km、总面积5.68万hm$^2$。但由于个别地方对生态景观林带的内涵理解不足，出现人工植被群落痕迹明显、过度追求景观效果、大量引进外来树种和珍贵树种、超大规格苗木上山上路、景观不协调、特色不明显等问题，从而影响了生态景观林带建设的水平，综合生态效益及景观效果未能充分发挥。

本研究围绕"生态建设"与"景观建设"的理念，根据广东省近年来生态景观林带建设实际，将基础理论与施工实践结合，系统总结生态景观林带的概念和内涵，筛选出适合广东生态景观林带建设的3类模式组及15种建设模式，综合提炼生态景观林带营建的树种选择技术、植物配置技术、色彩设计技术、植物群落设计技术、特殊立地条件下营建技术和"5S"模块化设计技术等，同时探索生态景观林带建设的生态效益评价指标体系和美景度预测模型，从而为今后景观林带建设及完善提升，提供科学的理论依据和技术支撑。

本书共有8章，具体撰写分工如下：前言由邓鉴锋编写，第1章由邓鉴锋、姜杰编写，第2章由陈倩倩编写，第3章由陈芳编写，第4章由姜杰编写，第5章由陈传国、李爱英、邓洪涛编写，第6章由陈传国、杨沅志、邓洪涛编写，第7章由姜杰、杨超裕编写，第8章由邓鉴锋、杨沅志编写；书后附表和附件由陈传国、姜杰、陈倩倩、王武敏等整理；书中插图由广东省岭南综合勘察设计院邓洪涛绘制；全书的总体框架和统稿由邓鉴锋负责；全书校审由李爱英和刘彩红负责，编委会的其他成员负责提供相关资料和校核工作。在研究编写过程中得到了广东省林业科学研究院曾令海研究员、华南农业大学陈红跃教授和陈世清教授、中国科学院华南植物园曹洪麟研究员、中国林业科学研究院热带林业研究所李意德研究员、广州大学黄金玲教授、广东省林业科技推广总站张心结教授级高级工程师等专家的大力支持和帮助，广东省绿化委员会办公室、广东省林业厅科技处、营林处等处室及广东省林业政务服务中心为本研究提供了大量的资料，在此一并表示诚挚的谢意。特别感谢广东省林业厅陈俊光厅长拨冗为本书作序，这不仅是对本书编写组工作的充分肯定，更是对广东以生态景观林带建设为主要抓手，深入推动新一轮绿化广东大行动，努力建成"全国绿色生态第一省"发出的再一次总动员。

　　由于编者水平有限，书中难免有疏漏和不足之处，敬请读者批评指正。


编　者

2017 年 6 月于广州

# 目 录
# CONTENTS

## 附 录

# 第一章　研究背景

## 第一节　问题由来

### 一、广东省生态景观林带建设的时代背景

#### （一）中共中央、国务院和广东省委、省政府高度重视森林生态安全

森林生态系统是地球陆地上覆盖面积最大、结构最复杂、生物多样性最丰富、功能最强大的自然生态系统，在维护自然生态平衡和国土生态安全中有着其他任何系统无可替代的作用，是国土生态安全的基础和条件。以森林为主要经营对象的林业，既是重要的社会公益事业，也是一项重要的基础性产业，承担着改善生态状况、维护生态安全、促进经济社会发展的重要使命。林业生态建设是维护区域生态安全的基础，是实现区域可持续发展的必要保障。

中共中央和广东省委、省政府十分重视生态文明建设。习近平总书记在中央财经领导小组第 12 次会议上强调森林关系国家生态安全，并提出维护森林生态安全的"四个着力"，着力推进国土绿化、着力提高森林质量、着力开展森林城市建设、着力建设国家公园。生态安全是国家安全的重要组成部分，是国家赖以生存和发展的重要基础，直接关系着国家经济社会的可持续发展能力。2003 年 6 月《中共中央　国务院关于加快林业发展的决定》提出中国林业发展的总体战略：确立以生态建设为主的林业可持续发展道路；建立以森林植被为主体的国土生态安全体系；建设山川秀美的生态文明社会。生态建设是生态安全的基础，生态安全是生态文明的保障，生态文明是生态建设所追求的最终目标。2005 年 2 月，广东省委、省政府作出《关于加快建设林业生态省的决定》，确立了以生态建设为主的林业可持续发展道路，大力保护、培育和合理利用森林资源，实施林业重点工程，创建林业生态县，建设林业生态省，构建国土生态安全体系和以生态经济为特色的林业产业体系，建设生态文明社会，促进人与自然和谐发展，为广东省全面建设小康社会、率先基本实现社会主义现代化发挥重要作用。2009 年，中央林业工作会议在"三地位"的基础上，又赋予林业在应对气候变化中具有特殊地位。时任国务院总理温家宝指出，发展林业任务艰巨、使命光荣，要求认真贯彻落实科学发展观，一代一代人坚持不懈地干下去，使我国的林业有更大的发展，生态环境有更大改善，祖国的大好河山更加秀美，为经济社会可持续发展提供有力保障。2011 年 8 月，时任中共中央总书记胡锦涛在视察广东时强调，要"加强重点生态工程建设，构筑以珠江水系、沿海重要绿化带和北部连绵山体为主要框架的区域生态安全体系，真正走向生产发展、生活富裕、生态良好的文明发展道路"。时任广东省委书记汪洋在全省贯彻胡锦涛总书记重要讲话精神干部大会上要求，加强林业生态建设，构筑区域生态安全体系。

加强生态建设、维持生态安全、促进生态文明是林业的首要职责和主要任务。为了充分发挥林业在维护区域生态安全、发展生态文明、促进宜居城乡建设、提升可持续发展水平的独特作用，2011 年 8 月，广东省人民政府出台了《关于建设生态景观林带 构建区域生态安全体系的意见》（粤府〔2011〕101 号），决定在全省范围内大力推进生态景观林带建设，充分发挥林业在维护区域生态安全、发展生态文明、促进宜居城乡建设、提升可持续发展水平中的独特作用。

（二）积极适应新常态，促进林业转型升级的迫切要求

改革开放以来，全省通过"五年消灭荒山""十年绿化广东""林业分类经营""林业生态省建设""发展五个林业"等一系列举措，林业生态建设取得丰硕成果，森林资源实现了生长量大于消耗量的良性循环，生态状况进一步优化，人居环境明显改善，为保障国土生态安全打下了良好基础。2015 年，全省林业用地面积 1095.89 万 hm²，有林地面积 995.38 万 hm²，森林覆盖率 58.88%，森林蓄积量 5.61 亿 m³。全省林业产业总产值 7150 亿元，森林生态效益总值 1.3 万亿元，连续多年位居全国前列[1]。

经过多年坚持不懈的努力，广东森林资源虽然在数量实现了较大的增长，但森林的总体质量却一直不高。据调查，全省乔木林公顷蓄积量为 41.4m³、公顷生物量为 44.9t，分别占全国平均水平的 52.0% 和 73.61%，仅占世界平均水平的 44.0% 和 41.19%。乔木林公顷株数为 1998 株，林木平均胸径为 9.9cm。这表明全省林木仍处于中幼龄阶段，林分质量不高。其次，森林结构还不合理，有待进一步优化。全省森林群落结构还相对简单，树种结构也不尽合理，许多林相层次单一，景观单调，主要表现为"五多五少"现象：即中、幼林多，近、成、过熟林少；

---

1　数据来源：广东省林业厅《广东省林业发展"十三五"规划》。

纯林多、混交林少；针叶林多，阔叶林少；单层林多、复层林少；低效林多，优质林少。据广东第六次森林资源连续清查统计，全省以马尾松和杉木为主的针叶林面积占乔木林总面积的44.1%，针阔混交林面积占9.5%，以桉树、软阔为主的阔叶林面积占39.2%，木本果林面积占7.2%。这种状况将会导致森林的生态防护功能减弱，抵御自然灾害的能力下降。同时，森林生态系统也较容易遭受病虫害和森林火灾的威胁，严重制约了林业生态建设的健康发展。这与全省经济社会发展和广大人民对生态产品需求日益增长的形势不相适应。

当前，广东林业生态建设已经进入了提质增效阶段。建设生态景观林带，是进一步优化森林结构，提升森林质量的切入点和突破口。加快推进交通主干线两侧、沿江两岸、海岸沿线周边山地的造林绿化工作，构建区域生态安全体系是新时期新形势下广东林业生态建设面临的一项重要课题和紧迫任务。

**（三）维护国土生态安全，增强防灾减灾能力的现实需要**

广东是经济大省，改革开放以来，国民经济一直保持快速、健康的发展，取得了世人瞩目的成就。"十三五"期间，全省的交通道路建设仍然处于"大建设、大发展"的阶段，特别是高速公路建设将继续保持投资稳步增长的发展趋势，新增高速公路里程4000km，高速公路出省通道总数达到28条（含港澳），实现与各陆路相邻省区之间有5条及以上高速公路通道。到2020年，全省公路通车总里程将达到25万km，其中高速公路总里程力争达到11000km。近几十年来，道路交通设施建设速度较快，但沿线的森林生态景观建设相对滞后，不论是生态功能、还是景观功能和社会效益，都远不能满足当前经济社会发展和建设生态文明的要求。可以预见，未来一段时期，全省交通主干线两侧的森林生态环境保护将面临更为严峻的挑战。

建设生态景观林带，将串联起破碎化的森林斑块和生态廊道，构建完善的森林生态网络体系，增强自然生态空间的连通性。同时，还有助于保护野生动植物的物种多样性，提供栖息地和迁徙廊道。生态景观林带建设将极大地改善沿线推进生态景观林带建设，提高森林质量，不仅是建设幸福广东的重要举措、推进绿化美化生态化的有效途径，也是进一步改善城乡生态环境、减少各类生态灾害、维护国土生态安全的具体行动，在保障国土生态安全中发挥着不可替代的作用。

**（四）实施绿色发展战略，积极应对气候变化的具体举措**

广东正全力推进国家低碳省试点工作，节能减排、应对气候变化的任务十分艰巨，不仅要靠发展低碳经济、促进工业直接减排，而且必须依靠实施绿色发展战略、促进森林间接减排。广东提出2015年要在2009年基础上增加森林面积60万 $hm^2$、森林蓄积量1.32亿 $m^3$ 的"双增"目标，各市、县都必须承担和落实相应的"双增"任务。生态景观林带建设是在满足交通服务功能的前提下，充分保护沿线自然植被，增加交通主干道两侧、江河两岸、海岸沿线绿化的有效覆盖率，以达到最大限度改善生态环境的目的。建设生态景观林带体现了绿色发展的丰富内涵，更强调植树造林和林相改造并重，强化森林抚育，提升森林质量，推动实现"双增"目标。

## 二、现实挑战

### （一）城市交通廊道发展迅速，城市森林景观破碎化严重

道路交通设施的快速发展，给社会经济发展提供强大的推动力。同时，也给区域带来了负面的影响。从生态学的角度来看，纵横交错、四通八达的高速公路将原有大规模的自然生态空间分割成许多分散的、零星的自然斑块，对森林生态系统、湿地生态系统、农田生态系统和城市生态系统的物质循环和能量交换产生阻隔作用。其中，影响最大的就是野生动植物的自然迁徙通道、栖息地和繁衍地。从景观学的角度来看，高速公路在建设过程中，不可避免地进行劈山填沟，形成了一定的裸露坡面和取、弃土场，如果不及时恢复沿线的森林植被，将会呈现出日益破碎化的城市森林景观。

### （二）江河两岸森林生态廊道网络体系不够完善，功能亟待提升

江河两岸一般具备优良的景观资源，在保障流域水系的水源涵养、水土保持功能的同时，还要满足城市居民游憩、观光的需求。目前，区域森林质量普遍不高，林分空间层次简单、绿地空间利用率不高、景观单调，森林生态系统的功能不能有效发挥，加上多暴雨的自然条件，导致了水土流失时有发生，造成土壤肥力下降，一些地区甚至形成沙荒地，农田被毁，旱涝频繁发生。而随着城市化进程加快，人口剧烈增长，人们对城市及周边游憩场所、公共绿地的需求也越来越多，全省江河两岸的森林生态廊道网络体系较为薄弱，亟需改善。

### （三）滨海沿岸生态防护功能脆弱，抵御自然灾害能力较低

广东是全国海岸线最长的省份，沿海地区常受台风、海潮袭击，台风发生频率和强度居全国之首。由于人口的快速增长和经济的高速发展，近海养殖和无序开发导致沿岸原生生境破坏，红树林及沿海滩涂湿地资源减少，区域生态承载力下降，生物多样性受到破坏，赤潮等自然灾害频繁发生。只有加强生态建设，做好缺口断带地区的植树造林，尽快实现沿岸基干林带的真正合拢，才能有效提升滨海沿岸的生态防护功能，为城市构筑起一道优质高效的沿海绿色生态屏障。

## 三、需求分析

### （一）满足公众追求幸福感的重要载体

人与自然和谐发展，是人类追求的一种理想生存境界。随着社会的不断进步和人们生活水平的不断提高，对改善生活环境的强烈需求也不断增加。这种需求是人们追求幸福感的内在动因。高速公路、铁路沿线将全省主要的城市和城镇连接起来，发展成为城乡生活的重要组成部分。人们的生活将很大程度上得益于、依赖于道路交通建设的快速发展，沿线生态环境的好坏也直接反映着人们对幸福

生活的感观。

省委十届八次全会提出"加快转型升级、建设幸福广东"的目标要求，对广东林业加快转变发展方式、提升现代林业发展质量提出了新的更高要求。林业作为生态建设和绿色发展的主体，作为涉及面广、带动作用强的战略性产业，在建设幸福广东中将承担更加重要的责任。时任广东省委书记汪洋提出，幸福广东应当是生态优美的广东，要实施绿色发展战略，率先探索生态文明发展道路，建设宜居城乡，实现绿化、美化、生态化，推动绿色崛起。2011 年 2 月，时任广东省省长黄华华在全省林业工作会议上讲话时提出，广东林业要加快发展，建设全国最好林相，为建设幸福广东作出新贡献，以满足人民群众对幸福广东的新期待。2011 年 3 月，国家林业局与广东省人民政府在北京签署"合作建设广东现代林业强省"的框架协议。在签约仪式上，时任国家林业局局长贾治邦对广东林业未来的发展寄予了很高的期望，同时指出广东林业完全有条件、有可能实现大发展、大跨越，完全有条件在广东城乡打造多层次、多色彩、高标准、高质量的森林景观，在南粤大地构建全国林相最好的大森林。时任常务副省长朱小丹在 3 月召开的粤北地区现场会上也提出，广东要力争通过 5 年或更长时间的努力，打造高标准、高质量的城乡森林景观，将广东林分建设成为全国林相最好的森林。时任副省长刘昆要求，要从加快转型升级、建设幸福广东的战略高度，充分认识建设生态景观林带的重要性和紧迫性，要把生态景观林带建设作为民心工程、德政工程，抓实抓好，抓出成效。省林业厅坚决贯彻落实省委、省政府的决策部署，时任广东省林业厅厅长张育文多次主持召开专门会议，并组织有关专家专题研讨，编制了《广东省生态景观林带建设规划》，把建设生态景观林带建设列为当年林业工作的重中之重。2011 年 4 月，省林业厅 4 月中旬在河源市、梅州市召开全省建设全国最好林相暨森林碳汇重点项目现场会，研讨如何全面建设全国最好林相，推动全省造林绿化工作科学发展，实现"十二五"期间森林面积由 993.3 万 $hm^2$ 增至 1046.7 万 $hm^2$，森林蓄积量由 4.38 亿 $m^3$ 增至 5.51 亿 $m^3$，森林覆盖率由 57% 增至 58% 的发展目标。

广东地处南亚热带和热带季风气候区，是全国光、热、水资源最丰富的地区，气候温暖湿润，热量丰富，日照充足，降雨充沛，土壤肥沃。优越的自然地理条件和丰富的乡土树种资源为全面提升森林质量，建成"结构优、健康好、景观美、功能强、效益高"的林相提供了良好的基础，具备建设多树种、多层次、多色彩、多功能、多效益森林生态体系的独特优势和条件。因此，建设高标准高质量的生态景观林带，就是要打造优美生态、增强防灾减灾能力、建设宜居家园、让人们享受大自然、体验幸福生活的重要载体。

（二）展示生态建设成果的重要窗口

广东道路交通网络系统发达，境内高速公路、干线公路网络密布，这些道路不仅是广东经济繁荣、发展的输血动脉，而且也是广大投资者、游客了解广东的重要窗口。主干道沿线的森林质量和景观水平可以通过这些流动的窗口得到一定的反映，关系到广东区域形象和生态文明建设成果的展现。

近年来，广东经济快速发展和城市化进程不断加快，高速公路和铁路两侧、江河两岸、海岸沿线的森林生态景观建设相对滞后，主要表现为：第一，沿线的省际出入口、城市出入口、交通环岛、收费站点、城镇居住区等许多重要节点的绿化水平整体质量还不高，缺乏整体的规划和布局。第二，沿线两侧还分布着许多零星的裸露地、采石场、采泥场、闲置地、边角地等，迫切需要进行覆绿和改造升级。第三，沿线两侧可视范围内的山地森林质量不高，景观单调、树种单一，有些地方还存在一些疏残林、病残林等，严重影响了广东的区域形象。第四，沿线地区的生态环境问题较为突出，水土流失、森林病虫害、大气污染等还未得到根本解决，森林生态系统的功能未能得到充分的发挥。在生态与景观方面，这些区域是理想与现实矛盾最集中的焦点。因此，无论从生态角度还是从景观角度，都应是林业生态建设的重点。

生态景观林带建设，是在原有森林景观的基础上进行提升优化，是在绿化的基础上进行美化和生态化，是一项较高层次、较深层次的造林绿化工作。生态景观林带将在相对较短的时间内，建成结构合理、效益显著、功能完备的绿色生态廊道和景观通道，将突出体现沿线地区的地方特色树种和花（叶）色树种，有利于增强区域综合竞争力，有利于树立国际形象和旅游形象，有利于展示优美的生态环境。

**（三）建设绿色幸福广东的重要抓手**

经过改革开放 30 多年的快速发展，广东已全面进入经济社会发展转型期，传统发展模式难以为继，推进科学发展、转变经济发展方式的任务艰巨，刻不容缓。同时，人民群众追求美好生活的内容形式更丰富、水准要求更高，追求高质量生活已成为全社会的强烈呼声和价值追求，落实以人为本、增进民生福祉同样任务艰巨、刻不容缓。林业作为生态建设和绿色发展的主体，充分发挥林业生态建设在社会经济发展中的重要作用，支持幸福广东建设，是当前新形势下广东林业迫切完成的一项重要任务。通过近几十年坚持不懈的努力，广东实现了消灭荒山、绿化广东的伟大创举，已经向建设现代林业强省迈出了坚实的步伐。但是，当前森林资源增长只是完成了"量"的扩张，还未全面实现"质"的提升，造林绿化水平同恢复地带性森林植被群落的目标还有一定的差距，同人民群众对改善生态环境和提升生活环境质量的幸福期望还有一定的差距。建设生态景观林带，可以推动我省造林绿化从单纯追求数量向注重数量和质量并重转变，打造多层次、多色彩、高标准、高质量的森林景观，促进宜居城乡建设，满足广大人民群众日益增长的生态产品需求，直接提升人民群众幸福感。

# 第二节　国内外相关研究进展

## 一、高速公路对生态环境影响

在社会转型期，生态环境问题呈现出自然和社会的双重现象（李诚，2011）。因而在生态学与环境学领域，生态环境问题不仅包含自然环境，而且它们都将社会环境系统纳入生态环境的系统之中。因此，研究高速公路建设引发的生态环境问题，应该包括对公路沿线自然环境影响和社会环境影响的两方面分析。

### （一）自然环境影响分析

自然环境包括生物环境和非生物环境两大类。其中生物环境是由生活在自然之中并构成生物生态系统的一切生物的总和；非生物环境是区别于生物之外的由光、热、大气、水分、土壤和各种无机元素组成的为生物环境提供物质、信息、能量的一切生存条件的总和。

高速公路对自然环境的影响主要有四大类。①直接影响区域生态环境系统。主干道建设过程中由于大规模的施工及建成后大规模车流带来的废气、废水、废物、噪声、光照和热污染等直接影响区域自然生态环境系统。②导致原有生物、非生物环境呈现破碎化。高速公路改变了生物环境与非生物环境的原始状态，甚至引起了生物物种的变迁以及非生物组成因素的根本变化，从景观生态学角度看，使得原本自然生态环境系统的物质流、能量流、信息流与价值流被人为改变，总体上呈现破碎化的块状分布格局。③容易引发外来物种侵袭。由于高速公路加快了不同的区域之间的联系，随着人员和车辆的流动，极易将新的物种带入沿线生物环境当中，在一定的非生物条件作用下，往往会引起本地生物多样性的变迁，为有害物种侵入提供了条件。④使得原来的自然生态系统长期处于开放、动态的平衡状态。高速公路是一个开放、运动的交通系统，自身处于不断变动当中，所以必然导致道路沿线自然生态系统也处于开放、运动的状态之中，在这种动态下，自然生态系统不断维持着自身相对的平衡。

### （二）社会环境影响分析

社会环境是人类在利用和改造自然环境中创造出来的人工环境和人类在生活和生产活动中所形成的人与人之间关系的总体。社会环境主要包括：经济、政治、文化、意识等诸方面以及人类生存所遗留下来的建筑物、构筑物和其他形式的人工产物。

高速公路建设对社会环境影响主要有政治、经济、文化等诸多方面。①政治方面。高速公路的建设及投产运营，很可能带来行政权力及行政等级的提升，从而为项目所在地其他领域的发展提供更多的资源条件。②经济方面。高速公路的建成运营改善了区域之间的交通条件，带来了新的投资开发机遇，为道路沿线产业结构的变革与升级提供了良好的物质基础。③文化方面。高速公路的兴建为传统的生活习惯带来了新的挑战，也为新的文化思想意识的传入提供了便捷的通道，在某些方面揭开了当地居民文化生活发展的新纪元。

## 二、森林景观设计

景观既是一个由不同土地单元镶嵌组成，具有明显视觉特征的地理实体，也是一个处于生态系统之上，大地理区域之下的生态系统的载体，同时包括了大地上的建筑、道路、历史遗存等人文要素，是不同尺度的大地综合体，其兼具经济、生态和美学价值。景观是自然与人文相结合的产物，与作为人类生存基本必需物之一的土地密切相关，会随着土地的特征和人类活动的影响而变化，是一个动态的、自然的和社会的系统反映。

以往传统的森林景观设计更多的属于林相改造，即对存在树种单一、结构不合理、林相单调，缺乏季相变化的森林资源景观从游览、观赏的角度出发，根据景观生态学的"斑块、廊道、基质"景观结构原理，合理调整树种、林种结构来提升森林景观效果和质量。随着社会经济的发展，公众对森林所应发挥的多方面生态功能的认识逐渐提升，伴随全社会对生态环境、生态美学不断提高的诉求，森林景观设计也逐渐侧重于城市森林、森林公园、道路系统绿化、沿海红树林建设等方面。

对于森林公园建设，以森林公园所在地的自然地理环境特征和历史人文特色为依据，注重"森林、绿化、溪水"的相互和谐，创造自然、历史、传统与现代相结合的森林公园景观。在道路系统森林景观建设方面，通过运用心理学、色彩学、美学等，在公路可视范围内，研究公路景观规律并应用于工程实践，保持与自然更好的协调，更好地服务用路者，以减少交通事故、增加司乘人员舒适性。并针对诸如城市道路、平原地区道路、滨海道路，山地道路、铁路等不同类型的道路，提出相应的景观设计方案（郑丽，2006；仲欣维，2007；胡春久等，2008；成国涛，2008；张加友，2012）。

## 三、森林景观评价

我国城市森林评价的研究起步较晚，陆兆苏（1985）是国内最早研究城市森林景观美学特征的专家，主要是从理论的探讨到实践分析，以南京市紫金山风景林为对象，进行景观的评价及类型划分。在早期评价的理论研究不够深入，主要是借鉴的国外景观评价技术。直到 20 世纪 90 年代，国内关于城市森林的景观评价工作逐渐开展起来。如一些学者采用了不同的方法对城郊的风景区（陈鑫峰等，2003；简兴等，2008）、森林公园（李世东，1993；张伟，2008）等城市森林景观进行了评价，取得了较好的成果。

当前，国内关于森林景观质量的评价研究主要集中在北京、福建，其他地区还有江西、四川、江苏、上海等地，研究对象有人工林、天然林，包括阔叶林、针叶林及针阔混交林。在研究林内景观的影响因素过程中，得出的结论也不尽相同。有些研究认为影响森林美景度的主要构景要素树干形态、树干排列、林下层总盖度、林下层统一度（陈鑫峰等，2003）、林下层高度、色彩丰富度（欧阳勋志等，2007）、枯倒木、郁闭度（穆艳等，2008）等。其他的研究还表明林下植被覆盖度、枝下高（闫家锋等，2009）、林分透视距离、灌木高度、盖度（李翠翠，2010）、生活型、层次结构、物种丰富度、植物搭配性、空间联系性、灌草统一性（黄广远，2012）、针阔比、通视性（杨鑫霞，2013）等也是影响某些森林群落景观的主要构景要素。关于构景要素与美景度的关系，目前尚未有统一结论。有些研究表明，树干通直的景观群落美景度得分高，树干弯曲的则得分低（陈鑫峰等，2003；杨鑫霞，2013）。但是也有许多研究表明，树干形态不是影响森林林内景观的主要构景要素（车生泉等，2001）。在林下层植物与美景度的关系中，林下层统一的景观美景度相对要高。另外，国内的一些学者在研究郁闭度和美景度得分关系时，结果也不一致。章志都（2007）认为郁闭度对森林景观美景度的影响不显著；张荣（2003）则认为北京西山针叶和阔叶风景林景观的美景度与郁闭度呈负相关的关系。在研究乔木的平均胸径与景观美景度的关系时，李俊英等（2011）认为乔木胸径增加美景度也会有所提高。

## 四、宏观建设模式

森林的营建模式主要是指根据主导功能的不同，结合地带性植被结构及树种组成的客观规律，提出因地制宜的森林植物群落结构和森林空间结构。随着森林经营管理水平的不断提高，森林营建模式研究对象日趋精细化，划分方式主要有两大类。一类是按经营对象所属林种划分，如农田防护林、护路林、沿海防护林、水源涵养林等生态公益林；或者是经济林、速生丰产林等商品林。另一类是按经营对象所处地域划分，如山地森林、城区森林、城郊森林、环城林带等。

从森林营建模式的具体研究内容看，主要是以景观生态学理论为基础，结合经营对象不同的主导功能进行划分的。如对城市环城绿带的营建模式可以划分为生态环保型、生态观光型、生态经济型、生态防护型、生态文化型、生态保健型等类型（李雪松，2008）。对城区森林营建模式可以划分为生态观赏林模式、生态健康林模式、生态环保林模式和生态工业原料林模式等类型（鲍方等，2010）。对商品林营建模式的划分主要是根据立地条件和经营目的，选择适生树种经营搭配，以期达到最佳经济效益（黎晓平，2009；钱振晗等，2012）。已有的对道路森林景观营建模式的划分主要是简单地针对道路两侧肩绿化和集镇段绿化进行探讨（冯建时，2009）。

## 五、主要营造林技术

营造林工程可以说是林业生产的第一道工序，其首要目的就是要在物质生产和物质循环中充分发挥出森林的生态系统效益。所以说，掌握营造林技术、做好营造林工作已经成为林业工作的基础。在实际工程建设过程中，营造林技术的运用需要以造林学、生态学、群落学等学科理论为基础。

### （一）不同迹地的营造林技术

#### 1．火烧迹地造林

首先要考虑的就是混交树种的选择。火烧迹地在被清理之后，可采用整地补植和人工造林。在这个过程中，首先要做好迹地中树种的保留工作。在正式开展造林工作的时候，要根据造林地的立地条件、区域自然物种分布和组成情况，并结合当地的相关造林工程实例，选用适合经营的树种。若营建混交林，则对于混交造林的初植密度要进行科学计算，此外各种树种在迹地中的分布还应当均匀，做到因地制宜、适地适树。

#### 2．采伐迹地造林和补植

不同树种伐桩萌蘖更新能力各有差异，根据这些不同，采伐迹地首先需要做好选育工作，根据伐桩密度和树种的具体情况做好造林工作。对于迹地伐桩稀疏的就需要做好补植的工作，对于无萌蘖更新能力的树种在采伐迹地的选育等造林工作上可以按照火烧迹地的方法进行造林。

#### 3．病虫害迹地造林和补植

在此类型的迹地开展造林工作，首先要保留优势树木的基础上清理或是烧毁那些遭受了病虫害的树木，进一步做好清除杂草和灌丛的工作，并且选取能够抵御病虫害的树种，尽量营建混交林，通过多样性的生态系统来防止病原和虫害的传播，以免造成林木损失，其他营造林技术与采伐迹地营造林基本一致。

### （二）常见生态公益林的营造林技术

#### 1．沿海防护林（红树林）

红树林是生长在热带、亚热带海岸潮间带的植物群落，在促淤保滩、巩固堤岸、抵抗风浪袭击方面，有着其他植物和设施所不能替代的作用。红树林造林树种选择以乡土树种为主，适当选用外来树种。造林地最好选择在附近有天然红树林分布或有零散红树林幼株生长的地块；选择风浪较小的港湾内的宜林滩涂，一般选择在海平面以上的潮滩种植，这样有利于红树林幼苗定根生长。由于风浪对新植红树林幼林影响较大，往往造成成活率和保存率不同，因此应适当密植。常用的造林方法有胚轴插植法、种子播埋法和植苗法3种。

#### 2．水源涵养林（水土保持林）

采用混交造林模式，以营造混交且垂直郁闭好的复层群落结构模式为主。防止单一树种造成土壤理化性状严重变化和发生大面积病虫害。混交类型可以选择针叶树种与阔叶树种混交、深根系树种与浅根系树种混交、耐阴树种与喜光树种、乔木与灌木混交，保留、诱导能与目的树种共生形成人天混交林的天然树种。可以根据坡度、土壤厚度，选择带状混交、块状混交、株间混交等不同的混交方法及具体的混交比例。

3. 护路林

在设计理念上，可以突破传统造林绿化模式，将营造林模式设计融入城市设计思想和手法，强调自然环境与人文环境和谐的营造。设计手法的选用上，尽量运用复合式种植设计，乔、灌、花、草合理配置，形成高低层次有序，提高道路沿线景观质量。此外，综合运用系统工程学的观点和方法，把营造林模式设计与布局作为一个自然、生态、经济等系统复合体来看待，合理组织协调各系统因子之间的关系，求得生态、经济与社会效益协调发展及整体功能的优化。

## 六、树种优选配置

树种配置是根据森林地带性特征、生态群落稳定性和不同环境景观，综合考虑各种生态因子的作用，利用乔木、灌木、藤本、竹类、草本、地被植物、水生植物等本身的形、影、色、香、声、线条、质地等方面的观赏特性，通过合理布置创造出既符合生物学特性又具有不同功能及美学价值的景观。

随着森林景观美学价值逐渐为公众所重视，营林树种选择突破了传统的针对不同经营目的所采用相应的配置模式要求，在发挥森林的生态效益和经济效益的同时，更加关注森林景观的美学价值。森林景观营建中的树种配置方式可主要分为孤植、丛植、片植、对植和列植等。随着环境问题的日益严峻和生态思想的深入人心，树种配置方式的内涵也不断丰富，不再局限于传统的以相对单一目的的配置形式，还包括为满足某种多种功能而进行的植物配置。在树木公园、植物园、珍稀树种种质园等建设中，结合观赏、科普、研究等不同要求，森林景观的树种配置模式可以分为观赏型、环保型、保健型、科普知识型、生产型等。

## 七、工程建设管理

林业中的工程建设管理主要是针对造林工程，工程造林是按照国家基本建设程序，参照工业建设的基本管理办法，按照规划设计，组织管理实施造林。林业造林工程主要具有四方面特点：①林业工程造林是一项在复杂生态环境条件下开展的系统工程；②具有施工面积大、周期长的特点；③需要投入较多人力、物力和财力的工程；④需要建立起一套严密的组织管理体系。林业造林工程的建设管理主要有以下几个方面：

（一）规划设计管理

可采用招标形式，由具有一定资质的具有相应工程建设规划设计经验的单位、公司承担规划设计任务。实行限额设计及相应奖罚制度等竞争、激励机制来优化规划设计方案，同时必须具有经济意识，在满足工程结构及使用功能的前提下，强化经济指标。

**（二）工程施工管理**

以往林业项目的工程建设一般都是由项目实施单位组织人员进行管理，随着社会、经济的快速发展，工程建设领域的监理制度得到了广泛重视，因而可以实行林业项目工程建设监理制度，利用社会力量，使工程在质量、进度等方面得到有效监督，确保工程建设顺利进行。

**（三）工程造价审计**

工程造价审计应贯穿于工程项目建设的全过程，做到提前介入，动态跟踪审计。从概算审计、合同价审计、工程结算审计、竣工决算审计实行"一体化"的过程审计，保证整个投资的合理利用。

## 八、林业工程效益评价

当前对各类林业工程效益评价可以大体分为两大类，一类是从生态、社会和经济效益方面进行综合评价；另一类是从包括树种适应性、景观质量等方面进行专项评价。

综合分析中的生态效益是森林生态系统在维持生命系统与生命系统之间、生命系统与环境系统之间有序结构和动态平衡保持方面输出的效益之和（马国青等，2002；井学辉，2005）。生态效益的评价方法主要有替代市场技术和模拟市场技术两大类，其评价内容主要包括涵养水源、保持水土、改良土壤、制造氧气、防护功能、森林固碳、生物多样性保护等方面（表1-1）。经济效益主要是指通过经营活动生产的木材、薪材以及各种林副产品，通过市场交换获得的经济收益。评价方法主要采用直接市场价格法，评价内容主要有木材生产、薪材生产、林木果实生产、野生经济植物资源等。社会效益主要指森林为人类社会提供的除经济效益和生态效益之外的其他一切效益（张建日等，1999）。社会效益评价方法按照时间因素可分为动态法和静态法；按照评价范围可分为宏观法和微观法；按照市场情况分为直接市场价格法、间接市场价格法（替代市场技术）、非市场价值法（假设市场技术）（陈勇等，2002）。社会效益评价内容主要包括森林旅游、环境美化、景观效益、增加就业人数、优化产业结构等方面。

树种适应性评价是针对目前林业造林树种选择主要依靠经验和主观意愿进行选择，多数采用定性分析，科学依据不足、说服力不强的情况，对特定地区的树种选择提出了一个完整的评价指标体系和数量化评价模型。如以树种的生物学特性、观赏特性和生态功能作为树种选择的主要依据，确定了形态习性、生长速度、土壤适应性、抗病虫性等适宜性评价指标，采用分级评分制对各指标进行量化分级，运用层次分析法和熵值法确定了各指标的综合权重，为区域造林树种选择提

### 表 1-1　国内外部分森林效益评价指标

| 序号 | 研究者 | 森林效益评价指标内容 |
|---|---|---|
| 1 | 中国森林可持续经营标准与指标 | 生物多样性、水土保持、森林的吸收；生产、消费和劳动就业；森林游憩、旅游以及社会、文化、精神价值 |
| 2 | Niels（1998） | 森林在文化、历史、考古等方面的价值；森林的美学与景观价值；森林在宗教信仰方面的价值；森林在旅游和观赏服务方面的价值 |
| 3 | 傅先庆（1990） | 森林提供的就业人数；森林对健康的影响；森林提供的美的享受；森林创造的社会公平、社会凝聚力和社会参与等 |
| 4 | 袁琳等（2003） | 环境美化、疗养保健、增加就业人数、社会文明进步 |
| 5 | 米锋等（2003） | 涵养水源、水土保持、森林防护、固碳、净化大气、森林游憩、野生生物保护 |
| 6 | 黄　卓（2004） | 维持生物多样性、调节气候、涵养水源、保持土壤肥力、维持大气碳氧平衡、净化环境、营养物质贮存与循环 |
| 7 | 李少宁等（2004） | 林地、木材及林副产品、调节气候、涵养水源、保土保肥、固碳制氧、净化环境、维持生物多样性、防风固沙、娱乐、游憩、美学、精神和文化 |
| 8 | 赵同谦等（2004） | 林木产品、林副产品、森林游憩、涵养水源、固碳释氧、养分循环、净化环境、土壤保持和维持生物多样性 |
| 9 | 康文星（2005） | 林产品、涵养水源、土壤保持、净化大气 |
| 10 | 姚孟佳（2012） | 调节气候、净化空气、涵养水源、固碳释氧、隔音降噪、杀菌，林木产品、林副产品，对人类生存、居住、活动以及在人心理和教育方面的作用 |
| 11 | 张　颖（2001） | 森林提供的就业机会；森林对健康的影响和森林提供的美的享受；森林创造的社会公平、社会凝聚力和社会参与等；与森林有关的宗教、文化、习惯、传统、知识 |
| 12 | 李卫忠（2003） | $CO_2$ 固定量、公众对森林价值的认识、产业产值比重、满足精神健康需求、森林游憩价值、增加就业率、社会进步系数 |
| 13 | 王立军等（2011） | 带动区域经济发展、提高劳动就业机会、科技推广示范与国际交流、弘扬传统文化与生态文化 |
| 14 | 刘昕等（2004） | 生物多样性、环境空气质量、水土流失、热岛效应、游憩功能 |
| 15 | 陈红光（2005） | 调节气候、固碳释氧、降低噪音、吸收有害气体、维护生物多样性、改善城市环境、陶冶情操 |
| 16 | 王玉芹（2011） | 生产功能、固碳释氧、降温增湿、净化空气、休闲游憩、涵养水源、文化教育、房地产增值、改善投资环境、提供就业岗位、促进科技进步 |

出了一个具有一定的科学性和可操作性的模式（韦新良，2008）。

　　景观生态质量评价是从景观生态学视角研究森林生态系统的质量状况和变化情况，此类研究具有十分重要的意义，目前已逐渐成为研究热点内容。如从景观稳定性、景观受干扰度和社会经济影响度三个方面构建了景观生态质量评价指标体系，采用熵权法赋予指标权重，利用综合分析法建立了景观生态质量评价模型，通过计算得到不同年份森林的景观生态质量综合评价值（许洛源，2011）。

# 第三节 研究目的意义

## 一、进一步丰富完善生态景观林带内涵、构成和功能，提高社会公众的整体认知水平

生态景观林带建设是新形势下广东林业生态建设勇于探索、敢为人先的一次伟大实践，顺应了时代发展的潮流，符合当前社会经济发展对林业发展提出的现实要求。自生态景观林带这一名词诞生以来，在国内外范围内鲜见与之相关的理论研究，现有的研究更多的是从省级层面和市级层面探讨生态景观林带建设技术。随着生态景观林带建设工程的不断深入开展，生态景观林带的内涵、构成和功能都处于持续不断的变化中。因此，开展广东生态景观林带建设模式研究首要目的是要通过加强生态景观林带相关理论研究，从美学、生态学、文化学、系统学等方面夯实保障生态景观林带科学、有序、高效建设的理论基础，进一步丰富生态景观林带的内涵、完善其体系构成，并以生态功能和景观功能为核心，不断挖掘生态景观林带的综合功能。这样有利于从理论高度，系统性地向公众阐述推动生态景观林带建设的意义。此外，在加强生态景观林带理论研究的同时，结合广播、电视、报纸、网络等平台，加强生态景观林带的宣传力度，可以不断提高社会公众的整体认知水平。

## 二、规范生态景观林带规划、设计、施工及监测等综合技术体系，提升整体建设水平

生态景观林带建设是一项长期的、系统的工程，在建设过程中会积累丰富的实践经验，也会遇到各种前所未见的实际问题。自生态景观林带建设工程如火如荼开展以来，有越来越多的学者将研究点集中于造林树种选择优化、树种生长表现、施工技术、工程监理、成效监测等方面。本研究主要从规划、设计、施工、成效监测等方面对生态景观林带建设开展一系列探究，提出与工程建设各环节相对应的综合技术体系规范，进一步在全省范围内按照统一标准、统一技术，同时兼具地域特色，推动生态景观林带建设，保障和提升生态景观林带整体建设水平。

## 三、探索不同立地条件下生态景观林带营建技术及模式，提升重点地段、特殊区域的建设水平

生态景观林带建设在规划伊始阶段，是立足于省级层面，根据省情、林情编制而成的，具有宏观性和普遍性，在技术方面更多体现出的是通用性。随后多个地级市以省级规划为蓝本，结合当地实际情况和现实需求制定市级规划，并开展相应研究，这在一定程度上将生态景观林带建设具体化，使其与实际应用相结合。

随着生态景观林带建设的不断深入，在加强省级和市级层面生态景观林带建设的相关研究基础上，进一步探索不同立地条件下生态景观林带建设模式与技术显得尤为必要，通过本研究，探索出隧道口、互通立交、服务区、收费站等重点地段，以及矿山、石头山、主干道绕城段等特殊地段的营建模式和造林技术，更好地建设结构优、健康好、景观美、功能强、效益高的生态景观林带。

## 参考文献

鲍方，陈其兵，费世民，等 .2010. 成都市双流县东升镇新城区中心绿带城市森林营建模式及树种选择研究 [J]. 四川林业科技 ,31(3):12-23.

车生泉，王洪轮 .2001. 城市绿地研究综述 [J]. 上海交通大学学报 ( 农业科学版 ),19(3):229-234.

陈红光 .2005. 城市森林评价指标体系研究及应用 [D]. 南京：南京林业大学 .

陈鑫峰，贾黎明 .2003. 京西山区森林林内景观评价研究 [J]. 林业科学 ,39(4):59-66.

陈勇，李智勇 .2002. 森林资源社会效益枝算的指标体系及案例研究 [A].// 侯元兆 . 森林环境价值核算 [C]. 北京：中国科学技术出版社 ,56-60.

成国涛 .2008. 铁路绿化景观规划设计研究 [D]. 成都：四川农业大学 .

董建文，翟明普，徐程杨，等 .2007. 京郊侧柏刺槐混交林植物物种组成特征对林内景观美景度的影响 [J]. 江西农业大学学报 ,29(5):756-761.

冯建时 .2009. 皖南山区干线公路森林景观建设模式探讨 [J]. 安徽林业 ,(6):33-34.

傅先庆 .1990. 林业社会学 [M]. 北京：中国林业出版社 ,(3):105-117.

国家林业局 .2002. 中国森林可持续经营标准与指标 (LY/T1594—2002).

胡春久，娄雪华 .2008. 城市道路绿化景观设计探析 [J]. 中外建筑 ,08:94-96.

黄广远 .2012. 北京市城区城市森林结构及景观美学评价研究 [D]. 北京：北京林业大学 .

黄卓 .2004. 广东深圳内伶仃岛生态系统服务功能生态经济价值评估 [D]. 广州：中山大学 .

简兴，苗永美 .2008. 语义差别法 (SD) 在风景区自然景观评价中的应用——以安徽省凤阳县禅窟寺景区为例 [J]. 资源开发与市场 ,24(11):988-990.

井学辉 .2005. 森林生态效益评价方法 [J]. 河北林果研究 ,(1):80-85

康文星 .2005. 森林生态系统服务功能价值评估方法研究综述 [J]. 中南林学院学报 ,(6).

黎晓平 .2009. 营山县柏木人工混交林营建模式 [J]. 四川林业科技 ,30(1):91-93.

李诚，李进参 .2011. 民族地区生态环境问题及其治理的社会学思考 [J]. 云南社会科学 ,(6):76-80.

李翠翠 .2010. 京郊典型风景游憩林林内景观质量评价技术研究 [D]. 北京：北京林业大学 .

李俊英，闫红伟，唐强，等．2011．沈阳森林植物群落结构与其林内景观美学质量关系研究 [J]．西北林学院学报，26(2):212-219．

李少宁，王兵，赵广东，等．2004．森林生态系统服务功能研究进展——理论与方法 [J]．世界林业研究，17(4):14-18．

李世东，陈鑫峰．2007．中国森林公园与森林旅游发展轨迹研究 [J]．旅游学刊，22(5):66-72．

李卫忠．2003．公益林效益评价指标体系与评价方法的研究 [D]．北京：北京林业大学．

李雪松．2008．城市环城绿带的生态建设与规划设计 [D]．上海：同济大学．

刘昕，孙铭，朱俊，等．2004．上海城市森林评价指标体系 [J]．复旦学报（自然科学版），43(6):988-994．

马国青，宋春姬．2002．森林效益评价与公益林生态补偿问题的思考 [J]．防护林科技，(1):4l-44．

米锋，李吉跃，杨家伟．2003．森林生态效益评价的研究进展 [J]．北京林业大学学报，25(6):77-83．

穆艳，张景群．2008．太白山森林公园主要林型林内景观的定量评价 [J]．西北农林科技大学学报（自然科学版），36(6):119-125．

欧阳勋志，廖为明，彭世揆，等．2007．天然阔叶林景观质量评价及其垂直结构优化技术 [J]．应用生态学报，18(6):1388-1392．

钱振晗，王远志，曹同群，等．2012．新沂市马陵山生态经济林营建模式与效益评价 [J]．江苏林业科技，39(3):8-11．

王立军，王金香，王利民，等．2011．塞罕坝机械林场森林社会效益评价 [J]．河北林果研究，(2):150-152．

王玉芹．2011．厦门城市森林生态系统服务功能及价值评价 [D]．福州：福建农林大学．

韦新良，马俊，刘恩斌，等．2008．生态景观林树种选择适宜性评价技术研究 [J]．西北林学院学报，23(6):207-212

许洛源．2011．福建省海坛岛沿海防护林景观生态质量评价 [D]．福州：福建师范大学．

杨鑫霞．2013．金沟岭林场森林景观格局变化与美学评价 [D]．北京：北京林业大学．

姚孟佳．2012．重庆城市森林建设效益评价研究 [D]．重庆：西南大学．

袁琳，刘存仓．2003．森林社会效益评价初探 [J]．林业经济，(7):43-45．

张加友．2012．平原公路绿化景观设计——以浙江省苍南县灵海快速道为例 [J]．福建农业科技，(08):64-66．

张建日，周晓峰．1999．森林多效益的经挤评估 [A]// 周晓峰．中国森林与生态环境 [C]．北京：中国林业出版社，479-509

张荣．2003．北京西山风景游憩林抚育的研究 [D]．北京：北京林业大学．

张伟．2008．灵石山国家森林公园森林景观美学评价方法 [J]．宁德师专学报（自然

科学版 ), 20(1):21-25.

张颖 . 2001. 必须加强森林资源社会效益的核算 [J]. 经济研究参考 , (2):44-48

章志都 . 2007. 侧柏刺槐林群落生态学特征及林内景观影响研究 [D]. 福州 : 福建农林大学 .

赵同谦 , 欧阳志云 , 郑华 , 等 . 2004. 中国森林生态系统服务功能及其价值评价 [J]. 自然资源学报 , (4).

郑丽 . 2006. 山地城市道路景观规划设计探析 [D]. 重庆 : 重庆大学 .

仲欣维 . 2007. 城市滨海道路景观环境研究 [D]. 西安 : 西安建筑科技大学 .

Forman R T T. 2006. Good and bad places for roads:Effects of varying road and natural pattern on Habitat Loss, Degradation, and Fragmentation. In:Irwin C L，Garrett P and McDermott K P ed. North Carolina:Center for Transportation and the Environment，North Carolina State University, 164-174.

Niels Elers Koch. 1998. 森林与生存生活质量的关系——第十一届世界林业大会文献选编 [G]. 北京 : 中国环境科学出版社 .

# 第二章　研究的主要内容及技术路线

## 第一节　主要内容

　　生态景观林带建设是一项系统生态工程，不同于一般的山地造林绿化，也不是一般的园林景观绿化，它是一项以营建线型森林景观为主、兼顾点和面的国土绿化工程，但由于个别地方对生态景观林带的内涵理解不足，出现人工植被群落痕迹明显、过度追求景观效果、大量引进外来树种和珍贵树种、超大规格苗木上山上路、景观不协调、特色不明显等问题。本研究主要围绕"生态建设"与"景观建设"的理念，深入分析不同林带类型和不同立地条件下的营建模式，将基础理论和工程实践紧密结合，对生态景观林带的营建模式、造林技术、建设关键技术和推广应用进行研究，以确保生态景观林带建设成效，为景观林带建设提供科学的理论依据和技术支撑。

### 一、提出生态景观林带的概念、构成、类型和功能体系

　　以生态学、群落学、生态美学的观点研究生态景观林带"点""线""面"的构成（彭少麟，2012），其中，景观节点（点）是将沿线分布的城镇村居、景区景点、服务区、车站、收费站、互通立交等景观节点进行绿化美化园林化，形成连串的景观亮点；绿化景观带（线）是将高速公路两侧 20 ～ 50m 林带和沿海海岸基干林带作为主线，建成各具特色、景观优美的生态景观长廊；生态景观带（面）是将高速公路 1 km 可视范围内的林地纳入建设范围，改造提升森林和景观质量，形成主题突出和具有区域特色的森林生态景观，增强区域生态安全功能（薛春泉，

2012）。生态景观林带的生态美学与生物多样性是其景观形态构建的重要生态要素（彭少麟，2012），林带的景观建设和植物配置应该遵循群落的时间格局规律，不同植物的物候时间格局是不同的，色彩也不一样，生理生态特征和形态学特征（花、果、叶、根）也不一样（彭少麟，2012），所以，要运用景观生态理论、森林美学理论，合理配置不同树种花色，构建五彩的景观，做到"以点为主""以点带线""与面协调"的景观效果，营建具有多层次、多树种、多色彩、多功能、多效益的森林绿化廊道。

## 二、研究不同立地条件下的营建模式

广东是"七山一水二分田"的省份，地貌主要有山地、丘陵、高原、台地、平原和海岸带地貌，其中，以山地面积最大，高原面积最小，山地面积占总面积的33.5%，粤北地势最高，其面积占全省山地面积的43.1%，而且大多数山地属800m以上的中山，许多山峰高度在1500m以上，全省最高峰石坑崆在西北端。高原面积仅529km$^2$，主要分布于粤北乐昌的梅花以西，由石灰岩组成，地势崎岖起伏。丘陵是广东的第二大地貌类型，占全省面积的26.0%，丘陵按高度分为高丘陵和低丘陵，粤中地势高度最低，高丘陵有较明显的走势，地形起伏较大，截留雨量较多，多成为小河的发源地，低丘陵俗称为"岗"，气候上与平原接近，红色风化壳也较厚。平原面积占全省面积21%，地貌低平，海拔高度小于100m，相对高度4～15m。海岸地貌主要有4种：山地港湾海岸、台地海岸、平原海岸、和红树林海岸，其中：红树林海岸是指红树林平原的海岸带，按其不同的地貌、底质、植被组成和潮水的淹没频度分为水下浅滩带、潮积海滩带、红树植被沼泽带及半红树植被地带（广东省地理志，1999），广东省地形地貌多样化，道路两侧、江河两岸、海岸沿线立地条件错综复杂。因此，研究生态景观林带营建模式必须以"因地制宜、适地适树"为基本原则，针对不同主导功能、立地环境、土壤条件，对垂直结构及树种配置进行分析研究（陈倩倩，2014），提出相应的生态景观林带营建模式。

## 三、研究生态景观林带营建的关键技术

（1）研究群落设计技术，解决人工植被群落痕迹明显的问题。

（2）研究植物配置技术，解决林分结构组成简单的问题。

（3）研究色彩设计技术，解决林分色彩单一问题。

（4）研究树种选择技术，解决植物选择主观臆测问题。

（5）研究施工设计技术，解决施工过程中模块化设计问题。

（6）研究特殊立地改造技术，解决营造林的技术难点。

## 四、研究生态景观林带建设成效评价体系及推广应用情况

2012年全省启动建设23条生态景观林带，截至2015年，全省完成生态景观

林带任务 8705.08km，保存面积 5.8 万 hm²。重点路段生态景观林带基本成行成带、交通主干线两侧、江河两岸林分质量不断提高、生态环境明显改善、生物多样性保护功能显著增强，空间上形成了不同森林区域间的网络，构建了具有保护生物多样性、提升森林质量、调整树种结构、改良森林景观，连接城乡森林系统的绿色廊道。本研究采用层次分析法（AHP）和美景度评价法（SBE），参考《森林生态系统服务功能评价规范》（LY/T1721—2008）等规范，构建生态景观林带生态效益评价指标体系和生态景观林带美景度评价体系。研究评价 15 种营建模式在珠三角地区、粤北地区、粤东地区和粤西地区的推广应用情况及建设成效。

# 第二节　研究方法

## 一、实地踏查法

重点对粤东、粤西、粤北及珠江三角洲地区的近年来生态景观林带建设现状进行调查、研究、总结；再分别抽取 7 个地级市进行实地调研、收集现状照片，并同当地有关部门对建设中存在的问题以及建设经验进行交流，以获取第一手研究资料；另外，针对粤东、粤西等沿海地区沿海基干林带及红树林的建设情况进行实地调研，以便于掌握最准确的调研数据。

## 二、资料收集法

根据研究目的与要求，通过查阅文献获取有关资料，从而全面、准确地掌握所要研究问题的一种研究方法。在本研究中将通过期刊论文检索、出版物查阅等方式收集广东省近年来关于生态景观林带的实践案例资料，并对之进行整理分析，提取相关的理论要素，在充分消化、吸收的基础上，将这些文献资料的观点上升为本研究成果的理论支撑和论证依据。

## 三、德尔菲法（Delphi）

德尔菲（Delphi）方法，最先开始是根据专家的个人判断和专家会议方法的基础上发展起来的一种新型直观定性评价方法，是 60 年代初期由美国兰德（RAND）公司提出。该方法采用函询调查，针对评价问题，有关的领域专家分别提出问题，并对专家们回答的意见综合、整理、反馈，如此循环三至四次，得出趋于一致且可靠性较高的意见，再对意见进行统计归纳得到较为满意的评价结果（杨雅娜，2010）。与一般专家调查法相比，德尔菲法具有匿名性、反馈性和数理性的特点。该方法曾应用于军事评价，现在广泛应用于技术、项目评价方案评价等。本研究中，通过采取德尔菲法，以问卷打分的形式向相关领域专家征询美景度评价初步指标的意见。

## 四、层次分析法（AHP）

层次分析法（Analytic Hierarchy Process，AHP）由美国学者 Saaty 提出，是一种定性与定量相结合的分析方法，主要用于多目标决策问题的分析处理（Saaty and Bennett，1977）。AHP 法是将具体的问题或目标分解为不同的因素，根据各因素之间的隶属关系进行层次组合，形成一个自上而下的分析结构模型。简言之，AHP 法的主要思想是将综合的问题层次化、具体化和简单化。AHP 法的特点是将分析人员的经验判断给予量化，对目标结构复杂且缺乏必要数据的情况非常实用，是目前处理定性与定量相结合问题的比较简单且又行之有效的一种系统分析方法（刘冀钊等，2003）。此方法特别适用于多目标、多准则的复杂问题的决策分析，广泛应用于社会、经济、环境、政治、科学技术等领域，具体体现在管理评价、资源规划配置及安全经济分析等方面（白绍鸣，1997；Vaidya and Kumar，2006；Youssef et al，2011；Subramanian and Ramanathan，2012）。

AHP 法的基本原理主要包括递接层次结构原理、比较标度原理和排序原理（李祚泳等，2004）。递接层次结构原理指系统由多个因素构成，具有相同属性的因素组成系统的同一层次，不同类型的因素形成系统的不同层次，且上一层次因素对它下一层次的因素起支配作用，即形成自上而下的层次支配关系（李祚泳，1991）。比较标度原理，针对构建的层次结构中某层的某个因素，将其下一层中的相关因素两两比较，采用专家咨询评分法得到各因素的相对优劣程度，然后将获取的判断结果构成判断矩阵。其中，有关如何有效量化判断矩阵中的每个因素，当前主要采用"1～9"比较标度法（表2-1）。

排序原理中层次单排序是将判断矩阵中获得有关下一层相关因素优劣程度的数值，再以此对相关因素优劣排序，其中，获取的判断矩阵需进行一致性检验。由于事物本身的复杂性和人类认识的局限性，所获取的判断矩阵的一致性可在一

### 表 2-1  比较标度及其含义

| 标度 | 含义 |
| --- | --- |
| 1 | 因素 $A_i$ 和因素 $A_j$ 具有同等重要性 |
| 3 | 因素 $A_i$ 比因素 $A_j$（或因素 $A_j$ 比因素 $A_i$）稍微重要，但二者的区别不明显、不突出 |
| 5 | 因素 $A_i$ 比因素 $A_j$（或因素 $A_j$ 比因素 $A_i$）明显重要，但二者的区别不是很明显 |
| 7 | 因素 $A_i$ 比因素 $A_j$（或因素 $A_j$ 比因素 $A_i$）强烈重要，但二者的区别不十分突出 |
| 9 | 因素 $A_i$ 比因素 $A_j$（或因素 $A_j$ 比因素 $A_i$）极端重要，但二者的区别十分突出 |
| 2,4,6,8 | 因素 $A_i$ 和因素 $A_j$ 判断的中间值 |
| 倒数 | 因素 $A_i$ 和因素 $A_j$ 相比，得判断矩阵的元素 $A_{ij}$，则因素 $A_j$ 与 $A_i$ 比较的判断值 $A_{ji}=1/A_{ij}$ |

定范围内波动，但不能有太大的偏离。本研究主要采取层次分析法，针对筛选出的生态景观林带生态效益评价因子构建评价体系。主要包括 5 个步骤。

（一）建立层次结构模型

通过认识和分析生态景观林带生态环境的组成特点，将评价其生态质量这一目标分解成多个组成要素，每个组成因素再进一步细分，形成一个自上而下的递阶层次结构（李祚泳，1991）。通常较简单的层级结构模型包括目标层、准则层和方案层三个层次（图 2-1）。

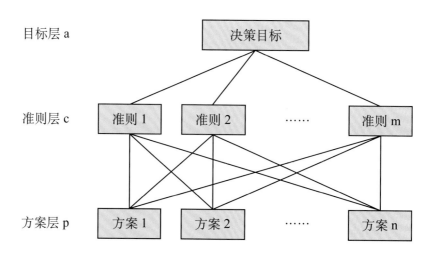

**图 2-1　层次结构模型**

（二）构建判断矩阵

针对步骤（一）中构建的层次结构，根据上一层次的某要素对本层次相关要素的相对重要性进行两两比较，引入"1 ~ 9"比较标度，获得判断矩阵的组成元素，进而构建判断矩阵。本步骤是从层次结构模型的最底层开始，如对层次 $C_k$ 有 $P_1$，$P_2$，•••，$P_n$，$n$ 个因素，通过对这些因素进行优劣（好坏）性比较后可以得到判断矩阵（表 2-2）。

**表 2-2　判断矩阵**

| 层次 $C_k$ | $P_1$ | $P_2$ | ... | $P_n$ |
|---|---|---|---|---|
| $P_1$ | $b_{11}$ | $b_{12}$ | ... | $b_{1n}$ |
| $P_2$ | $b_{21}$ | $b_{22}$ | ... | $b_{2n}$ |
| ... | ... | ... | ... | ... |
| $P_n$ | $b_{n1}$ | $b_{n2}$ | ... | $b_{nn}$ |

由相关标度规定可知，判断矩阵的元素 $b_{ij}$ 有如下性质：

$$b_{ij} > 0 ; b_{ij} = 1 ; b_{ij} = 1 / b_{ji}$$

（三）权重计算

1. 将判断矩阵标准化

$$a_{ij} = \frac{a_{ij}}{\sum_{k=1}^{n} a_{kj}} \quad i, j = 1, 2, \cdots, n \tag{2.1}$$

2. 将标准化的矩阵按行相加

$$W_i = \sum_{j=1}^{n} \overline{a_{ij}} i, j = 1, 2, \cdots, n \tag{2.2}$$

3. 对 $W$ 标准化

$$W_i = \frac{\overline{W_i}}{\sum_{j=1}^{n} \overline{W_j}} \quad i, j = 1, 2, \cdots, n \tag{2.3}$$

则 $W = (W_1, W_2, \cdots, W_n) T$ 为所求得特征向量。

4. 根据 $BW = \lambda_{max} W$ 求出最大特征根及其特征向量

$$\lambda_{max} = \sum_{i=1}^{n} \frac{(BW)_i}{nW_i} \tag{2.4}$$

（四）一致性检验

首先求出步骤（2）中获得判断矩阵的最大特征值 $\lambda_{max}$，然后按照一致性指标求取公式

$$CI = \frac{\lambda_{max} - n}{n - 1}$$

其中，$n$ 为判断矩阵的阶数，得到 $CI$ 值，再由确定平均随机一致性指标（表 2-3），宜居公式 $CR=CI/RI$ 求得随机一致性比值 $CR$。

当 $CR=0$ 时，认为判断矩阵具有完全一致性，对于一阶、二阶矩阵就是这样；当 $0 < CR < 0.1$ 即可认为判断矩阵具有满意的一致性，说明权数分配是合理的；当 $CR \geq 0.1$ 时，认为判断矩阵不具有满意一致性，应该对判断矩阵作适当修正。

表 2-3　平均随机一致性指标

| 矩阵阶数 | 1 | 2 | 3 | 4 | 5 | 6 | 7 | 8 | 9 |
|---|---|---|---|---|---|---|---|---|---|
| $RI$ | 0 | 0 | 0.58 | 0.90 | 1.12 | 1.24 | 1.32 | 1.41 | 1.45 |

### （五）层次单排序和层次总排序

层次单排序是将某一层的所有因素针对上一层某个因素通过判断矩阵计算排出优劣顺序，即求出满足 $BW=\lambda_{max}W$ 的特征向量 $W$ 的分量值；而层次总排序是在层次单排序结果基础上，综合得出本层次各因素对更上一层次的优劣顺序，最终得到最底层（方案层）对于最上层（目标层）的优劣顺序（李祚泳，1991；赵玮等，1995）。

## 五、可能满意度法

可能满意度法是无量纲化的一种方法，是从各个评价指标的可能性及满意程度角度进行评价的。在评价指标体系中，有些指标用可能性评价或用满意度评价，也有二者兼用的指标。此法包括两个要求：①要定出指标可能或满意的范围，即可能度的最高与最低点或满意度的最大与最小点；②评出各层的具体指标在上一层指标上能达到的可能度和满意度。本研究采取可能满意度法，对生态景观林带生态效益的现状值进行无量纲化处理，再结合生态景观林带生态效益评价指标体系，得出最终的评价结果。

## 六、美景度评价法（SBE）

1971 年环境心理学家 Berlyne 提出"激发理论"，认为与人视觉所见的复杂事物与他们对环境的兴趣有关，当一个复杂的景观刺激被试者而超过一定的临界值时，那么被试者会变得困惑而对景观不感兴趣。1976 年 Wohlwill 将此理论用于景观美学中，到 1983 年此理论逐渐发展演变成景观质量评价方法中的心理物理学方法。为了量化景观的定性特征而获得人们对景观评价的数据，Weiming Liao 等认为可以通过 SBE 美景度评价模型来获取，此模型是由 Dnial 和 Boster 提出并已经过验证用于森林质量评价的心理物理学方法，此方法被认为是风景质量评价中最严密和精确的。此模型评价需要通过三个步骤才能得到所评价景观的相关信息：①通过专家或者公众获得评价景观的等级值即美景度值；②选取并确定风景属性，即构成景观的组成要素；③用统计分析软件通过相关、回归等分析，确定评价景观中风景属性对景观的贡献大小。

由于美景度评价操作较简单，大小样本均可，故此模型现已被广泛地应用于各类景观质量评价中，如居住区绿地、园林植物景观、道路绿化植物景观评价、林业系统规划等。其基本方法有如下 5 个步骤。

### （一）拍摄的方法

对不同类型生态景观林以样方为单位进行景观影像的采集。以每一个类型的中心为基点，从中心向 4 个方向和从 4 个方向向中心各拍摄 1 张照片。对于景观的拍摄要能清晰表现所选森林景观的真实情况，能够很好地反映林内和林外近景的景观。本研究在拍摄过程中还需注意以下几方面：①选择在晴天光线好的拍摄条件，不使用闪光灯；②所有的照片都是横向拍摄；③避免拍摄其他非林分结构的景观，如仪器、人、动物等；④使用同一个数码相机，由同一人拍摄。

（二）照片筛选

将不能代表该类型典型特征的照片删除，在剩下的照片中选 1 张最能代表的景观照片。最后选出所有不同类型的林内景观照片。

（三）评价者选择

国内外已经有许多的学者对评价者审美的差异进行了研究。其结果表明，不同人群在审美上具有一致性，不存在显著差异。本次评价通过对比研究不同专业、不同知识背景、不同年龄阶段和不同性别的人群对森林美景度评判上同样没有显著差异。

（四）具体步骤

本次评价选用幻灯片的评价方式。①生成幻灯片，对照片进行分类编号，每张照片的放映时间大概为 8 秒钟；②在评价之前需要向参与评价的人员作一个简单的说明，使其了解研究的内容、目的意义及评价的方法、过程等，但不涉及有关照片的细节；③本次评价一律采用 7 分制打分，根据对每张照片的喜好程度，极喜欢打 3 分，很喜欢 2 分，喜欢 1 分，一般 0 分，不喜欢 1 分，很不喜欢 2 分，极不喜欢 3 分，7 分制有利于对评判对象保持审美尺度的稳定性；④正式放映受评景观的幻灯片。最后回收打分表，并进行检查整理，剔除一些无效表格。

（五）美景度计算

由于评价的结果受森林景观本身的特征以及评价人员的审美影响，因此需要对美景度值进行处理。本次研究采用传统的标准化处理方法，其公式为：

$$Z_{ij} = (R_{ij} - \overline{R}_j) / S_j \qquad Z_i = \sum_j Z_{ij} / N_j$$

式中：$Z_{ij}$——第 $j$ 个评价者对第 $i$ 张照片的标准化得分值；

$\quad\quad R_{ij}$——第 $j$ 个评价者对第 $i$ 张照片的打分值；

$\quad\quad \overline{R}_j$——第 $j$ 个评价者对所有照片的打分值的平均值；

$\quad\quad S_j$——第 $j$ 个评价者对所有照片的打分值的标准差；

$\quad\quad Z_i$——第 $i$ 个景观的标准化得分值。

## 七、实证研究法

实证研究法是通过对研究对象大量的观察、实验和调查，获取客观材料，从个别到一般，归纳出事物的本质属性和发展规律的一种研究方法。实证研究方法主要包括观察法、谈话法、测验法、个案法、实验法等。本研究在建立生态景观林带生态效益评价指标体系的基础上，以全省为研究对象，进行连续年度的实际运用分析。

# 第三节　技术路线

本研究通过收集国内外生态景观建设的相关研究理论和进展，针对广东省的建设实际，创造性地提出生态景观林带的概念与构成，重点研究林带营建模式及配套关键技术，评价近几年生态景观林带建设推广应用情况和建设成效，提出本研究的主要结论与创新点。

具体技术路线见图 2-2。

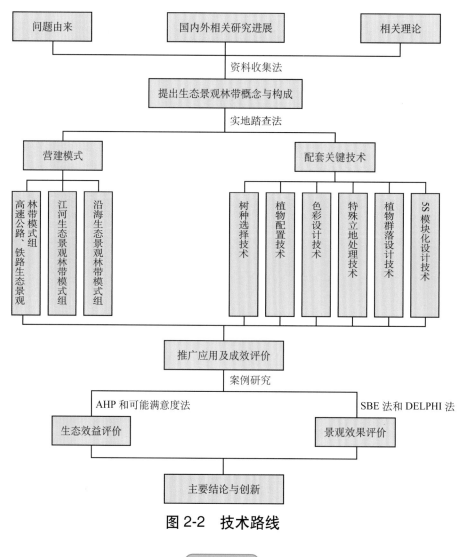

图 2-2　技术路线

# 参考文献

白绍鸣 . 1997. 层次分析法 (AHP) 在安全经济分析中的应用 [J]. 中国安全科学学报，
7(5):57-61.

陈倩倩，邱 权，华月珊 . 2014. 惠州市惠城区生态景观林带树种早期生长表现与评
价 [J]. 广东林业科技 , (4):72-78.

广东省绿化委员会，广东省林业局 . 2011. 广东省生态景观林带建设规划 (2011
2020)[R]. 广州 : 广东省林业局 .

李祚泳 . 1991. 层次分析法及其研究进展 [J]. 自然杂志 . 14(12):904-907.

李祚泳，丁恒康，丁晶 . 2004. 大气颗粒物源解析的 BP 网络权重分析模型 [J]. 四川
大学学报 ( 自然科学版 ), 41(5):1026-1029.

刘冀钊，伍玉容 . 2003. 层次分析法在自然保护区生态评价中的应用初探 [J]. 铁道
劳动安全卫生与环保 , 30(1):17-20.

彭少麟 . 2012. 生态景观林带建设的主要生态学理论与应用 [J]. 广东林业科技，
28(3):82-87.

薛春泉 . 2012. 广东省生态景观林带建设技术探讨 [J]. 广东林业科技 , 28(2):96-99.

杨雅娜，罗羽，刘秀娜，等 . 2010. 重庆市社区护士灾害应对能力现状及影响因素的
研究 [J]. 护理管理杂志 , 10(10):698-699.

余小华 . 1999. 广东省志地理志 [M]. 广州 : 广东人民出版社 .

赵玮，岳德权 . 1995. AHP 的算法及其比较分析 [J]. 数学的实践与认识 . l:25-46.

Berlyne D E. 1971. Aesthetics and Psychobiology(Century psychology series)[J]. New
York: Appleton-Centuyr-Crofts, 1-48.

Daniel T C, Vining J. 1983. Methodological Issues in the Assessment of Landscape
Quality [C]// Altman I, Wohlwill J F. Behavior and Environment. New York: Plenum
Press, 39-83.

Saaty T L, Bennett J P. 1977. A theory of analytical hierarchies applied to political
candidacy[J]. Behavioral Science, 22(4):237-245.

Subramanian N, Rarnanathan R. 2012. A review of applications of Analytic Hierarchy
Process in operations management[J]. International Journal of Production Economics,
138(2):215-241.

Vaidya O S, Kumar S. 2006. Analytic hierarchy process: An overview of applications[J].
European Journal of operational research, 1 69(1):1-29.

Weiming Liao, Keiitirou Nogami. 2000. A Fuzzy-logic-based Expert System for Near-
view Scenic Beauty Evaluation of Hinoki Forest[J]. Journal of Forest Research,
5(3):139-144.

Wohlwill J F. 1976. Environmental aesthetics: The environment as a source of affect. Altman, I., Wohiwill J F(Eds.). Human Behavior and Environment[M]. New York: Plenum Press, 37-85.

Youssef A M, Pradhan B, Tarabees E. 2011. Integrated evaluation of urban development suitability based on remote sensing and GIS techniques:contribution from the analytic hicrarchy process[J]. Arabian Journal of Geosciences, 4(3-4):463-473.

# 第三章 研究的理论基础

## 第一节 森林生态学理论

森林生态学是研究森林生物之间及其与森林环境之间相互作用和相互依存关系的学科，是生态学的一个重要分支（蒋有绪，2003）。研究内容包括森林环境（气候、水文、土壤和生物因子）、森林生物群落（植物、动物和微生物）和森林生态系统（薛建辉，2006）。目的是阐明森林的结构、功能及其调节、控制的原理，为不断扩大森林资源、提高其生物产量，充分发挥森林的多种效能和维护自然界的生态平衡提供理论基础。

### 一、生物多样性原理

生物多样性（biodiversity）是指生命有机体及其赖以生存的生态综合体的多样化（variety）和变异性（variability），生物多样性是生命形式的多样化（从类病毒、病毒、细菌、支原体、真菌到动物界和植物界），各种生命形式之间及其与环境之间的多种相互作用，以及各种生物群落、生态系统及其生境与生态过程的复杂性（任海，2006）。一般来讲，生物多样性包括遗传多样性、物种多样性、生态系统及景观多样性。多样性会导致群落的复杂性，复杂的群落意味着更多的垂直分层和更多的水平斑块格局，生物多样性是生态系统稳定的基础，也会导致生态系统功能的优化。

在生态景观林带建设中应避免造林物种单一化，营造多树种混交林，不同的树种能相互影响、相互制约，改善林内环境条件，招来各种天敌和益鸟，减轻或控制病虫害爆发的可能性。因此，生态景观林带建设要充分利用生物多样性原理，营建具有多层次、多树种、多色彩、多功能、多效益的森林绿化带。生态景观林带的生物多样性的构建主要利用群落的空间格局。在垂直空间上要考虑多层构建，其生态基础是利用生活型原理（彭少麟，2013）。

## 二、生态位原理

生态位主要指的是自然生态系统中一个种群在时间、空间的位置及其与相关种群之间的功能关系（彭义俊，2016）。1917 年美国学者 Grinell 首次提出生态位的概念，即一物种所占有的微环境，用以表示划分环境的空间单位和一个物种在环境中的地位，强调的是空间生态位（spatial niche）的概念。1927 年英国学者 Elton 赋予生态位更进一步的含义，他把生态位看作"物种在生物群落中的地位与功能作用"。1957 年英国学者 Hutchings 发展了生态位概念，提出 n 维生态位（n-dimensional niche），他以物种在多维空间的适合性（fitness）确定生态位边界，将生态位表述为生物完成其正常生命周期所表现的对特定生态因子的综合位置，即用某一生物的每一个生态因子为一维(Xi)，以生物对生态因子的综合适应性(Y)为指标构成的超几何空间。n 维生态位概念日前已被广泛接受。生态位理论提出每种生物在生态系统中总占有一定的空间和资源。当两个种群利用同一资源（或其他环境条件）时，便出现生态位重叠。一般情况下生态位间只有局部重叠，即部分资源共享，其余分别独自占有。生态位宽度表示某物种利用资源的程度。优势种群生态位宽度值总体相对较高，说明优势种之间互补性强，能相互适应，整个群落处于较稳定状态，优势种在利用林层空间资源上有很大的相似性和共性。物种在其生态位上是强者还是弱者，不但决定于物种生态位的宽度，生态位重叠的程度、生态位的移动存在因素以及资源序列上物种利用资源的分离度等因素密切相关；同时还取决于物种本身所选择的"趋适、竞争、平衡、开拓与创新"等生态位生态资源的利用原则。

因此，在恢复和重建退化生态系统时，应考虑各物种在时间、空间（包括垂直空间和地下空间）和地上根系中的生态位分化，尽量使所有物种在生态位上错开，避免由于生态位的重叠导致激烈的竞争排斥作用而不利于生物群落发展和生态系统稳定。在构建人工群落时，可根据各物种生态位的差异，将深根系植物与浅根系植物，阔叶植物与针叶植物，耐阴植物与喜光植物，常绿植物与落叶植物，乔木、灌木和草本植物等进行合理的搭配，以便充分利用系统内光、热、水、气、肥等资源，促进能量的转化，提高群落生产力。根据生态位理论，要避免引进生态位相同的物种，尽可能使各物种的生态位错开，使各种群在群落中具有各自的生态位，避免种群之间的直接竞争，保证群落的稳定；要组建由多个种群组成的生物群落，充分利用时间、空间和资源，更有效地利用环境资源，维持生态系统长期的生产力和稳定性（图 3-1）。

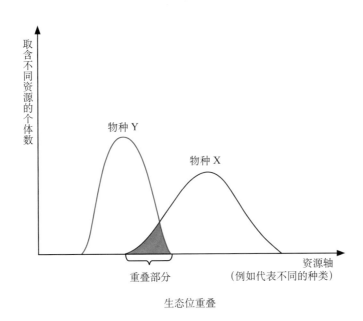

图 3-1　生态位重叠示意图（仿）

在生态景观林带建设中应当考虑到由于植物的多层次布局，可产生众多的可为动物、低等生物生存和生活的适宜生态位，从而形成一个完整稳定的生态系统。目前，生态景观林带建设中所强调的多层次，实际上就是按照不同植物种群在地上地下部分的分层布局，以充分利用多层次的空间生态位，使有限的光、气、热、水、肥等资源得到合理利用，最大限度地减少资源浪费，增加生物量，充分发挥生态景观林带的经济和生态效益。

### 三、群落生态演替理论

任何一个植物群落都不会静止不动，而是随着时间的进程处于不断变化和发展之中，因此植物群落发展变化过程中，一个群落代替另一个群落的现象称为演替（牛翠娟，2015）。任何一个植物群落在其形成过程中，必须要有植物繁殖体的传播、植物的定居和植物之间的"竞争"3个方面的条件和作用。当植物的繁殖体到达新地点后，开始发芽、生长和繁殖，即完成了植物定居。随着首批先锋植物定居的成功，以及后来定居种类和个体数量的增加，植物个体之间及种与种之间开始了对光、水、营养等的竞争。一部分植物生长良好并发展成为优势种，而另外一些植物则退为伴生种，甚至消失，最终各物种之间形成了相互制约的关系，从而形成稳定的群落。

依据群落演替方向，可分为顺行演替（progressive succession）和逆行演替（regressive succession）。顺行演替是指随演替进行，生物群落的结构和种类成分由简单到复杂，群落对环境的利用由不充分到充分，群落生产力由低到逐步增高，群落逐渐发展为中生化，群落对环境的改造逐渐强烈。而逆行演替的进程则与顺行演替相反，它导致群落结构简单化，不能充分利用环境，生产力逐渐下降，群落旱生化，对环境的改造较弱。无论哪种演替，都可以通过人为手段加以调控，从而改变演替方向或演替速度。

生态景观林带应该应用植被生态演替的理论来构建，促使这些生态系统逐步向地带性植被特征演化，使其具有生物多样性高、结构复杂、生态效益高、生态功能和抗逆性强，以及人工养护少的特性。生态景观林带有较大面积，其建设无论是从无林地开始构建，还是已有林地的改造，都应该参照演替的规律，依据生态恢复的参照系来建设。对于无林地，应该选取适当的演替先锋种来加速植被的恢复；对于有林地，应该人为加速演替的进展，可在群落中适度减少（如间伐）前一阶段的类群，增补后一阶段的种类，使生态景观林带成为地带性植被类型。而这首先应该了解本地带森林演替的一般原理，演替过程的结构模拟，通过近自然方法促进森林的生态恢复。

### 四、边缘效应原理

边缘效应的概念最早由 Leopold（1933）提出，他认为一些物种在边缘地带出现更高丰富度的现象是由于边缘效应的存在。随着认识的逐渐深入，边缘效应的概念和研究领域也在不断完善和扩展。植物群落的边缘效应指在植物群落的交错区，由于不同群落的相互渗透、相互联系和相互作用，引起交错区的种类组成、配置以及结构和功能，具有不同于相邻的群落的特性。

边缘效应主要有生物效应和非生物（环境）效应，在其性质上可以分为正效应和负效应。生态景观林带（线）有最大的边缘空间，应该利用边缘效应原理来构建与管理生态景观林带，促使生态景观林带的发展。

# 第二节　景观生态学理论

景观生态学是研究景观单元的类型组成、空间格局及其与生态学过程相互作用的综合性学科（傅伯杰等，2004）。强调空间格局，生态学过程与尺度之间的相互作用是景观生态学研究的核心所在（邬建国，2000）。概括地说，景观生态学研究的重点主要集中在下列几个方面，即：空间异质性或格局的形成及动态；空间异质性与生态学过程的相互作用；景观的等级结构特征；格局—过程—尺度之间的相互关系；人类活动与景观结构，功能的反馈关系以及景观异质性（或多样性）的维持和管理（陈昌笃，1986；Forman，1986；Pickect，1995）。作为重要的人为干扰源，道路对各种生态过程产生直接或间接影响，其影响尺度从种群一直到景观。

大尺度景观格局与生态过程对道路网络生态效应的研究更侧重于道路网络对景观格局及其动态的影响分析，小尺度研究更侧重于道路建设影响下的生态过程和功能的变化分析。

## 一、尺度

尺度一般是指对某一研究对象或现象在空间上或时间上的量度。分别称为空间尺度和时间尺度。此外，组织尺度的概念，即在由生态学组织层次（如个体、种群、群落、生态系统、景观）组成的等级系统中的位置，也广为使用。在景观生态学中，尺度往往以粒度和幅度来表达（Turner and Gardner, 1991）。空间粒度指景观中最小可辨识单元所代表的特征长度、面积或体积。例如，在不同观察高度上放眼望去，生态学家会发现对于同一森林景观，其最小可辨识结构单元会随着距离而发生变化。在某一观察距离上的最小可辩识景观单元则代表了该景观的空间粒度。对于空间数据或图相资料而言，其粒度对应于最大分辨率或像元大小。时间粒度则指某一现象或事件发生的频率或时期间隔。例如，某一生态演替研究中的取样时间间隔或某一干扰事件发生的频率，都是时间粒度的例子。幅度是指研究对象在空间或时间上的持续范围。具体地说，研究区域的总面积决定该研究的空间幅度；研究项目持续多久，则确定其时间幅度。一般而言，从个体、种群、群落、生态系统、景观直到全球生态学，粒度和幅度均趋于增加。粒度和幅度相互联系，但又不相同。为此，在讨论尺度问题时，经常有必要将粒度和幅度加以区分。

## 二、格局与过程

景观生态学中的格局．往往是指空间格局，即缀块和其他组成单元的类型、数目以及空间分布与配置等。空间格局可粗略地描述为随机型、规则型和聚集型。更详细的景观结构特征和空间关系可通过一系列景观指数和空间分析方法加以定量化。与格局不同，过程则强调事件或现象发生、发展的程序和动态特征。景观生态学常常涉及的生态学过程包括种群动态、种子或生物体的传播、捕食者和猎物的相互作用、群落演替、干扰扩散、养分循环等。

## 三、空间异质性和缀块性

空间异质性是指生态学过程和格局在空间分布上的不均匀性及其复杂性。这一名词在生态学领域应用广泛，其涵义和用法亦有多种。具体地讲，空间异质性一般可理解为是空间缀块性和梯度的总和。而缀块性则主要强调缀块的种类组成特征及其空间分布与配置关系，比异质性在概念上更为具体化。因此，空间格局、异质性和缀块性在概念上和实际应用中都是相互联系，但又略有区别的一组概念。最主要的共同点在于它们都强调非均质性，以及对尺度的依赖性。

## 四、生态廊道

生态廊道是一种与相邻两边环境不同的线状或带状斑块区域，具有保护生物多样性、过滤污染物、防止水土流失、防风固沙、调控洪水等生态服务功能的廊道类型（张婧丽，2014）。景观生态学中的廊道是指不同于周围景观基质的线状或带状景观要素。美国保护管理协会从生物保护的角度出发，则将生态廊道定义为"供野生动物使用的狭带状植被，通常能促进两地间生物因素的运动"。

广东生态景观林带的生态廊道是具有生态功能的绿色景观空间类型，由纵横交错的沿道路、河流、林带系统构成，并与绿色节点有机结合，形成生态网络系统。作为生态廊道主体的林带，基本功能主要分为两方面：第一是生态功能，第二是景观美学功能。除此之外，林带更应被赋予重要的生境（habitat）功能与通道（conduit）功能，即为野生动物的生存和繁殖提供所需的资源（食物、庇护所、水）和环境条件，在提供栖息空间的同时，成为其移动及传递生物信息的通道（朱强等，2005）。在个体水平上，是动物日常活动及季节移动的通道：由于能够提高斑块间物种迁移率，方便不同斑块个体间的交配。在种群水平上，它又是种群扩散，基因交流，乃至气候变动时物种在分布区域间迁移的通路，对生物多样性的保护起到了重要作用。

广东生态景观林带建设工程，空间上形成了不同森林区域间的网络，改善了生境破碎化。但要使生态景观林带具有生态廊道的功能，以有利于广东省的生态环境改善与生物多样性保护，还需要有物种的补偿地。应该在一定的距离里，依据群落学和生物多样性原理，建立多乔木、灌木、草本、藤本等植物组成的景观群落，以作为景观廊道物种的补偿。

## 五、缀块—廊道—基底模式

组成景观的结构单元不外有 3 种：缀块、廊道和基底。近年来以缀块、廊道和基底为核心的一系列概念、理论和方法逐渐形成了现代景观生态学的一个重要方面。缀块泛指与周围环境在外貌或性质上不同，但又具有一定内部均质性的空间部分。这种所谓的内部均质性，是相对于其周围环境而言的。缀块因其大小、类型、形状、边界以及内部均质程度都会显现出很大的不同。廊道是指景观中与相邻两边环境不同的线性或带状结构。廊道类型的多样性，导致了其结构和功能方法的多样化。其重要结构特征包括：宽度、组成内容、内部环境、形状、连续性以及与周围缀块或基底的作用关系。廊道常常相互交叉形成网络，使廊道与缀块和基底的相互作用复杂化。基底是指景观中分布最广、连续性也最大的背景结构。常见的有森林基底、草原基底、农田基底、城市用地基底等等。在许多景观中，其总体动态常常受基底所支配。缀块—廊道—基底模式为我们提供了一种描述生态学系统的"空间语言"，使得对景观结构、功能和动态的表述更为具体、形象。而且，缀块—廊道—基底模式还有利于考虑景观结构与功能之间的相互关系，比较它们在时间上的变化。然而，必须指出，在实际研究中，要确切地区分缀块、廊道和基底有时是很困难的，也是不必要的。广义而言，把所谓基底看作是景观中占绝对主导地位的缀块亦未尝不可。另外，因为景观结构单元的划分总是与观察尺度相联系，所以缀块、廊道和基底的区分往往是相对的。例如，某一尺度上的缀块可能成为较小尺度上的基底，或许又是较大尺度上廊道的一部分。

### 六、景观连接度

景观连接度是对景观空间结构单元相互之间连续性的量度。它包括结构连接度和功能连接度。前者指景观在空间上直接表现出的连续性，可通过卫片、航片或视觉器官观察来确定。后者是以所研究的生态学对象或过程的特征尺度来确定的景观连续性。例如，种子传播距离、动物取食和繁殖活动的范围，以及养分循环的空间幅度等，都与景观结构连续性相互作用，并一起来确定景观的功能连接度。因此，景观连接度密切地依赖于观察尺度和所研究对象的特征尺度，即某现象集中出现的尺度。不考虑生态学过程，单纯考虑景观的结构连接度是没有什么意义的（邬建国，2004）。景观连接度对生态学过程（如种群动态、水土流失过程、干扰蔓延等）的影响，具有临界阈限特征。

生态景观林带建设，可以在一定时期内，有效改善部分路（河）段的疏残林相和单一林分构成，串联起破碎化的森林斑块和绿化带，形成覆盖广泛的森林景观廊道网络，增强以森林为主体的自然生态空间的连通性和观赏性。

# 第三节  恢复生态学理论

恢复生态学起源于100年前的山地、草原、森林和野生生物等自然资源的管理研究，形成于20世纪80年代。它是研究生态整合性的恢复和管理过程的科学（任海等，2004）。退化生态系统是指生态系统在自然或人为干扰下形成的偏离自然状态的系统。与自然系统相比，退化生态系统的种类组成、群落或系统结构改变，生物多样性减少，生物生产力降低，土壤和微环境恶化，生物间相互关系改变（李明辉等，2003）。退化生态系统形成的直接原因是人类活动，部分来自自然灾害，有时两者叠加发生作用。生态系统退化的过程由干扰的强度、持续时间和规模所决定。恢复生态学是研究生态系统退化的原因、退化生态系统恢复与重建的技术与方法、生态学过程与机理的科学（余作岳，彭少麟，1996）。恢复生态学的研究对象是在自然或人为干扰下形成的偏离自然状态的退化生态系统（彭少麟，

2007）。恢复生态学强调自然恢复与社会、人文的耦合。

恢复生态学的理论与方法较多，它们均源于生态学等相关学科，但自我设计和人为设计是唯一源于恢复生态学研究和实践的理论（Van, 1999）。自我设计理论认为，只要有足够的时间，随着时间的进程，退化生态系统将根据环境条件合理地组织自己并会最终改变其组分。而人为设计理论认为，通过工程方法和植物重建可直接恢复退化生态系统，但恢复的类型可能是多样的。这一理论把物种的生活史作为植被恢复的重要因子，并认为通过调整物种生活史的方法就可以加快植被的恢复。这两种理论不同点在于：自我设计理论把恢复放在生态系统层次考虑，未考虑到缺乏种子库的情况，其恢复的只能是环境决定的群落；而人为设计理论把恢复放在个体或种群层次上考虑，恢复的可能是多种结果。

生态恢复包括人类的需求观、生态学方法的应用、恢复目标和评估成功的标准，以及生态恢复的各种限制（如恢复的价值取向、社会评价、生态环境）等基本成分。考虑到目标生态系统可选择性，从大时空尺度上恢复的生态系统可自我维持，恢复后的生态系统与周边生境具协调性，生态恢复就不可能一步到位。如果说恢复是指完全恢复到干扰前的状态，主要是再建立一个完全由本地种组成的生态系统。在大多数情况下，这是一个消极过程，它依赖于自然演替过程和移去干扰。积极的恢复要求人类成功地引入生物并建立生态系统功能。不管是积极还是消极恢复，其目标是促进保护，而且在短期内不能实现。

恢复退化生态系统的目标包括：建立合理的内容组成（种类丰富度及多度）、结构（植被和土壤的垂直结构）、格局（生态系统成分的水平安排）、异质性（各组分由多个变量组成）、功能（诸如水、能量、物质流动）等基本生态过程的表现（任海等，2014）。由于生态系统复杂性和动态性，虽然恢复生态学强调对受损生态系统进行恢复，但恢复生态学的首要目标仍是保护自然的生态系统，因为保护在生态系统恢复中具有重要的参考作用；第 2 个目标是恢复现有的退化生态系统，尤其是与人类关系密切的生态系统；第 3 个目标是对现有的生态系统进行合理管理，避免退化；第 4 个目标是保持区域文化的可持续发展；其他的目标包括实现景观层次的整合性，保持生物多样性及保持良好的生态环境。恢复的长期目标应是生态系统自身可持续性的恢复，但由于这个目标的时间尺度太大，加上生态系统是开放的，可能会导致恢复后的系统状态与原状态不同。

生态系统的恢复技术包括植被（物种的引入、品种改良、植物快速繁殖、植物的搭配、植物的种植、林分改造等）、消费者（捕食者的引进、病虫害的控制）和分解者（微生物的引种及控制）的重建技术和生态规划技术（RS、GIS、GPS）的应用。在生态恢复实践中，同一项目可能会应用上述多种技术。

随着全省水陆交通网络的快速发展和沿海地带的开发，一些关键性的生态过渡带、节点和廊道受到不同程度的破坏和影响，区域自然生态破碎化现象明显，森林生态环境逐渐退化（宋志强，2011）。生态景观林带建设应该按照恢复生态学理论，利用生态系统的恢复技术，综合考虑实际情况，通过研究与实践，尽快地恢复生态系统的结构，进而恢复其功能，实现生态、经济、社会和美学效益的统一。

# 第四节　道路生态学理论

道路生态学的研究可以追溯到 20 世纪 70 年代，Oxley 等人开始研究道路对小型哺乳动物和野生动物造成的影响（Oxley，1974；Vestiens，1973）。2002 年 1 月，美国著名景观生态学家 R. T. T. Forman 教授，在北卡罗来纳州立大学发表了题为"道路生态学——我们在大地上的巨作（Road Ecology: Our Giant on the Land）"的著名讲演，标志着"道路生态学"的研究进入一个崭新的时代（Forman，2002；Forman，2003）。道路建设导致道路沿线生态环境发生不同规模和程度的变化，促使道路生态学这一以公路和自然生态为研究对象的学科快速发展。随着景观生态学的发展，其研究领域也从单一物种和栖息地的保护研究扩展到了对多个物种，多个生态系统的综合研究，从而提升到了景观的高度（Lugna，2000；Forman，2004；Wang Y，2006）。

以 Forman 等人为代表的生态学家在道路生态学的基础上提出了道路网络理论，该理论从道路网络与自然景观的空间位置入手，研究不同组织形式的道路网络对自然生态系统产生的不同影响，探讨生态最优化的道路网络模式。通过对道路网络与区域自然景观相对空间位置研究，Forman 认为生态优化的道路网络模式应具有 3 个特征：①在自然生态环境良好的区域，保留大面积无道路区域；②将大量的交通集中在少数几条大型道路上；③在穿越自然区域的道路上设置有效的生物通道（Forman，2003；Forman，2006）。在国内的相关研究中，亦有将 Forman 提出的道路网络模型运用到景观破碎化效应的研究中，对区域主要公路网络对森林破碎化的影响做了量化分析，并提出调整建议（刘佳妮等，2008）。

# 第五节　生态高速公路理论

英国的伊安·麦克哈格于 20 世纪 60 年代最先把生态的理念引入公路设计当中，他首先把公路作为一个完整的生态系统进行研究，他的这一崭新的公路发展理念或模式一提出，便受到全球生态学界以及公路建设界的广泛关注，先后有几十个国家参与到该项计划的探索与研究中来，并且在 20 世纪 80 年代这项计划又开始在许多国家展开实践（张智刚，2005）。

20 世纪 90 年代，在我国高速公路建设刚刚起步的时期，我国便开始了建设生态型高速公路的新探索。2003 年 10 月，中国首条生态高速路宁杭高速公路江苏段在江苏亮相。这标志着我国从此开创了建设生态高速公路的新局面，也为中国高速公路建设开辟了一个新的方向的。中国工程院院士沙庆林表示：宁杭高速公路江苏段改变了中国高速公路没有生态景观设计的历史，代表了中国高速公路建设新的发展方向。

生态高速公路建设相对传统高速公路有着本质的差别，它在传统的追求通达程度、强调线形质量的基础上，充分突出了高速公路生态环境系统在建设过程中的重要地位，其主要特征主要表现在三个方面：①经济社会协调可持续发展理念的贯彻实施；②生态破坏最小化与环境保护整体化；③重视道路沿线的景观绿化和环境美化（伍石生，2005；张智刚，2005）。

# 第六节　森林美学理论

生态景观林带美学的构建主要利用群落的时间格局（赵绍鸿，2009）。群落的时间格局指群落中由于物候更替所引起的结构变化，或者说群落的时间成层现象的基础是物候变化。

群落结构的时间分化，主要表现在季节和昼夜的变化。群落主要层随季节的变化而呈现的季节性外貌特征称为季相。季相变化的主要标志是群落主要层的物候变化，特别是主要层的植物处于营养盛期时，往往对其他植物的生长和整个群落都有着极大的影响。植物的物候期一般分为休眠期、营养期、开花期、结实期等。把一个群落中的主要种类的物候记载在一起就成为该群落的物候总谱。不同植物的物候时间格局是不同的，颜色也不一样，生理生态特征和形态学特征（花—果—叶—干—根）也不一样。

生态景观林带的景观建设，主要应该应用群落的时间格局规律，构建多层次、多色彩的景观。例如，每年冬春季节，木棉落叶后，朱红色的木棉花耸立树梢，赤瓣熊熊星有角，壮气高冠何落落；粉红色的紫荆花，星星点点地挂在枝头上，可谓"紫荆花开笑春风，何羡他乡樱花美"；红梅丛植或群植于山头，每逢春季，昂首怒放花万朵，一片丹心向阳开，唤醒百花齐开放，直叫桃李莫相妒；夏季，凤凰木绽放出红硕的花朵，幻化成阳光下片片彩蝶；火焰木盛开于树冠之上，如火如荼；秋冬季节，枫香树掌状三裂或五裂的叶片由绿变红，有诗为证，停车坐爱枫林晚，霜叶红于二月花。

# 第七节　道路景观美学理论

景观美学是指景观组成要素通过人的感观（视觉、听觉、嗅觉、触觉、味觉等）作用于人内心，而使人感受到愉悦感、舒适感等内在体验的复杂心理过程（王云等，2005）。道路景观是指由地貌过程和各种干扰作用（特别是人为作用）而形成的具有特定生态结构功能和动态特征的宏观系统，体现了人对环境的影响以及环境对人的约束，是一种文化与自然的交流。道路景观的美不仅仅是形式的美，更是表现生态系统精美结构与功能的有生命力的美，它是建立在环境秩序与生态系统良性运转轨迹之上的（张阳，2004）。

随着社会经济发展和公众生活水平的提高，道路景观美学得到不断发展，道路景观作为人类生存环境的重要组成部分，更是受到广泛的关注。在西方国家，如美国早在 20 世纪 60 年代就已经开始了道路景观美学研究，几乎每个州交通部都有自己的一套道路景观的美学评价方法（Brush，2000）。在中国，道路景观美学研究起步较晚。2003 年 9 月，交通部将四川省川主寺至九寨沟公路确定为交通部的四大示范工程之一，作为中国公路与自然环境相和谐的交通环保示范样板推出，使之成为我国的第一条环保标志性路段，显示了我国政府开始重视公路沿线的景观美化工作。

# 第八节　地域文化学理论

现阶段，森林城市、园林城市、山水城市等注重人居和创业环境建设的生态城市发展理念越来越得到公众的认可，此外城市生态质量的提高、人文环境的营造也备受重视。由此，对于道路沿线景观的设计也逐渐突破传统的单纯的绿化景观设计的瓶颈，在遵循道路的功能性、安全性等基本要求前提下，揉入了更多的体现地域文化特征的人文元素。地域文化是一门研究人类文化空间组合的地理人文学科，是以广义的文化领域为研究对象，探讨附加在自然景观之上的人类活动形态，文化区域的地理特征，环境与文化的关系，文化传播的路线以及人类行为系统等（俞晓群，1998）。

如重庆市渝北区兰馨大道、瑞金市城北迎宾大道和银川市北京西路"印象银川"景观飘带设计等道路景观设计，通过采用丰富空间轮廓、组合元素色彩以及对用形态学演绎来表现景观等多种方法手段，展示道路沿线景观的地域文化内涵，以独特的地域性文化元素来引发公众心中的认同感，加深当地民众和游客对一个城市的感知，树立城市品牌，带动城市旅游业等相关行业的建设和发展（倪文峰等，2008；王芬等，2011；魏红磊等，2011）。

# 第九节 系统论理论

系统是由若干要素以一定结构形式联结构成的具有某种功能的有机整体。在这个定义中包括了系统、要素、结构、功能四个概念，表明了要素与要素、要素与系统、系统与环境三方面的关系。系统论认为，整体性、关联性、等级结构性、动态平衡性、时序性等是所有系统的共同的基本特征。这些，既是系统所具有的基本思想观点，而且它也是系统方法的基本原则，表现了系统论不仅是反映客观规律的科学理论，也具有科学方法论的含义，这正是系统论这门科学的特点。

所谓系统是指由两个或两个以上的元素（要素）相互作用而形成的整体。所谓相互作用主要指非线性作用，它是系统存在的内在根据，构成系统全部特性的基础。

系统的首要特性是整体突现性，即系统作为整体具有部分或部分之和所没有的性质，即整体不等于（大于或小于）部分之和，称之为系统质（霍绍周，1988）。与此同时，系统组分受到系统整体的约束和限制，其性质被屏蔽，独立性丧失。这种特性可称之为整体突现性原理，也称非加和性原理或非还原性原理。整体性原则要求，我们必须从非线性作用的普遍性出发，始终立足于整体，通过部分之间、整体与部分之间、系统与环境之间的复杂的相互作用、相互联系的考察达到对象的整体把握。

系统观点的第二个方面的内容就是动态演化原理或过程原理。系统科学的动态演化原理的基本内容可概括如下：一切实际系统由于其内外部联系复杂的相互作用，总是处于无序与有序、平衡与非平衡的相互转化的运动变化之中的，任何系统都要经历一个系统的发生、系统的维持、系统的消亡的不可逆的演化过程。也就是说，系统存在本质上是一个动态过程，系统结构不过是动态过程的外部表现。而任一系统作为过程又构成更大过程的一个环节、一个阶段。

按照系统论原理，生态景观林带建设要形成一个组成成分完整、健全的有机整体，系统才能达到最佳状态，发挥最大效益。

## 参考文献

陈昌笃 . 1986. 论地生态学 [J]. 生态学报 , 6(4):289-294.

傅伯杰，陈利顶，马克明，等 . 2004. 景观生态学原理及应用 [M]. 北京：科学出版社 .

霍绍周 . 1988. 系统论 [M]. 北京：科学技术文献出版社 .

蒋有绪 . 2003. 森林生态学及其长期研究进展 [J]. 林业科技管理，2:22-24.

李明辉，彭少麟，申卫军，等 . 2003. 景观生态学与退化生态系统恢复 [J]. 生态学报，
　　23(8):1622-1628.

刘佳妮，李伟强，包志毅 . 2008. 道路网络理论在景观破碎化效应研究中的运用——
　　以浙江省公路网络为例 [J]. 生态学报，(09):4352-4362.

倪文峰，张艳，车生泉 . 2008. 城市道路景观设计中的地域文化特性——以重庆市渝
　　北区兰馨大道景观设计为例 [J]. 上海交通大学学报 ( 农业科学版 )，(04):326-331.

牛翠娟 . 2015. 基础生态学 ( 第 3 版 )[M]. 北京：高等教育出版社 .

彭少麟 . 2007. 恢复生态学 [M]. 北京：气象出版社 .

彭少麟 . 2013. 生态景观林带建设的主要生态学理论与应用 [J]. 广东林业科技，
　　28(3):82-87.

彭文俊，王晓鸣 . 2016. 生态位概念和内涵的发展及其在生态学中的定位 [J]. 应用
　　生态学报，(01):327-334.

任海，李志安，申卫军，等 . 2006. 中国南方热带森林恢复过程中生物多样性与生态
　　系统功能的变化 [J]. 中国科学 C 辑：生命科学，(06):563-569.

任海，彭少麟，陆宏芳 . 2004. 退化生态系统恢复与恢复生态学 [J]. 生态学报，24(8):1756-
　　1764.

任海，王俊，陆宏芳 . 2014. 恢复生态学的理论与研究进展 [J]. 生态学报，34(15):4117-4124.

宋志强 . 2011. 恢复生态学在青海高等级公路绿化中的应用研究 [J]. 交通标准化，
　　(7):39-42.

王芬，马亮 . 2011. 浅谈道路景观设计中地域文化特征的表达——以江西瑞金市城
　　北迎宾大道景观设计为例 [J]. 有色冶金设计与研究，(02):39-41.

王云，崔鹏，李海峰 . 2005. 公路景观美学评价差异研究 [J]. 兰州大学学报 ( 自然
　　科学版 )，41.

魏红磊，李陇堂 . 2011. 银川市北京西路"印象银川"景观飘带设计 [J]. 宁夏工程技术，
　　(02):180-183.

邬建国 . 2000. 景观生态学—概念与理论 [J]. 生态学杂志，(01):42-52.

邬建国 . 2000. 景观生态学——概念与理论 [J]. 生态学杂志，19(1):42-52.

邬建国 . 2004. 景观生态学中的十大研究论题 [J]. 生态学报，24(9):2074-2076.

伍石生 . 2005. 中外公路建设环保理念之比较 [J]. 中外公路，25(4):210-211.

薛建辉 . 2006. 森林生态学 [M]. 北京：中国林业出版社 .

余作岳，彭少麟 . 1996. 热带亚热带退化生态系统植被恢复生态学研究 [M]. 广州：
　　广东科技出版社，12-33.

俞晓群 . 1998. 中国地域文化丛书·编者札记 [M]. 沈阳：辽宁教育出版社 .

张婧丽 . 2014. 高速公路景观绿化中的生态廊道 [J]. 交通标准化，42(10):74-76.

张阳 . 2004. 公路景观学 [M]. 北京：中国建材工业出版社 .

张智刚 . 2005. 生态高速公路建设探讨明 [J]. 湖南交通科技 , 31(4):46-48.

赵绍鸿 . 2009. 森林美学 [M]. 北京：北京大学出版社 .

朱强，俞孔坚，李迪华 . 2005. 景观规划中的生态廊道宽度 [J]. 生态学报，25(9):2406-2412.

Brush R, Henoweth R C, Barman T. 2000. Group difference in the enjoyability of driving through rurallandscapes[J].

Forman R T T, Spefling D, Bissonette J A, et al. 2003. Road ecology: Science and solutions[M]. Washington, D.C:Island Press, 375-379.

Forman R T T. and M. Godron. 1986. Landscape Ecology[J]. John Wiley & Sons, New York.

Forman R T T. 2002. Road ecology:our giant on the land . A CTE Distinguished Speaker Series Lecture Presented at NC State University, http://www.itre.ncsu edu/cte/DSS/html/

Forman R T T. 2004. Road ecology' s promise:Whats around the bend[J]. Environment, 46:8-21 .

Lugna A E, Gucinskib H. 2000. Function, effects, and managent of forest roads[J]. Forest Ecology and Management, 133:249-262.

Oxley D J, Fenton M B, and Carmody G R. 1974. The effects of road on population of small mammals[J]. Journal of Applied Ecology. 11:51-59.

Pickect S T A and Cadenasso M L. 1995. Landscape ecology: Spatial heterogeneity in ecological systems[J]. Science, 269:331-334.

Turner M G. and Gardner R H. 1991. Quantitative Methods in Landscape Ecology[M]. Springer Verlag, New York.

Van der Valk. 1999. Sucession theory and wetland restoration. Proceedings of INTECOL' s V International wetlands conference, Perth, Australia, 162.

Vestjens W J M. 1973. Wildlife mortality on a road in New South Wales[J]. Emu, 13:107-112.

Wang Y, Cui P, Li H F. 2006. Research progress on road landscape ecology[J]. World Sci-Tech R&D, 28(2):90-95.

# 第四章 生态景观林带概念与构成

## 第一节 生态景观林带概念

生态景观林带是在交通主干道两侧、江河两岸及沿海海岸一定范围内，营建以乡土树种为主的，具有多树种、多层次、多色彩、多功能、多效益的带状森林。

## 第二节 生态景观林带内涵

景观生态学认为，廊道（corridor）是指不同于两侧基质的狭长地带。几乎所有的景观都为廊道所分割，同时，又被廊道所联结，这种双重而相反的特性证明了廊道在景观中具有重要的作用。廊道通常具有栖息地（habitat）、过滤（filter）或隔离（barrier）、通道（conduit）、源（source）和汇（sink）五大功能作用，生态学家和保护生物学家普遍认为，廊道有利于物种的空间运动和本来孤立的斑块内物种的生存和延续，但廊道本身又是招引天敌进入安全庇护所的通道，给某些残遗物种带来灭顶之灾。绿色廊道思想起源于19世纪末期的美国，最初用于公园绿地系统的规划。随着绿道理论研究和实践的大规模推进，其规划类型逐步从注重景观功能的林荫大道发展到注重绿地生态网络功能的生态廊道。

国外的生态环境保护组织较早地意识到了建立大尺度绿色廊道对于景观连通性以及生物多样性保持和恢复的重要性，已经在区域尺度、国家尺度或洲际尺度陆续构建了若干大型绿色廊道。欧洲绿带计划始于1992年，由世界自然保护联盟组织发起。其目标是沿着冷战时期东、西欧分界线的空旷区，建设一条从巴伦支海到黑海的贯穿欧洲的生态廊道，全长12,500 km，涉及24个国家。2010年11月，北美绿道网络构建工程启动，试图从洲际尺度上提高北美生态系统的整体性和连接性。澳大利亚西南部生态连接带始于2002年，其构建目标是保护并重建该地区生物多样性，连接西南部34个世界级生物多样性热点地区。

我国绿色廊道的发展最早可以追溯到20世纪70年代，为了改变我国西北、华北、东北地区风沙危害和水土流失的状况，中国政府在1978年批准国家林业部《西北、华北、东北防护林体系建设计划任务书》，开展了"三北"防护林体系建设工程。"三北"防护林体系东起黑龙江宾县，西至新疆的乌孜别里山口，北抵北部边境，南沿海河、永定河、汾河、渭河、洮河下游、喀喇昆仑山，包括13个省、市、自治区的551个县（旗、区、市），东西长4480 km，南北宽560～1460 km，总面积406.9万 km$^2$，占我国陆地面积的42.4%。工程要求在保护好现有森林草原植被的基础上，采取人工造林、飞机播种造林、封山封沙育林育草等方法，营造防风固沙林、水土保持林、农田防护林、牧场防护林以及薪炭林和经济林等，形成乔、灌、草植物相结合，林带、林网、片林相结合，多种林、多种树合理配置，农、林、牧协调发展的防护林体系。"三北"防护林工程规划建设的初衷是在生态环境脆弱、气候恶劣的"三北"地区建设一座绿色长城，维护区域生态安全。

2011年8月，广东省人民政府《关于建设生态景观林带构建区域生态安全体系的意见》（粤府〔2011〕101号）决定在全省范围内大力推进生态景观林带建设，标志着生态景观林带作为广东省在大尺度绿色廊道建设和生物多样性保育格局领域的一大创举。生态景观林带是在北部连绵山体、主要江河沿江两岸、沿海海岸及交通主干线两侧一定范围内，营建具有多层次、多树种、多色彩、多功能、多效益的森林绿化带。如果把成片的森林、大块的生态绿地比喻为"绿肺"，那么生态景观林带就是连接各个"绿肺"大尺度、深层次的"绿色输送通道"，在维持区域生态平衡中发挥着"管道"的作用。生态景观林带的具体内涵体现在以下四个方面：

## 一、本质上是带状森林

生态景观林带是沿主要高速公路、铁路、江河、海岸线布设的大约2km宽的带状森林。植物配置应以乡土树种为主，兼顾观赏性和城市景观，以地带性植被类型为设计依据，配置生态性强、群落稳定、景色优美的植被。在高速公路、铁路等污染区域，配置相应的抗性强、具有净化功能的植物。不同规模、不同形式的绿色廊道相互连接，构成绿色生态网络。

## 二、结构上呈层次递进

在高速公路、铁路两侧20～50m范围内建设"绿化景观带"，实现色彩变化多样，在一定程度上减轻司乘人员视觉疲劳，提高行车安全。在海岸线附近，选择抗风沙、耐盐碱树种建设与海岸线大致平行、宽度 50m 以上红树林消浪林带和海岸基干林带。在高速公路、铁路、江河两岸和沿海岸线 1km 可视范围内的林地，科学选择花色鲜艳、生长较快、生态功能良好的主题树种，改善背景山体森林质量和景观效果。

### 三、体现景观的整体协调

生态景观林带将城市建成区、郊区、农村有机联系在一起，将城市、森林、农田、水域等景观融为一体。同时，为体现历史文化和乡土特色，以各地的市树、市花和具有特色的当地树种为主题树种，塑造各具特色的森林景观。

### 四、发挥森林多功能效应

生态景观林带是将道路绿化、道路防护林带、自然森林植被进行统一规划、有效整合，注重统筹发展，突出发挥森林的综合功能和效益。通过生态景观林带建设，可以充分发挥林业转型发展功能、改善生态环境功能、防灾减灾安全功能、建设宜居城乡功能、区域形象展示功能和多元多维发展功能。通过生态景观林带建设，争取在一定时期内，有效改善部分路（河）段的疏残林相和单一林分构成，串联起破碎化的森林斑块和绿化带，形成覆盖广泛的绿色廊道网络，大力增强以森林为主体的自然生态空间的连通性和观赏性，构建区域生态安全体系。

# 第三节 生态景观林带构成

### 一、景观构成

从景观生态学角度看，生态景观林带不是单一的道路绿化，它是由绿化景观带（线）、景观节点（点）和生态景观带（面）组成（图 4-1），建成后将形成宽度在 2km 以上的大型生态廊道。

（1）绿化景观带（线）。以高速公路两侧 20～50m 林带作为主线，因地制宜地采用花色树种或常绿树种和观赏灌木为主，营建各具特色、景观优美的生态景观长廊。通过改变以往高速公路两侧趋于单一的自然风景，实现色彩变化多样，在一定程度上减轻司乘人员视觉疲劳，提高行车安全。同时充分发挥林带护路、护坡等生态防护效能，降低乃至消除塌方和泥石流灾害等自然地质灾害对主干道的影响，保障交通运输安全。

（2）景观节点（点）。在高速公路、铁路等交通主干道沿线的省际出入口、城市出入口、城镇村居、服务区、收费站、立交互通等景观节点，选择景观多样的乔木、灌木和地被植物，采用多种形式的造景手法，进行绿化美化园林化，形成精致的、连串的景观亮点。

（3）生态景观带（面）。以高速公路、铁路、江河两岸和沿海岸线 1km 可视范围内的林地作为建设范围，以常绿乡土阔叶树种作为基调树种，科学选择花色鲜艳、生长较快、生态功能良好的主题树种，采用花色树种、观景树种和观赏灌木搭配方式，改造提升森林和景观质量，形成主题突出和具有区域特色的森林生态景观，增强区域生态安全。

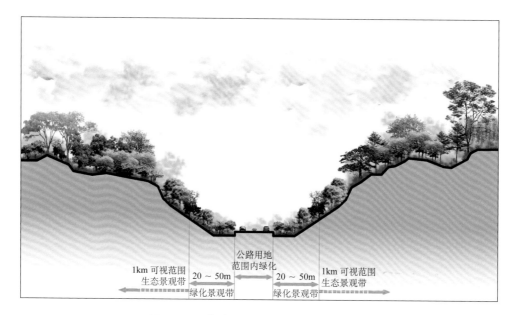

图 4-1  生态景观林带组成示意图

## 二、类型构成

根据全省的实际，珠江三角洲地区要注重建设城乡一体化连片大色块特色的森林生态景观，粤北地区要注重建设具有山区特色的森林生态景观，粤东、粤西地区要注重建设海岸防护特色的森林生态景观，整体优化提升地区生态景观质量和安全防护功能，具体建设类型分为以下 3 种。

### （一）高速公路、铁路生态景观林带

在高速公路、铁路等主干道两侧 1km 内可视范围林（山）地，选择花（叶）色鲜艳、生长快、生态功能好的树种，采用花（叶）色树种和灌木搭配方式进行造林绿化，建设连片大色块、多色调森林生态景观；高速公路、铁路主干道经城镇、厂区、农用地两侧各 20～50m 范围内的绿化，采用花（叶）色树种或常绿树种和灌木为主，种植 5～10 行，形成 3～5 个层次的绿化景观带（图 4-2）。

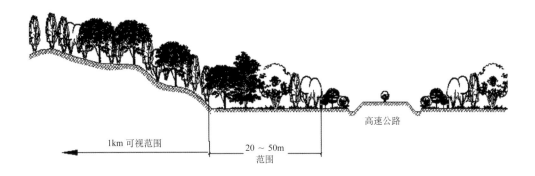

图 4-2　高速公路、铁路生态景观林带营建示意图

（二）沿海生态景观林带

在沿海沙质海岸线附近，选择抗风沙、耐高温、固土能力强的树种，采用块状混交的方式进行造林绿化，建设与海岸线大致平行、宽度 50 m 以上的基干林带；在沿海滩涂地带，选择枝繁叶茂、色彩层次分明、海岸防护功能强的红树林树种，采用乡土树种为主随机混交的模式进行造林绿化，形成沿海防护林（图 4-3）、红树林景观（图 4-4）和生态安全体系。

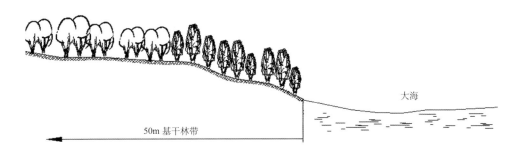

图 4-3　沿海基干林带营建示意图

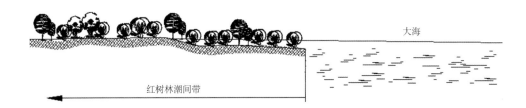

图 4-4　红树林营建示意图

### （三）江河生态景观林带

在主要江河两岸山地、重点水库周边和水土流失较严重地区，选择涵养水源和保持水土能力较强的乡土树种，采用主导功能树种和彩叶树种随机混交或块状混交的方式造林，呈现以绿色为基调、彩叶树种为小斑块、叶色随季节变化的森林景观（图 4-5）。

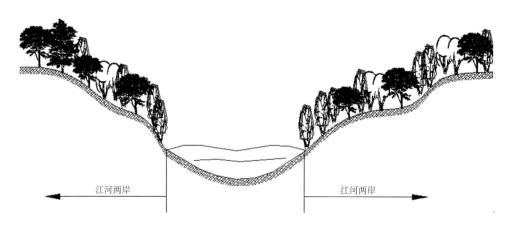

**图 4-5　江河生态景观林带营建示意图**

# 第四节　生态景观林带功能

生态景观林带建设与一般道路绿化最大的区别在于规模层次性，两者有很大差距。生态景观林带是将道路绿化、道路防护林带、自然森林植被进行统一规划、有效整合，注重统筹发展，突出发挥森林的综合功能和效益。

## 一、林业转型发展功能

建设生态景观林带，是进一步优化森林结构、提升森林质量的切入点和突破口。通过补植套种、林分改造、封育管护等措施，改变中幼林多，近、成、过熟林少；纯林多，混交林少；针叶林多，阔叶林少；单层林多，复层林少；低效林多，优质林少；沿线桉树多，乡土树种少的现状，推动森林资源增长从量的扩张向质的提升转变，更好地完成林业生态建设优化提升阶段的目标任务，完成建设全国最好林相、构建区域生态安全体系的任务。

## 二、改善生态环境功能

坚持"生态第一"的原则，通过生态景观林带建设，构建大规模的生态缓冲带和防护带，进一步增强全省森林的生态防护功能。在江河两岸、大中型水库周围大力营造水土保持林和水源涵养林，充分发挥其调节气候、保持水土、涵养水源、净化水质等作用。通过打通森林斑块连接，为野生动物提供栖息地和迁徙走廊，促进物种多样性的保护。结合千里海堤加固达标工程建设，加强红树林、沿海滩涂湿地的保护、营造和恢复，构筑沿海绿色生态屏障。结合低碳示范省建设，大力发展碳汇林业，充分发挥森林间接减排、应对气候变化的重要性。

### 三、防灾减灾安全功能

通过优化路（河）段两侧及海岸沿线森林群落结构，完善以公路河道防护林和海岸基干林带为基本骨架的森林抗灾体系建设。在增强森林自身抵抗病虫害能力的同时，提升防洪护岸、防风固堤和抵御山洪、风暴潮等自然灾害的能力，有效防范沿线山体滑坡、水土流失等灾害发生，从根本上治理和减少各类自然灾害，维护区域国土生态安全。

### 四、建设宜居城乡功能

生态优美是建设幸福广东的重要内容。建设高标准、高质量的生态景观林带，是建设宜居家园不可分割的基础支撑。结合名镇名村示范村建设、珠三角地区绿道网建设、万村绿大行动等，优化城市森林生态系统，完善农村森林生态系统，建立城乡森林系统的自然连接廊道，建成森林、湿地、田园等多层次、多色彩的景观，有效改善城乡生产生活环境，进一步提高宜居水平。

### 五、区域形象展示功能

陆路、水路交通干线和海岸沿线是客流、物流的集中地，是社会各界了解广东的重要窗口。突出抓好重要国道、省道以及省际出入口、交通环岛、风景名胜区等重要节点的景观林带建设，注重从形成景观的角度，营建具有地方特色树种和花色（叶）树种，形成全年常绿、四季有花的特色景观带，增强林带的观赏性和视觉冲击力，充分展示各地林业生态文明建设的成果，树立各地全面协调可持续的综合发展形象。

### 六、多元多维发展功能

生态景观林带建设不是单纯的林业工程，要与旅游、科普、文化等工作有机结合。通过打造地方绿化美化生态化品牌，建设进入式林地和配套游览通道、林间小品等，形成生态旅游新的增长点。通过林带建设连通沿线的自然景观、人文景点，更有效地传承自然和历史文化。选择有条件的绿化带建设林业宣传科教基地，推广现代林业文化和生态文明，进一步促进有利于可持续发展的生产生活方式形成。

# 第五节  生态景观林带规划目标

通过实施"初见成效、基本成带、全面完成"三步走战略，形成结构优、健康好、景观美、功能强、效益高的生态景观林带，呈现"青山碧水添花繁，四江两岸愈斑斓；彩龙舞动南粤美，更有绿廊连海天"的森林景观。

（1）结构优。指森林的组成结构、空间结构和年龄结构优。通过调整森林的树种结构、层次结构、区域结构和树龄结构等，建成树种丰富、林木郁闭、结构多样的复层林、异龄林。

（2）健康好。能有效防御松材线虫病和薇甘菊等有害生物的入侵和蔓延，抵御火灾、大气污染及其他自然灾害的危害。

（3）景观美。指形成沿线乔、灌、花、草等多层次、多色彩的景观，富有动态美、韵律美和季相变化，提升审美价值。

（4）功能强。提升水源涵养、水土保持、防灾减灾能力，拓展碳汇功能。

（5）效益高。提供丰富的公共生态产品，改善人居环境，提升林带的综合效益。

# 第六节  生态景观林带规划内容

## 一、高速公路、铁路生态景观林带

全省设计高速公路、铁路生态景观林带 17 条，全长 4714km。其中，高速公路生态景观林带 14 条，长 3896km；铁路生态景观林带 3 条，长 818km。在高速公路两侧 20～50m，高速公路和铁路两侧 1km 可视范围内的林地上，重点选择具有较好吸污降尘、水土保持能力较强的乡土树种作为基调树种，与色彩多样的主题景观树种以随机混交或块状混交的方式进行造林绿化。在整体上呈现"彩龙舞动南粤美"景观，给人以层次分明、色彩亮丽的视觉享受。

表4-1  高速公路、铁路生态景观林带规划一览

| 生态景观林带编号 | 涉及高速公路、铁路名称 | 主题设计 | 起止点 | 设计长度(km) |
|---|---|---|---|---|
| 1号 | 广深高速(G4、G15、G94₁₁、粤高速 S15) | 火焰木长廊 | 北起广州市黄村立交，途经东莞市，南至深圳市皇岗口岸附近 | 104 |
| 2号 | 广深沿江高速(粤高速 S3) | 红棉长廊 | 北起广州市黄埔区，途经东莞市，南至深圳市南山区 | 80 |

（续）

| 生态景观林带编号 | 涉及高速公路、铁路名称 | 主题设计 | 起止点 | 设计长度（km） |
|---|---|---|---|---|
| 3 号 | 济广高速广惠段（G35）武深高速博深段（G4E）沈海高速深潮段（G15） | 国庆花长廊 | 西起广州萝岗，沿济广高速向东至惠州博罗，向南沿武深高速至深圳，沿沈海高速向东经过汕尾、揭阳、汕头至潮州饶平 | 380 |
| 4 号 | 京珠高速广东段（G4） | 红花油茶长廊 | 北起韶关乐昌，经清远、广州、中山，南至珠海下栅 | 532 |
| 5 号 | 沈海高速广湛段（G15） | 紫荆花廊 | 北起广州太和，经佛山、江门、阳江、茂名，南至湛江徐闻 | 515 |
| 6 号 | 广清高速（粤高速 S110）清连高速（G4w2） | 含笑长廊 | 南起广州白云石井庆丰，北至粤湘交界处的凤头岭 | 232 |
| 7 号 | 广河高速（粤高速 S2） | 紫薇长廊 | 西起广州龙洞春岗立交，东至惠州博罗石坝镇 | 158 |
| 8 号 | 二广高速广东段（G55） | 竹子长廊 | 北起清远连州三水瑶族乡，途经肇庆、佛山，南至广州 | 284 |
| 9 号 | 广昆高速广东段（G80） | 润楠长廊 | 东起广州西二环高速公路横江互通立交，向西途经佛山、肇庆，至云浮郁南平台镇 | 200 |
| 10 号 | 长深高速惠河段（G25）汕昆高速汕河段（G78） | 美丽异木棉长廊枫香长廊红梅花廊 | 南起惠州平南工业区，沿长深高速向北，转汕昆高速，经河源、梅州、揭阳，至汕头龙湖外砂镇 | 440 |
| 11 号 | 潮莞高速（粤高速 S20） | 金凤花廊 | 东起潮州古巷镇，由东往西经揭阳、汕尾、惠州，至东莞常平镇 | 348 |
| 12 号 | 粤赣高速广东段（G45₁₁） | 杜鹃花廊 | 北起和平上陵镇，南至紫城埔前镇 | 137 |
| 13 号 | 广乐高速（G4w3） | 樱花长廊 | 北起韶关乐昌小塘，经清远至广州花都花山镇 | 312 |
| 14 号 | 西部沿海高速（粤高速 S32） | 仪花长廊 | 东起珠海香洲唐家湾镇，途经中山、江门，西至广东省阳江阳东东城镇 | 174 |
| 15 号 | 武广高铁 | 百里梦幻紫 | 南起广州市番禺区，途经佛山、清远，北至乐昌坪石镇 | 248 |
| 16 号 | 京广铁路 | 百里生命红 | 南起广州越秀，途经清远，北至韶关乐昌坪石镇 | 265 |
| 17 号 | 京九铁路 | 百里富贵黄 | 南起深圳罗湖，途经东莞、惠州，北至河源和平上陵镇 | 305 |
| 合计 | | | | 4714 |

## 二、沿海生态景观林带

全省设计沿海生态景观林带 2 条，全长 3368km。在沿海沙质海岸线附近，选择抗风沙、耐高温、根系发达、固土能力强、枯枝落叶量大的树种，采用块状混交的方式，建设与海岸线大致平行、宽度 50m 以上基干林带，增强防风固沙，防止土地沙化；在沿海滩涂地带、陆地与海洋交界的海岸潮间带或海潮能达到的河流入海口，选择枝繁叶茂、根系发达、色彩层次分明、海岸防护功能强的红树林树种，采用乡土树种为主随机混交的模式种植红树林，利用红树林的促淤、缓流

51

和消浪，提高护岸、护堤功能，减轻台风、赤潮的影响。沿海生态景观林带镶嵌在岸线和海洋之间，凸显"绿廊连海天"的景观。

表4-2　沿海生态景观林带规划一览

| 生态景观林带编号 | 涉及海岸线名称 | 起止点 | 设计长度(km) |
|---|---|---|---|
| 18号 | 东部沿海岸线 | 以珠江口深圳为起点，由西至东沿海岸线布局，东莞、惠州、汕尾、揭阳、汕头，东至潮州 | 1225 |
| 19号 | 西部沿海岸线 | 以珠江口中山市为起点，由东至西沿海岸线布局，途经珠海、江门、阳江、茂名，西至湛江市 | 2143 |
| 合计 | | | 3368 |

## 三、江河生态景观林带

全省设计江河生态景观林带4条，全长1918km。在东江、西江、北江和韩江干流的两侧山地，着重选择具有较好涵养水源和较强保持水土能力的乡土树种，采用主导功能树种和彩叶树种随机混交或块状混交的方式进行造林绿化，提高保持水土、涵养水源能力，减少地表径流，减轻水土流失，防止山体滑坡和泥石流等地质灾害，强调叶色变化和季相变化，呈现以绿色为基调、彩叶树种为小斑块的"四江两岸愈斑斓"景观。

表4-3　江河生态景观林带规划一览

| 生态景观林带编号 | 涉及江河名称 | 起止点 | 设计长度(km) |
|---|---|---|---|
| 20号 | 东江干流 | 由北至南途经河源、惠州和东莞 | 482 |
| 21号 | 西江干流 | 由西北至东南途经云浮、肇庆、佛山、江门、中山和珠海 | 430 |
| 22号 | 北江干流 | 由北至南途经韶关、清远、肇庆、佛山和广州 | 546 |
| 23号 | 韩江干流 | 由北至南途经梅州、潮州和汕头 | 460 |
| 合计 | | | 1918 |

# 第五章　营建模式研究

## 第一节　营建基本原则

### 一、因地制宜，突出特色

要充分利用当地的资源禀赋，以当地特色树种、花（叶）色树种为主题树种，以乡土阔叶树种为基调树种，坚持生态化、乡土化，注重恢复和保护地带性森林植被群落，不搞"一刀切"的形象工程。

### 二、依据现有，整合资源

生态景观林带建设要在现有林带基础上进行优化提升，在绿化基础上进行美化生态化。注重与沿线的湿地、农田、果园、村舍等原有生态景观相衔接，注重与各地防护林、经济林、绿道网等建设统筹实施，充分实现各种生态建设项目的整体效益。

### 三、科学规划，统筹发展

既要坚持以市、县为主体进行建设，又要坚持规划先行和全省一盘棋，对跨区域的路段、河段、海岸线绿化美化生态化进行统一布局规划，保证建设工程的有序衔接和生态景观的整体协调。

### 四、政府主导，社会共建

突出各级政府的主导作用，由属地政府统筹安排生态景观林带建设，建立完善部门联动工作机制，积极动员社会力量共同参与，形成共建共享的良好氛围。

# 第二节　典型营建模式及应用

生态景观林带是在交通主干道两侧、江河两岸和沿海海岸一定范围内营造的生态景观林，通过营造多层次、多树种、多功能和多效益的带状森林，将大片森林、大块生态绿地进行串联，形成广泛的景观廊道网络，突出生态景观林带的连通性和观赏性。本研究根据林带类型、地域差异及建设目标等不同，选择不同的主题树种和基调树种进行搭配，通过各种植物配置形式和方式，充分体现每条生态景观林带的特色和异质性。本研究共提出了 3 类营建模式组和 15 种典型营建模式，各营建模式植物选择及配置详见附表（各营建模式植物选择及配置表）。

## 一、高速公路、铁路生态景观林带模式组

本模式组包含 7 种营建模式，分别是铁路红线范围内绿化林带、铁路绿化景观林带、铁路两侧可视山体生态景观林带、高速公路中央分隔林带、高速公路互通立交绿化林带、高速公路绿化景观带和高速公路两侧可视山体生态景观林带模式。

### （一）M01 铁路红线范围内绿化林带模式（图 5-1、图 5-2）

适用范围：铁路铁丝网内可绿化用地。

模式目标：保护路基和路堑边坡的稳定，防止沿线水流冲刷。

主题树种：选择夹竹桃 *Nerium oleander*、大红花 *Hibiscus rosa-sinensis* 等灌木树种。

基调树种：选择双荚槐 *Senna bicapsularis*、红花檵木 *Loropetalum chinense*、红绒球 *Calliandra haematocephala*、黄金榕 *Ficus microcarpa* 等灌木树种。

树种比例：主题树种与基调树种比例为 5：5。

配置形式：规则式。

配置方式：列植、绿篱。

技术措施：

（1）林地清理：采取带状清理，清理铁路红线范围内的可绿化造林地，将清理的杂灌、杂草堆沤，以增加土壤腐殖质，提高土壤肥力，将杂物清出造林地。

（2）挖穴整地：在造林地清理完成之后，按株行距挖穴整地，由于铁路红线范围内绿化林带的造林树种均为灌木树种，因此，挖穴整地后宜随挖随种。

（3）植穴规格：一般为苗木营养袋大小的 1.5 倍，深度为营养袋的高度加 5cm。

（4）种植密度：根据造林地的现状而定，适当密植，造林密度一般为 40005 株 /hm$^2$。

（5）回土与基肥：鉴于铁路红线范围内绿化林带的造林地普遍肥力不高，每穴施放复合肥 0.10kg。

（6）苗木规格：为使造林尽早见成效，要求苗木规格为高0.50m以上的一级营养袋苗。

（7）苗木栽植：根据当地的自然气候条件，较适宜造林的季节为3～4月，在春季1～2场透雨后，即可选择雨后的阴天或小雨天栽植。栽植时先在植穴中央挖一比营养袋稍大的栽植孔，小心剥除营养袋，把带土的苗木放至栽植孔中，扶正苗木，适当深栽，同时，回土要压实，然后，用松土覆盖比苗木根颈高2～5cm，堆成馒头状。

**典型配置示意图：**

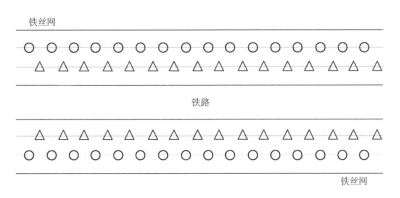

△主题树种　○基调树种

**图 5-1　铁路红线范围内绿化林带模式典型配置示意图**

**应用实例：**

照片拍摄于河源市源城区，源城区铁路生态景观林带建设采取了规则式的配置形式和林植的配置方式，选择了夹竹桃作为主题树种，以大红花、双英槐和红缨球等作为基调树种，主题树种与基调树种的比例约为5：5。

**图 5-2　铁路红线范围内绿化林带模式实景**
（京九铁路河源段）

（8）抚育管理：抚育三年三次，第一年秋初抚育一次，第二、三年春末各抚育一次。抚育工作内容：清除植穴周围范围的杂草；追肥三年三次，栽植二个月结合补苗进行第一次追肥，每株施复合肥 0.15kg，第二、三年春末结合抚育各追肥一次，要求同前所述。追肥方法：结合抚育进行，抚育结束后在植穴的外围开宽 10cm 左右的环形浅沟，把复合肥均匀放入沟内，然后，用土覆盖以防流失。

15 种营建模式技术措施详见附表 2。

（二）M02 铁路绿化景观林带模式（图 5-3、图 5-4）

适用范围：铁路铁丝网外两侧 20 ～ 50m 可绿化用地。

模式目标：减少行车过程中对沿线噪声和气动布局的影响，改善沿线景观。

主题树种：选择银桦 Grevillea robusta、木棉 Bombax ceiba、尖叶杜英 Elaeocarpus rugosus、猫尾木 Markhamia stipulata、蓝花楹 Jacaranda mimosifolia 和杧果 Mangifera indica 等树种。

基调树种：选择樟树 Cinnamomum camphora、观光木 Tsoongiodendron odorum、高山榕 Ficus altissima、黄兰 Michelia champaca、构树 Broussonetia papyrifera、垂叶榕 Ficus benjamina、铁刀木 Senna siamea、依兰香 Cananga odorata 和海南红豆 Ormosia pinnata 等树种。

树种比例：主题树种与基调树种比例为 3：7。

配置形式：混合式。

配置方式：林带、对植。

技术措施：

（1）林地清理：采取带状清理，清理带宽 20m 以上的造林地，将清理的杂灌、杂草堆沤，以增加土壤腐殖质，提高土壤肥力，将杂物清出造林地。

（2）挖穴整地：在造林地清理完成之后，按株行距挖穴整地，整地采用明穴方式，把挖出的穴土放置穴的两旁，让土壤自然风化，以利于土壤的风化、熟化和除去土壤中的虫蛹，减少土壤病虫害，以改善土壤的理化性状，提高土壤肥力。

（3）植穴规格：乔木类的植穴大小一般为植株土球大小的 1.5 倍，深度为土球的高度加 20cm；灌木类苗木的植穴大小一般为苗木营养袋大小的 1.5 倍，深度为营养袋的高度加 5cm。

（4）种植密度：灌木类苗木的种植密度为 300 ～ 450 株 /hm²，乔木类苗木的种植密度为 450 ～ 630 株 /hm²。

（5）回土与基肥：先回填表土，再回填心土，回土时要把泥块打碎，清除石块与树根。当回土至穴的三分之一时施放基肥，并与穴土充分混匀，然后继续回土至平穴。将乔木类苗木放入坑中填土后，尽量将土分层夯实，以使定植后树木新根与土壤结合良好，不致受外因动摇而影响成活。灌木类苗每穴施放复合肥 0.10kg，乔木类苗每穴施放复合肥 0.25kg。

（6）苗木规格：灌木类苗木规格为高 0.50m 以上的一级营养袋苗；乔木类的苗

**典型配置示意图：**

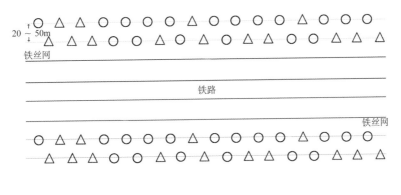

$20 \sim 50m$

铁丝网

铁路

铁丝网

△ 主题树种　○ 基调树种

**图 5-3　铁路绿化景观林带模式典型配置示意图**

**应用实例：**

照片拍摄于广州市天河区五山段，广州市铁路生态景观林带建设采取了混合式的配置形式和林带的配置方式，选择了木棉作为主题树种，以榕树、海南红豆和大叶紫薇等作为基调树种，主题树种与基调树种的比例约为 3 : 7。

**图 5-4　铁路绿化景观林带模式实景**

（京九铁路五山段）

木规格为 H > 2.5m，冠幅 > 1.0m，胸径 4 ~ 6cm，土球直径 > 40cm。

（7）苗木栽植：较适宜造林的季节为 3 ~ 4 月，在春季 1 ~ 2 场透雨后（穴土湿透），即可选择雨后的阴天或小雨天栽植。栽植时先在植穴中央挖一比营养袋稍大的栽植孔，小心剥除营养袋（可溶性营养袋除外），把带土的苗木放至栽植孔中，扶正苗木，适当深栽，同时，回土要压实，然后，用松土覆盖比苗木根颈高 2 ~ 5cm，堆成馒头状。

（8）抚育管理：抚育三年三次，第一年秋初抚育一次，第二、三年春末各抚育一次。抚育工作内容：清除植穴周围 1m² 范围内的杂草、灌丛；松土以植株为中心、半径 50cm 内的土壤挖松、内浅外深、松土后回土培蔸成"馒头状"。追肥三年三次，栽植二个月结合补苗进行第一次追肥，每株施复合肥 0.15kg，第二、三年春末结合抚育各追肥一次，要求同前所述。追肥方法：结合抚育进行，抚育结束后在植穴的外围开宽 10cm 左右的环形浅沟，把复合肥均匀放入沟内，然后，用土覆盖以防流失。

（三）M03 铁路两侧可视山体生态景观林带模式（图 5-5、图 5-6）

适用范围：铁路两侧可视范围山体的宜林荒山荒地、疏林地。

模式目标：防止沿线水流冲刷，造成水土流失，确保行车安全。

主题树种：选择木荷 *Schima superba*、乐昌含笑 *Michelia chapensis*、石栗 *Aleurites moluccana* 和仪花 *Lysidice rhodostegia* 等树种。

基调树种：选择榕树 *Ficus microcarpa*、火力楠 *Michelia macclurei*、人面子 *Dracontomelon duperreanum*、灰木莲 *Manglietia chevalieri*、降香黄檀 *Dalbergia odorifera*、木菠萝 *Artocarpus heterophyllus*、红鳞蒲桃 *Syzygium hancei*、朴树 *Celtis sinensis*、浙江润楠 *Machilus chekiangensis*、海南蒲桃 *Syzygium cumini* 和棟叶吴茱萸 *Tetradium glabrifolium* 等树种。

树种比例：主题树种与基调树种比例为 5：5。

配置形式：自然式。

配置方式：林植。

技术措施：

（1）林地清理：在满足造林种植的前提下，尽量少破坏原有的森林植被，严禁全面炼山、全垦。采取块状清理，以种植穴为中心，清理周围 1m² 的林地，将清理的杂草块状堆沤，以增加土壤腐殖质，提高土壤肥力。定穴时，若穴的位置刚好有乔木或灌木时，应将位置前移或后移，要注意保护原有的乡土乔木、灌木幼树幼苗。

（2）挖穴整地：在造林地清理完成之后，按株行距挖穴整地，整地采用明穴方式，把挖出的穴土放置穴的两旁，让土壤自然风化，以利于土壤的风化、熟化和除去土壤中的虫蛹，减少土壤病虫害，以改善土壤的理化性状，提高土壤肥力。

（3）植穴规格：植穴规格为 40cm×40cm×30cm。

（4）种植密度：人工造林类型的种植密度为 1335 株 /hm²；补植套种类型的种植密度根据林分现状和林木密度不同，采取见缝插针方式，平均以 810 株 /hm² 为宜。

（5）回土与基肥：回土时先回填表土，再回填心土，回土时要把泥块打碎，清除石块与树根。当回土至穴的三分之一时施放基肥，并与穴土充分混匀，然后继续回土至平穴，每穴施放复合肥 0.25kg。

（6）苗木规格：为使造林尽早见成效，要求造林苗木规格为高 0.60m 以上的一级营养袋苗。

（7）苗木栽植：根据当地的自然气候条件，较适宜造林的季节为 3～4 月，在春季 1～2 场透雨后（穴土湿透），即可选择雨后的阴天或小雨天栽植。栽植时先

**典型配置示意图：**

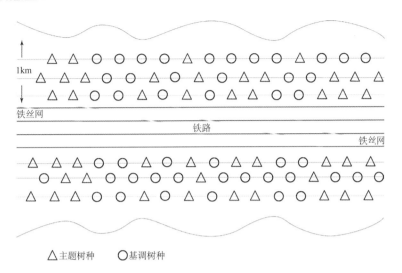

△主题树种　○基调树种

图 5-5　铁路两侧可视山体生态景观林带模式典型配置示意图

**应用实例：**

照片拍摄于河源市和平县，和平铁路生态景观林带建设采取了自然的配置形式和林植的配置方式，选择了木荷和乐昌含笑作为主题树种，以火力楠、灰木莲、黧蒴 *Castanopsis fissa*、枫香 *Liquidambar formosana* 等作为基调树种，主题树种与基调树种的比例约为 5 : 5。

图 5-6　铁路两侧可视山体生态景观林带模式实景

（京九铁路和平段）

在植穴中央挖一比营养袋稍大的栽植孔，小心剥除营养袋（可溶性营养袋除外），把带土的苗木放至栽植孔，扶正苗木，适当深栽，同时，回土要压实，然后用松土覆盖比苗木根颈高 2～5cm，堆成馒头状。

（8）抚育管理：抚育三年三次，第一年秋初抚育一次，第二、三年春末各抚育一次。抚育工作内容：清除植穴周围 1m² 范围的杂草、灌丛；松土以植株为中心，半径 50cm 内的土壤挖松、内浅外深、松土后回土培蔸成"馒头状"。追肥三年三次，栽植 2 个月结合补苗进行第一次追肥，每株施复合肥 0.15kg，第二、三年春末结合抚育各追肥一次，要求同前所述。追肥方法：抚育结束后在植穴外围开宽 10cm 的环形浅沟，把复合肥均匀放入沟内，用土覆盖以防流失。

（四）M04 高速公路中央分隔林带模式（图 5-7、图 5-8）

适用范围：高速公路中央分隔带。

模式目标：隔离双向交通、防止夜间对面车辆灯光炫目。

主题树种：选择大红花、红花檵木和红叶石楠 Photinia × fraseri 等树种。

基调树种：选择黄金榕、变叶木 Codiaeum variegatum、红绒球、侧柏 Platycladus orientalis 和小叶紫薇 Lagerstroemia indica 等树种。

树种比例：主题树种与基调树种比例为 6 : 4。

配置形式：规则式。

配置方式：绿篱。

技术措施：

（1）林地清理：取带状清理，清理铁路红线范围内可绿化的造林地，将清理的杂灌、杂草堆沤，以增加土壤腐殖质，提高土壤肥力，将杂物清出造林地。

（2）挖穴整地：在造林地清理完成之后，按株行距挖穴整地，由于铁路红线范围内绿化林带的造林树种均为灌木树种，因此，挖穴整地后宜随挖随种。

（3）植穴规格：植穴的大小为一般为苗木营养袋大小的 1.5 倍，深度为营养袋的高度加 5cm。

（4）种植密度：根据造林地的现状而定，适当密植，造林密度一般为 40005 株 /hm²。

（5）回土与基肥：造林地的肥力不高，每穴施放复合肥 0.10kg。

（6）苗木规格：为了使造林尽早见成效，要求造林苗木规格为高 0.50m 以上的一级营养袋苗。

（7）苗木栽植：根据当地的自然气候条件，较适宜造林的季节为 3 ~ 4 月，在春季 1 ~ 2 场透雨后，即可选择雨后的阴天或小雨天栽植。栽植时先在植穴中央挖一比营养袋稍大的栽植孔，小心剥除营养袋，把带土的苗木放至栽植孔中，扶正苗木，适当深栽，同时，回土要压实，然后，用松土覆盖比苗木根颈高 2 ~ 5cm，堆成馒头状。

（8）抚育管理：抚育三年三次，第一年秋初抚育一次，第二、三年春末各抚育一次。抚育工作内容：清除植穴周围的杂草；追肥三年三次，栽植二个月结合补苗进行第一次追肥，每株施复合肥 0.15kg，第二、三年春末结合抚育各追肥一次，要求同前所述。追肥方法：结合抚育进行，抚育结束后在植穴的外围开宽 10cm 左右的环形浅沟，把复合肥均匀放入沟内，然后，用土覆盖以防流失。

**典型配置示意图：**

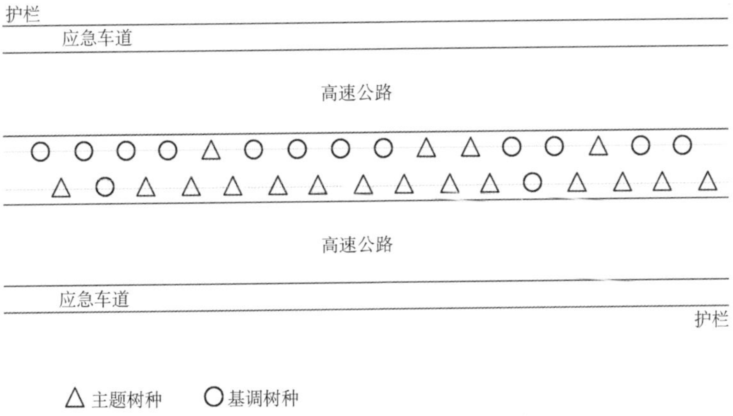

护栏

应急车道

高速公路

○ ○ ○ ○ ○ △ ○ ○ ○ ○ △ △ ○ ○ △ ○ ○
△ ○ △ △ △ △ △ △ △ △ △ ○ △ △ △ △

高速公路

应急车道

护栏

△ 主题树种　○ 基调树种

**图 5-7　高速公路中央分隔林带模式典型配置示意图**

**应用实例：**

照片拍摄于广州机场高速，广州市生态景观林带建设采取了规则式的配置形式和绿篱的配置方式，以黄槐作为主题树种，以黄金榕、福建茶和灰莉 *Fagraea ceilanica* 作为基调树种，主题树种与基调树种比例约为 6 : 4。

**图 5-8　高速公路中央分隔林带模式实景**
（广州机场高速）

（五）M05 高速公路互通立交绿化林带模式（图 5-9、图 5-10）

适用范围：高速公路互通立交的可绿化用地。

模式目标：美化环境、引导行车。

主题树种：选择南方红豆杉 *Taxus chinensis*、大花第伦桃 *Dillenia turbinata*、无忧树 *Saraca dives*、糖胶树 *Alstonia scholaris* 和幌伞枫 *Heteropanax fragrans* 等树种。

基调树种：选择苹婆 *Sterculia nobilis*、金花茶 *Camellia nitidissima*、杜鹃红山茶 *Camellia azalea*、红千层 *Callistemon rigidus*、红花银桦 *Grevillea banksii* 和越南抱茎茶 *Camellia amplexicaulis* 等树种。

树种比例：主题树种与基调树种比例为 3：7。

配置形式：混合式。

配置方式：孤植、丛植。

技术措施：

（1）林地清理：采取块状清理，清理可绿化的造林地，将清理的杂灌、杂草堆沤，以增加土壤腐殖质，提高土壤肥力，将杂物清出造林地。

**典型配置示意图：**

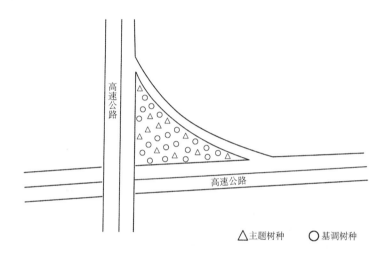

△主题树种　　○基调树种

**图 5-9　高速公路互通立交绿化林带模式典型配置示意图**

**应用实例：**

照片拍摄于惠州市博罗县，博罗县生态景观林带建设采取了混合式的配置形式和丛植的配置方式，以黄槐作为主题树种，以榕树、红千层作为基调树种，主题树种与基调树种比例约为 6：4。

**图 5-10　高速公路互通立交绿化林带模式实景**

*（广惠高速博罗段）*

（2）挖穴整地：在造林地清理完成之后，按株行距挖穴整地，整地采用明穴方式，把挖出的穴土放置穴的两旁，让土壤自然风化，以利于土壤的风化、熟化和除去土壤中的虫蛹，减少土壤病虫，以改善土壤的理化性状，提高土壤肥力。

（3）植穴规格：乔木类苗木的植穴大小一般为植株土球大小的 1.5 倍，深度为土球的高度加 20cm；灌木类苗木的植穴的大小为一般为苗木营养袋大小的 1.5 倍，深度为营养袋的高度加 5cm。

（4）种植密度：灌木类苗木的种植密度为 10005 ~ 19995 株 /hm²，乔木类苗木的种植密度为 30 ~ 75 株 /hm²。

（5）回土与基肥：回土时先回填表土，再回填心土，回土时要把泥块打碎，清除石块与树根。当回土至穴的三分之一时施放基肥，并与穴土充分混匀，然后继续回土至平穴。将乔木类苗木放入坑中填土后，尽量将土分层夯实，以使定植后树木新根与土壤结合良好，不致受外因动摇而影响成活。灌木类每穴施放复合肥 0.10kg，乔木类每穴施放复合肥 0.25kg。

（6）苗木规格：灌木类苗木规格为高 0.50m 以上的一级营养袋苗；乔木类的苗木规格为 H ＞ 2.5m，冠幅＞ 1.0m，胸径 4 ~ 6cm，土球直径＞ 40cm。

（7）苗木栽植：根据当地的自然气候条件，较适宜造林的季节为 3 ~ 4 月，在春季 1 ~ 2 场透雨后（穴土湿透），即可选择雨后的阴天或小雨天时机栽植。栽植时先在植穴中央挖一比营养袋稍大的栽植孔，小心剥除营养袋（可溶性营养袋除外），把带土的苗木放至栽植孔中，扶正苗木，适当深栽，同时，回土要压实，然后，用松土覆盖比苗木根颈高 2 ~ 5cm，堆成馒头状。

（8）抚育管理：抚育三年三次，第一年秋初抚育一次，第二、三年春末各抚育一次。抚育工作内容：清除植穴周围 1m² 范围内的杂草、灌丛；松土以植株为中心，半径 50cm 内的土壤挖松、内浅外深、松土后回土培蔸成"馒头状"。追肥三年三次，栽植二个月结合补苗进行第一次追肥，每株施复合肥 0.15kg，第二、三年春末结合抚育各追肥一次，要求同前所述。追肥方法：结合抚育进行，抚育结束后在植穴的外围开宽 10cm 左右的环形浅沟，把复合肥均匀放入沟内，然后，用土覆盖以防流失。

（六）M06 高速公路绿化景观带模式（图 5-11、图 5-12）

适用范围：高速公路铁丝网外两侧 20 ~ 50m 可绿化用地。

模式目标：防噪吸尘、美化环境、保持水土。

主题树种：选择红花羊蹄甲 Bauhinia blakeana、宫粉羊蹄甲 Bauhinia variegata、美丽异木棉 Chorisia speciosa、复羽叶栾树 Koelreuteria elegans、黄槐 Senna surattensis 和凤凰木 Delonix regia 等树种。

基调树种：选择阴香 Cinnamomum burmannii、假苹婆 Sterculia lanceolata、小叶榄仁 Terminalia mantaly、铁冬青 Ilex rotunda、秋枫 Bischofia javanica、五月茶

*Antidesma bunius* 和山杜英 *Elaeocarpus sylvestris* 等树种。

树种比例：主题树种与基调树种比例为 4：6。

配置形式：混合式。

配置方式：林带、对植。

技术措施：

（1）林地清理：采取带状清理，清理带宽 20m 以上的造林地，将清理的杂灌、杂草堆沤，以增加土壤腐殖质，提高土壤肥力，将杂物清出造林地。

（2）挖穴整地：在造林地清理完成之后，按株行距挖穴整地，整地采用明穴方式，把挖出的穴土放置穴的两旁，让土壤自然风化，以利于土壤的风化、熟化和除去土壤中的虫蛹，减少土壤病虫，以改善土壤的理化性状，提高土壤肥力。

（3）植穴规格：植穴规格根据苗木的土球大小确定，乔木类苗木的植穴大小为一般为植株土球大小的 1.5 倍，深度为土球的高度加 20cm；灌木类苗木的植穴的大小为一般为苗木营养袋大小的 1.5 倍，深度为营养袋的高度加 5cm。

（4）种植密度：灌木类苗木的种植密度为 300 ～ 450 株 /hm²，乔木类苗木的种植密度为 450 ～ 630 株 /hm²。

（5）回土与基肥：回土时先回填表土，再回填心土，回土时要把泥块打碎，清除石块与树根。当回土至穴的三分之一时施放基肥，并与穴土充分混匀，然后继续回土至平穴。将乔木类苗木放入坑中填土后，尽量将土分层夯实，以使定植后树木新根与土壤结合良好，不致受外因动摇而影响成活。灌木类每穴施放复合肥 0.10kg，乔木类每穴施放复合肥 0.25kg。

（6）苗木规格：灌木类苗木规格为高 0.50m 以上的一级营养袋苗；乔木类的苗木规格为 H ＞ 2.5m，冠幅＞ 1.0m，胸径 4 ～ 6cm，土球直径＞ 40cm。

（7）苗木栽植：根据当地的自然气候条件，较适宜造林的季节为 3 ～ 4 月，在春季 1 ～ 2 场透雨后（穴土湿透），即可选择雨后的阴天或小雨天时机栽植。栽植时先在植穴中央挖一比营养袋稍大的栽植孔，小心剥除营养袋（可溶性营养袋除外），把带土的苗木放至栽植孔中，扶正苗木，适当深栽，同时，回土要压实，然后，用松土覆盖比苗木根颈高 2 ～ 5cm，堆成馒头状。

（8）抚育管理：抚育三年三次，第一年秋初抚育一次，第二、三年春末各抚育一次。抚育工作内容：清除植穴周围 1m² 内范围的杂草、灌丛；松土以植株为中心，半径 50cm 内的土壤挖松、内浅外深、松土后回土培蔸成"馒头状"。追肥三年三次，栽植二个月结合补苗进行第一次追肥，每株施复合肥 0.15kg，第二、三年春末结合抚育各追肥一次，要求同前所述。追肥方法：结合抚育进行，抚育结束后在植穴的外围开宽 10cm 左右的环形浅沟，把复合肥均匀放入沟内，然后，用土覆盖以防流失。

**典型配置示意图：**

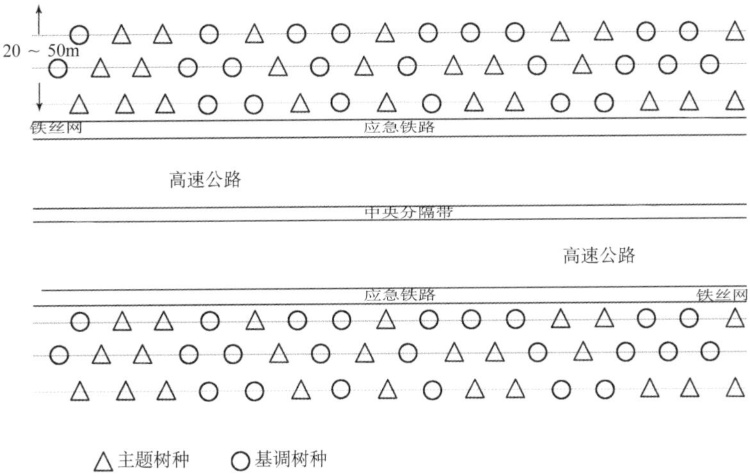


图 5-11　高速公路绿化景观带模式典型配置示意图

**应用实例：**

照片拍摄于广州市增城区，增城区生态景观林带建设采取了混合式的配置形式和林带的配置方式，以大叶紫薇作为主题树种，以榕树、红花羊蹄甲和铁冬青作为基调树种，主题树种与基调树种比例约为 6∶4。

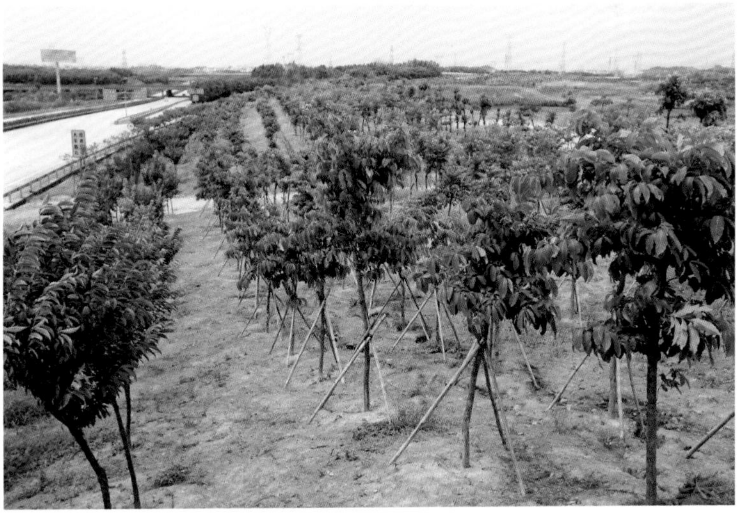

图 5-12　高速公路绿化景观带模式实景
（广惠高速增城段）

（七）M07 高速公路两侧可视山体生态景观林带模式（图 5-13、图 5-14）

适用范围：高速公路两侧可视范围山体的宜林荒山荒地、疏林地。

模式目标：保持水土、涵养水源、增加森林碳汇。

主题树种：选择鳖蒴、枫香、红锥 *Castanopsis hystrix*、樟树和木棉等树种。

基调树种：选择格木 *Erythrophleum fordii*、黄桐 *Endospermum chinense*、红苞木 *Rhodoleia championii*、米老排 *Mytilaria laosensis*、大叶榕 *Ficus virens*、任豆 *Zenia insignis*、

蝴蝶果 *Cleidiocarpon cavaleriei*、山蒲桃 *Syzygium levinei*、翻白叶树 *Pterospermum heterophyllum*、麻楝 *Chukrasia tabularia* 和鹅掌楸 *Liriodendron chinense* 等树种。

树种比例：主题树种与基调树种比例为 5∶5。

配置形式：自然式。

配置方式：林植。

技术措施：

（1）林地清理：在满足造林种植的前提下，尽可能少破坏原有的森林植被，严

**典型配置示意图：**

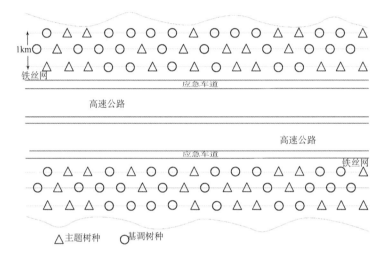

**图 5-13　高速公路两侧可视山体生态景观林带模式典型配置示意图**

**应用实例：**

照片拍摄于惠州市惠城区，惠城区生态景观林带建设采取了自然式的配置形式和林植的配置方式，选择了樟树和蓝花楹作为主题树种，以铁刀木、枫香、红苞木、尖叶杜英和米老排等为基调树种，主题树种与基调树种的比例约为 5∶5。

**图 5-14　高速公路两侧可视山体生态景观林带模式实景**
**（惠河高速惠城段）**

禁全面炼山、全垦。以种植穴为中心，采取块状清理，清理植穴周围 1m² 范围内的林地，将清理的杂草块状堆沤，以增加土壤腐殖质，提高土壤肥力。定穴时，若穴的位置刚好有乔木或灌木时，应将位置前移或后移，要注意保护原有的乡土乔木、灌木幼树幼苗。

（2）挖穴整地：在造林地清理完成之后，按株行距挖穴整地，整地采用明穴方式，把挖出的穴土放置穴的两旁，让土壤自然风化，以利于土壤的风化、熟化和除去土壤中的虫蛹，减少土壤病虫，以改善土壤的理化性状，提高土壤肥力。

（3）植穴规格：植穴规格为 40cm×40cm×30cm。

（4）种植密度：人工造林类型的种植密度为 1335 株 /hm²；补植套种类型的种植密度根据林分现状和林木密度不同，采取见缝插针方式，平均以 810 株 /hm² 为宜。

（5）回土与基肥：回土时先回填表土，再回填心土，回土时要把泥块打碎，清除石块与树根。当回土至穴的三分之一时施放基肥，并与穴土充分混匀，然后继续回土至平穴，每穴施放复合肥 0.25kg。

（6）苗木规格：为了使造林尽早见成效，要求造林苗木规格为高 0.60m 以上的一级营养袋苗。

（7）苗木栽植：根据当地的自然气候条件，较适宜造林的季节为 3～4 月，在春季 1～2 场透雨后（穴土湿透），即可选择雨后的阴天或小雨天时机栽植。栽植时先在植穴中央挖一比营养袋稍大的栽植孔，小心剥除营养袋（可溶性营养袋除外），把带土的苗木放至栽植孔中，扶正苗木，适当深栽，同时，回土要压实，然后，用松土覆盖比苗木根颈高 2～5cm，堆成馒头状。

（8）抚育管理：抚育三年三次，第一年秋初抚育一次，第二、三年春末各抚育一次。抚育工作内容：清除植穴周围 1m² 范围内的杂草、灌丛；松土以植株为中心，半径 50cm 内的土壤挖松、内浅外深、松土后回土培蔸成"馒头状"。追肥三年三次，栽植 2 个月结合补苗进行第一次追肥，每株施复合肥 0.15kg，第二、三年春末结合抚育各追肥一次，要求同前所述。追肥方法：结合抚育进行，抚育结束后在植穴的外围开宽 10cm 左右的环形浅沟，把复合肥均匀放入沟内，然后，用土覆盖以防流失。

## 二、江河生态景观林带模式组

本模式组包括 3 种营建模式，分别是江河湿地生态景观林带、江河护岸林带和江河两岸第一重山生态景观林带营建模式。

（一）M08 江河湿地生态景观林带模式（图 5-15、图 5-16）

适用范围：河流水淹没的湿地。

模式目标：改善湿地生态系统。

主题树种：落羽杉 *Taxodium distichum*。

基调树种：选择水松 *Glyptostrobus pensilis* 或池杉 *Taxodium ascendens*。

树种比例：主题树种与基调树种比例为 5：5。

配置形式：规则式。

配置方式：群植。

技术措施：

（1）林地清理：将杂物清理出造林地。

（2）挖穴整地：无须提前整地，与栽植同时进行，随挖随种。

（3）植穴规格：不挖种植穴。

（4）种植密度：人工造林类型的种植密度为 1335 株 /hm$^2$；补植套种类型的种植密度根据林分现状和林木密度不同，采取见缝插针方式，平均以 810 株 /hm$^2$ 为宜。

**典型配置示意图：**

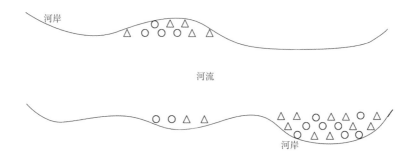

△ 主题树种　　○ 基调树种

**图 5-15　江河湿地生态景观林带模式典型配置示意图**

**应用实例：**

照片拍摄于佛山市天湖湿地公园，佛山市生态景观林带建设采取了规则式的配置形式和群植的配置方式，选择了落羽杉作为主题树种，以海南杜英 *Elaeocarpus hainanensis* 为基调树种，主题树种与基调树种的比例约为 6：4。

**图 5-16　江河湿地生态景观林带模式实景**
（佛山天湖）

（5）回土与基肥：不安排施基肥。

（6）苗木规格：为了使造林尽早见成效，要求造林苗木规格为高 1.0m 以上的一级营养袋苗或裸根苗。

（7）苗木栽植：选择春季造林，如果是营养袋苗，需要剥除营养袋再栽植。

（8）抚育管理：种植后，应由专人进行管护，采用全封闭式管理，连续抚育、补植 3 年，主要抚育措施包括扶正苗木、培泥及清除垃圾杂物，及时做好缺株、死株、病株的补植工作，防止人为破坏。

（二）M09 江河护岸林带模式（图 5-17、图 5-18）

适用范围：河流岸边的可绿化用地。

模式目标：护岸固坡。

主题树种：选择白千层 *Melaleuca quinquenervia*、水翁 *Cleistocalyx operculatus* 和串钱柳 *Callistemon viminalis* 等树种。

基调树种：选择蒲桃 *Syzygium jambos*、洋蒲桃 *Syzygium samarangense*、海南杜英、苦楝 *Melia azedarach* 和银合欢 *Leucaena leucocephala* 等树种。

树种比例：主题树种与基调树种比例为 6：4。

配置形式：规则式。

配置方式：列植。

技术措施：

（1）林地清理：在满足造林种植的前提下，尽可能少破坏原有的森林植被，严禁全面炼山、全垦。以种植穴为中心，采取块状清理，清理植穴周围 1m² 内的林地，将清理的杂草块状堆沤，以增加土壤腐殖质，提高土壤肥力。定穴时，若穴的位置刚好有乔木或灌木时，应将位置前移或后移，要注意保护原有的乡土乔木、灌木幼树幼苗。

（2）挖穴整地：在造林地清理完成之后，按株行距挖穴整地，整地采用明穴方式，把挖出的穴土放置穴的两旁，让土壤自然风化，以利于土壤的风化、熟化和除去土壤中的虫蛹，减少土壤病虫，以改善土壤的理化性状，提高土壤肥力。

（3）植穴规格：植穴规格为 40cm×40cm×30cm。

（4）种植密度：人工造林类型的种植密度为 1335 株/hm²；补植套种类型的种植密度根据林分现状和林木密度不同，采取见缝插针方式，平均以 810 株/hm² 为宜。

（5）回土与基肥：回土时先回填表土，再回填心土，回土时要把泥块打碎，清除石块与树根。当回土至穴的三分之一时施放基肥，并与穴土充分混匀，然后继续回土至平穴，每穴施放复合肥 0.25kg。

（6）苗木规格：为了使造林尽早见成效，要求造林苗木规格为高 0.60m 以上的一级营养袋苗。

（7）苗木栽植：根据当地的自然气候条件，较适宜造林的季节为 3～4 月，在春季 1～2 场透雨后（穴土湿透），即可选择雨后的阴天或小雨天时机栽植。栽植时先在植穴中央挖一比营养袋稍大的栽植孔，小心剥除营养袋（可溶性营养袋除

**典型配置示意图：**

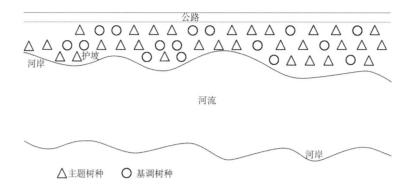

**图 5-17　江河护岸林带模式典型配置示意图**

**应用实例：**

照片拍摄于佛山市东平河，佛山市生态景观林带建设采取了规则式的配置形式和列植的配置方式，选择了美丽异木棉作为主题树种，以海南杜英、鸡蛋花和红花油茶等为基调树种，主题树种与基调树种的比例约为 6：4。

**图 5-18　江河护岸林带模式实景**（佛山东平河）

外），把带土的苗木放至栽植孔中，扶正苗木，适当深栽，同时，回土要压实，然后，用松土覆盖比苗木根颈高 2 ~ 5cm，堆成馒头状。

（8）抚育管理：抚育三年三次，第一年秋初抚育一次，第二、三年春末各抚育一次。抚育工作内容：清除植穴周围 1m² 内的杂草、灌丛；松土以植株为中心，半径 50cm 内的土壤挖松、内浅外深、松土后回土培蔸成"馒头状"。追肥三年三次，栽植 2 个月结合补苗进行第一次追肥，每株施复合肥 0.15kg，第二、三年春末结合抚育各追肥一次，要求同前所述。追肥方法：结合抚育进行，抚育结束后在植穴的外围开宽 10cm 左右的环形浅沟，把复合肥均匀放入沟内，然后，用土覆盖以防流失。

（三）M10 江河两岸第一重山生态景观林带模式（图 5-19、图 5-20）

适用范围：江河两岸第一重山的宜林荒山荒地、疏林地。

模式目标：涵养水源，保护生物多样性。

主题树种：选择樟树、枫香、红锥、楠木 *Phoebe zhennan* 和火力楠等树种。

基调树种：选择秋枫、木荷、米老排、千年桐 *Vernicia montana* 和鳒鳂等树种。

树种比例：主题树种与基调树种比例为 5：5。

配置形式：自然式。

配置方式：林植。

技术措施：

（1）林地清理：在满足造林种植的前提下，尽可能少破坏原有的森林植被，严禁全面炼山、全垦。以种植穴为中心，采取块状清理，清理植穴周围 1m² 内的林地，将清理的杂草块状堆沤，以增加土壤腐殖质，提高土壤肥力。定穴时，若穴的位置刚好有乔木或灌木时，应将位置前移或后移，要注意保护原有的乡土乔木、灌木幼树幼苗。

（2）挖穴整地：在造林地清理完成之后，按株行距挖穴整地，整地采用明穴方式，把挖出的穴土放置穴的两旁，让土壤自然风化，以利于土壤的风化、熟化和除去土壤中的虫蛹，减少土壤病虫，以改善土壤的理化性状，提高土壤肥力。

（3）植穴规格：植穴规格为 40cm×40cm×30cm。

（4）种植密度：人工造林类型的种植密度为 1335 株 /hm²；补植套种类型的种植密度根据林分现状和林木密度不同，采取见缝插针方式，平均以 810 株 /hm² 为宜。

（5）回土与基肥：回土时先回填表土，再回填心土，回土时要把泥块打碎，清除石块与树根。当回土至穴的三分之一时施放基肥，并与穴土充分混匀，然后继续回土至平穴，每穴施放复合肥 0.25kg。

（6）苗木规格：为了使造林尽早见成效，要求造林苗木规格为高 0.60m 以上的一级营养袋苗。

（7）苗木栽植：根据当地的自然气候条件，较适宜造林的季节为 3～4 月，在春季 1～2 场透雨后（穴土湿透），即可选择雨后的阴天或小雨天时机栽植。栽植时先在植穴中央挖一比营养袋稍大的栽植孔，小心剥除营养袋（可溶性营养袋除外），把带土的苗木放至栽植孔中，扶正苗木，适当深栽，同时，回土要压实，然后，用松土覆盖比苗木根颈高 2～5cm，堆成馒头状。

（8）抚育管理：抚育三年三次，第一年秋初抚育一次，第二、三年春末各抚育一次。抚育工作内容：清除植穴周围 1m² 内的杂草、灌丛；松土以植株为中心，半径 50cm 内的土壤挖松、内浅外深、松土后回土培蔸成"馒头状"。追肥三年三次，栽植 2 个月结合补苗进行第一次追肥，每株施复合肥 0.15kg，第二、三年春末结合抚育各追肥一次，要求同前所述。追肥方法：结合抚育进行，抚育结束后在植穴的外围开宽 10cm 左右的环形浅沟，把复合肥均匀放入沟内，然后用土覆盖以防流失。

**典型配置示意图：**

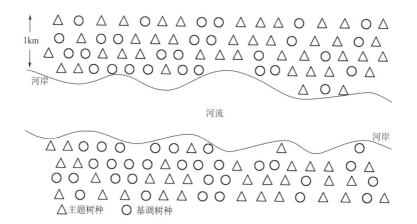

△主题树种　○基调树种

**图 5-19　江河两岸第一重山生态景观林带模式典型配置示意图**

**应用实例：**

照片拍摄于河源市东源县，东源县生态景观林带建设采取了自然式的配置形式和林带的配置方式，选择了枫香作为主题树种，以木荷、樟树、火力楠和黧蒴等为基调树种，主题树种与基调树种的比例约为 5 : 5。

**图 5-20　江河两岸第一重山生态景观林带模式实景**

（东江东源段）

### 三、沿海生态景观林带模式组

本模式组包含 5 种营建模式，分别是低盐泥质海岸红树林生态景观林带、高盐泥质海岸红树林生态景观林带、沙质海岸基干林带、岩质海岸基干林带和沿海第一重山防护林带营建模式。

（一）M11 低盐泥质海岸红树林生态景观林带模式（图 5-21、图 5-22）

适用范围：低盐泥质海岸滩涂。

模式目标：防风消浪、促淤保滩、固岸护堤、净化海水。

主题树种：无瓣海桑 *Sonneratia apetala*。

基调树种：选择木榄 *Bruguiera gymnorrhiza*、秋茄 *Kandelia candel*、桐花 *Aegiceras corniculatum*、老鼠簕 *Acanthus ilicifolius*、银叶树 *Heritiera littoralis* 和海芒果 *Cerbera manghas* 等树种。

树种比例：主题树种与基调树种比例为 3∶7。

配置形式：自然式。

配置方式：林植。

技术措施：

（1）林地清理：清理滩涂上的海上漂流物和藤壶等有害附生物。

**典型配置示意图：**

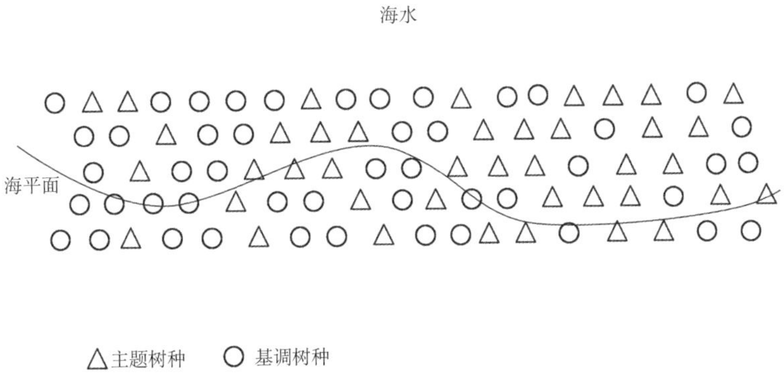

海水

△主题树种　　○基调树种

**图 5-21　低盐泥质海岸红树林生态景观林带模式典型配置示意图**

**应用实例：**

照片拍摄于深圳市大鹏新区葵涌街道坝光村，深圳市生态景观林带建设采取了自然式的配置形式和林带的配置方式，选择了银叶树作为主题树种，以白骨壤 *Aricennia marina* 和桐花等为基调树种，主题树种与基调树种的比例约为 3∶7。

**图 5-22　低盐泥质海岸红树林生态景观林带模式实景**
（深圳市大鹏湾）

（2）挖穴整地：红树林造林无须提前整地，与栽植同时进行，随挖随种。

（3）植穴规格：不挖种植穴。

（4）种植密度：4005 ~ 7995 株 /hm²。

（5）回土与基肥：红树林造林不安排基肥，与栽植同时进行，随挖随种。

（6）苗木规格：无瓣海桑、老鼠簕、海芒果、桐花树和木榄选用苗高 30cm 以上无病虫害健壮的营养袋苗；秋茄选用果实饱满无病虫害的优质胚轴进行造林，可在胚轴成熟后随采随种。

（7）苗木栽植：无瓣海桑、老鼠簕、海芒果、桐花树和木榄在植树点用锄头或铲挖 25 ~ 30cm 深的坑，将苗木放进坑内压实即可，植苗深度应比原来深度深 2 ~ 3cm。秋茄属胎生繁殖，在较坚实的滩涂上用削尖的小木条插一小洞后把胚轴插入 1/2 长度并压实，注意不能倒插。由于红树林造林地受潮水的影响，应把握好退潮时间进行栽植。最适宜在 4 ~ 6 月份栽植，植株在当年有较长的生长期，入冬前植株已分枝，抗寒能力较强，过冬遇寒潮时不易被冻死。

（8）抚育管理：红树林种植后，应由专人进行管护，采用全封闭式管理，连续抚育、补植 3 年，主要抚育措施包括扶正苗木、培泥及清除垃圾杂物，及时做好缺株、死株、病株的补植工作，防止人为及家禽等的破坏，扑杀虫害，清除幼苗上的藤壶等有害附生物。

（二）M12 高盐泥质海岸红树林生态景观林带模式（图 5-23、图 5-24）

适用范围：高盐泥质海岸滩涂。

模式目标：防风消浪、促淤保滩、固岸护堤、净化海水。

主题树种：选择海桑或无瓣海桑。

基调树种：选择白骨壤、秋茄、海漆 *Excoecaria agallocha*、木榄、老鼠簕和红海榄 *Rhizophora stylosa* 等树种。

树种比例：主题树种与基调树种比例为 3 : 7。

配置形式：自然式。

配置方式：林植。

技术措施：

（1）林地清理：清理滩涂上的海上漂流物和藤壶等有害附生物。

（2）挖穴整地：红树林造林无须提前整地，与栽植同时进行，随挖随种。

（3）植穴规格：不挖种植穴。

（4）种植密度：4005 ~ 7995 株 /hm²。

（5）回土与基肥：红树林造林不安排基肥，与栽植同时进行，随挖随种。

（6）苗木规格：白骨壤、红海榄、海桑、无瓣海桑、桐花树和木榄选用苗高 30cm 以上无病虫害健壮的营养袋苗；秋茄选用果实饱满无病虫害的优质胚轴进行造林，可在胚轴成熟后随采随种。

（7）苗木栽植：白骨壤、红海榄、海桑、无瓣海桑、桐花树和木榄在植树点用

**典型配置示意图：**

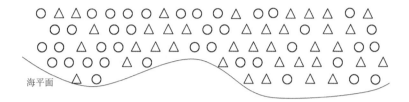

△主题树种　○基调树种

**图 5-23　高盐泥质海岸红树林生态景观林带模式典型配置示意图**

**应用实例：**

照片拍摄于茂名市电白区，电白区生态景观林带建设采取了自然式的配置形式和林植的配置方式，选择了白骨壤作为主题树种，以秋茄、海漆、红海榄和桐花树等为基调树种，主题树种与基调树种的比例约为 5：5。

**图 5-24　高盐泥质海岸红树林生态景观林带模式实景**
（茂名大洲岛）

锄头或铲挖 25～30cm 深的坑，将苗木放进坑内压实即可，植苗深度应比原来深度深 2～3cm。秋茄属胎生繁殖，在较坚实的滩涂上用削尖的小木条插一小洞后把胚轴插入 1/2 长度并压实，注意不能倒插。由于红树林造林地受潮水的影响，应把握好退潮时间进行栽植。最适宜在 4～6 月份栽植，植株在当年有较长的生长期，入冬前植株已分枝，抗寒能力较强，过冬遇寒潮时不易被冻死。

（8）抚育管理：红树林种植后，应由专人进行管护，采用全封闭式管理，连续抚育、补植 3 年，主要抚育措施包括扶正苗木、培泥及清除垃圾杂物，及时做好缺株、死株、病株的补植工作，防止人为及家禽等的破坏，扑杀虫害，清除幼苗上的藤壶等有害附生物。

（三）M13 沙质海岸基干林带模式（图 5-25、图 5-26）

适用范围：沙质海岸的绿化用地。

模式目标：防风固沙。

主题树种：木麻黄 *Casuarina equisetifolia*。

基调树种：选择台湾相思 *Acacia confusa*、香蒲桃 *Syzygium odoratum*、湿加松 *Pinus elliottii* 和黄槿 *Hibiscus tiliaceus* 等树种。

树种比例：主题树种与基调树种比例为 5：5。

配置形式：规则式。

配置方式：林带、列植。

技术措施：

（1）林地清理：清理沙地上的杂物。

（2）挖穴整地：无须提前整地，与栽植同时进行，随挖随种。

（3）植穴规格：不挖种植穴。

（4）种植密度：人工造林密度为 1665 ～ 2505 株 /hm²；补植套种密度在 600 ～ 1050 株 /hm² 不等，平均以 810 株 /hm² 为宜。

（5）回土与基肥：种植时，为了保证苗木成活率，需客土，每穴施放复合肥 0.25kg。

（6）苗木规格：木麻黄为水培苗，高 0.5 ～ 0.8m，其他苗木为容器苗，高 0.5m 以上。

（7）苗木栽植：苗木栽植时要选择在土壤较湿润并风力较小的大雾天气或阴雨天气造林，适当深栽，栽时覆土一定要踏实。

（8）抚育管理：追肥三年三次，栽植 2 个月结合补苗进行第一次追肥，每株施

**典型配置示意图：**

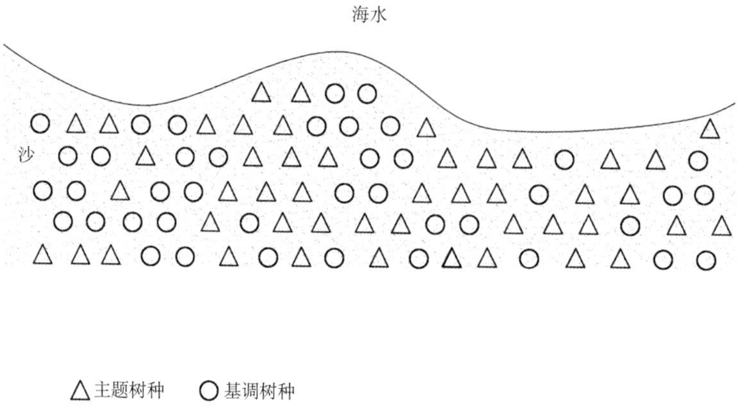

△主题树种　　○基调树种

**图 5-25　沙质海岸基干林带模式典型配置示意图**

**应用实例：**

照片拍摄于惠州市惠东县，惠东县生态景观林带建设采取了规则式的配置形式和林带的配置方式，选择了木麻黄作为主题树种，以湿地松为基调树种，主题树种与基调树种的比例约为 8：2。

**图 5-26　沙质海岸基干林带模式实景**（惠州惠东）

复合肥 0.15kg，第二、三年春末结合抚育各追肥一次。除草松土不可损伤植株和根系，松土深度宜浅，不超过 10cm。

（四）M14 岩质海岸基干林带模式（图 5-27、图 5-28）

适用范围：岩质海岸的绿化用地。

模式目标：改良土壤、防风减灾、增加森林覆盖率。

主题树种：选择台湾相思或大叶相思 *Acacia auriculiformis*。

基调树种：选择鸭脚木 *Schefflera heptaphylla*、潺槁树 *Litsea glutinosa*、斜叶榕 *Ficus tinctoria* 和笔管榕 *Ficus subpisocarpa* 等树种。

树种比例：主题树种与基调树种比例为 5：5。

配置形式：规则式。

配置方式：林带、列植。

技术措施：

（1）林地清理：清理造林地上的杂物。

（2）挖穴整地：选择有造林条件的立地挖穴或修筑鱼鳞坑。

（3）植穴规格：不挖种植穴。

（4）种植密度：810 ～ 1110 株 /hm²。

（5）回土与基肥：种植时，为了保证苗木成活率，需客土，每穴施放复合肥 0.25kg。

（6）苗木规格：苗木要求为容器苗，高 0.5m 以上。

（7）苗木栽植：苗木栽植时要选择在天气较湿润并风力较小的大雾天气或阴雨天气造林，适当深栽，栽时覆土一定要踏实。

（8）抚育管理：追肥三年三次，栽植 2 个月结合补苗进行第一次追肥，每株施

**典型配置示意图：**

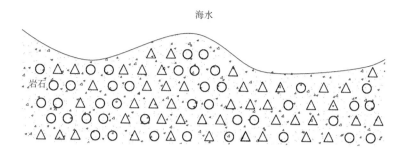

海水

岩石

△主题树种　　○基调树种

**图 5-27　岩质海岸基干林带模式典型配置示意图**

**应用实例：**

照片拍摄于惠州市惠东县，惠东县生态景观林带建设采取了规则式的配置形式和林植的配置方式，选择了湿地松作为主题树种，以木荷、大叶相思和台湾相思等为基调树种，主题树种与基调树种的比例约为 5：5。

**图 5-28　岩质海岸基干林带模式实景**（惠州惠东）

复合肥 0.15kg，第二、三年春末结合抚育各追肥一次。除草松土不可损伤植株和根系，松土深度宜浅，不超过 10cm。

（五）**M15 沿海第一重山防护林带模式**（图 5-29、图 5-30）

适用范围：沿海第一重山的宜林荒山荒地、疏林地。

模式目标：保持水土、调节气候、改善生态环境。

主题树种：选择台湾相思、木荷和杨梅 *Morella rubra* 等树种。

基调树种：选择山乌桕 *Triadica cochinchinensis*、大头茶 *Gordonia axillaris*、鸭脚木和山竹子 *Garcinia mangostana* 等树种。

树种比例：主题树种与基调树种比例为 6：4。

配置形式：自然式。

配置方式：林植。

技术措施：

（1）林地清理：在满足造林种植的前提下，尽可能少破坏原有的森林植被，严禁全面炼山、全垦。以种植穴为中心，采取块状清理，清理植穴周围 1m² 内的林地，将清理的杂草块状堆沤，以增加土壤腐殖质，提高土壤肥力。定穴时，若穴的位置刚好有乔木或灌木时，应将位置前移或后移，要注意保护原有的乡土乔木、

**典型配置示意图：**

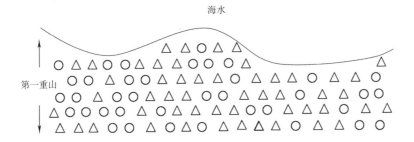

△主题树种　○基调树种

**图 5-29　沿海第一重山防护林带模式典型配置示意图**

**应用实例：**

照片拍摄于深圳市大鹏新区大鹏街道水头村，深圳市生态景观林带建设采取了自然式的配置形式和林植的配置方式，选择了台湾相思和大叶相思作为主题树种，以大头茶和山乌桕等为基调树种，主题树种与基调树种的比例约为 6：4。

**图 5-30　沿海第一重山防护林带模式实景**
（深圳市大鹏湾）

灌木幼树幼苗。

（2）挖穴整地：在造林地清理完成之后，按株行距挖穴整地，整地采用明穴方式，把挖出的穴土放置穴的两旁，让土壤自然风化，以利于土壤的风化、熟化和除去土壤中的虫蛹，减少土壤病虫，以改善土壤的理化性状，提高土壤肥力。

（3）植穴规格：40cm×40cm×30cm。

（4）种植密度：人工造林类型的种植密度为 1335 株 /hm$^2$；补植套种类型的种植密度根据林分现状和林木密度不同，采取见缝插针方式，平均以 810 株 /hm$^2$ 为宜。

（5）回土与基肥：回土时先回填表土，再回填心土，回土时要把泥块打碎，清除石块与树根。当回土至穴的三分之一时施放基肥，并与穴土充分混匀，然后继续回土至平穴，每穴施放复合肥 0.25kg。

（6）苗木规格：为了使造林尽早见成效，要求造林苗木规格为高 0.50m 以上的一级营养袋苗。

（7）苗木栽植：根据当地的自然气候条件，较适宜造林的季节为 3～4 月，在春季 1～2 场透雨后（穴土湿透），即可选择雨后的阴天或小雨天时机栽植。栽植时先在植穴中央挖一比营养袋稍大的栽植孔，小心剥除营养袋（可溶性营养袋除外），把带土的苗木放至栽植孔中，扶正苗木，适当深栽，同时，回土要压实，然后，用松土覆盖比苗木根颈高 2～5cm，堆成馒头状。

（8）抚育管理：抚育三年三次，第一年秋初抚育一次，第二、三年春末各抚育一次。抚育工作内容：清除植穴周围 1m$^2$ 内的杂草、灌丛；松土以植株为中心，半径 50cm 内的土壤挖松、内浅外深、松土后回土培蔸成"馒头状"。追肥三年三次，栽植 2 个月结合补苗进行第一次追肥，每株施复合肥 0.15kg，第二、三年春末结合抚育各追肥一次，要求同前所述。追肥方法：结合抚育进行，抚育结束后在植穴的外围开宽 10cm 左右的环形浅沟，把复合肥均匀放入沟内，然后，用土覆盖以防流失。

# 第六章 关键技术研究

## 第一节 逼近理想解排序法树种选择技术

目前，在林业规划设计中对于树种的选择主要是根据设计者的主观愿望结合常识进行主观臆测选择，由于选择方法不够系统，未能综合考虑树种生态学特性和立地条件，导致设计结果不够可靠（陈传国等，2012）。逼近理想解排序法（TOPSIS）是按照与理想方案相似性的顺序选优技术（陈珽，1987），借助于多目标决策问题的"最优方案"和"最劣方案"排序，并能对各决策方案进行排序比较。该方法已被广泛应用于农业生态环境质量评价、食品、医疗卫生、工业企业经济效益评估、综合理论分析、运动员选拔等诸多领域，但在林业方面的运用较少。本研究将该技术应用到生态景观林带树种选择，以期为广东省生态景观林带造林工程的树种选择提供一种科学、理性、规范的技术方法。

### 一、研究方法

#### （一）评价树种的确定

目前，关于广东生态景观林带建设树种介绍的专著主要有《广东省生态景观林带植物选择指引》（肖智慧等，2011）和《广东生态景观树种栽培技术》（张方秋等，2012），本研究选取的 188 个树种均来自于这两本专著，而且，这些树种也是当前广东省营造林十分常用的树种。

#### （二）量化指标的确立

在生态景观林带树种选择过程中，确立量化指标包括：①树种初选，即根据规划设计目标要求范围筛选树种；②树种应用评价，包括建设用途、观赏特性等分析评价；③立地条件分析，调查造林地的立地类型；④景观林带需要达到的效果评价；⑤确定指标后，在此基础上建立可量化指标。

（三）逼近理想解排序法

TOPSIS 的原理为设有 $m$ 个样本 $n$ 个性状指标建立评价矩阵 $A$

$$A = \begin{Bmatrix} a_{11} & \cdots & a_{1n} \\ \vdots & \vdots & \vdots \\ a_{m1} & \cdots & a_{mn} \end{Bmatrix}$$

将矩阵 $A$ 规范化得矩阵 $Z$

$$Z = \begin{Bmatrix} Z_{11} & \cdots & Z_{1n} \\ \vdots & \vdots & \vdots \\ Z_{m1} & \cdots & Z_{mn} \end{Bmatrix}$$

其中，$Z_{ij} = a_{ij} / \sqrt{\sum_{i=1}^{n} a_{ij}^2}$，$i = 1, 2, \cdots, m$；$j = 1, 2, \cdots, n$

由各项指标最优值和最劣值分别构成最优值向量 $Z^+$ 和最劣值向量 $Z$
$Z^+ = (Z_1^+, Z_2^+, Z_3^+, \cdots, Z_n^+)$；$Z = (Z_1^-, Z_2^-, Z_3^-, \cdots, Z_n^-)$。
其中，$Z_j^+ = \max\{Z_{1j}^+, Z_{2j}^+, Z_{3j}^+, \cdots, Z_{mj}^+\}$，$Z_j^- = \{Z_{1j}^-, Z_{2j}^-, Z_{3j}^-, \cdots, Z_{mj}^-\}$，$j = 1, 2, \cdots, n$。

各评价单元与最优值和最劣值的距离

$$D_i^+ = \sqrt{\sum_{i=1}^{m} (D_{ij} - D_j^+)^2}，\quad D_i = \sqrt{\sum_{i=1}^{m} (D_{ij} - D_j^-)^2}$$

各评价单元与最优值的相对接近度
$C_i = D_i / (D_i^+ + D_i^-)$，$i = 1, 2, \cdots, n$

按相对接近度大小排序，$C_i$（$0 \leqslant C_i \leqslant 1$）越大，表明第 $i$ 个评价单元越接近最优水平。

## 二、结果分析

### （一）量化指数建立

对 188 个评价树种的特性及建设用途进行系统的分析，根据广东省的立地条件和各树种的实际应用情况进行目标定位评价，制定数据源，以便运用 TOPSIS

法进行优化选择。本研究选取以下 8 项关键指标（表 6-1），各指标的赋值参照《逼近理想解排序方法与园林树种选择》（陈振举等，2006）。

### 表 6-1　广东省景观林带树种选择指标赋值

| 指标 | 指标赋值 | | | | | |
|------|---|---|---|---|---|---|
| | 1 | 1 | 1 | 1 | 2 | 3 |
| 生长速度 | 慢生树种 | — | — | — | 中生树种 | 速生树种 |
| 观赏特性 | 花 | 果 | 枝干 | 叶 | — | — |
| 植物形态 | 灌木 | 草本 | 藤本 | — | 中乔或小乔木 | 大乔木 |
| 土壤适应性 | 要求苛刻 | — | — | — | 要求一般 | 要求不严 |
| 落叶或常绿 | 落叶树种 | — | — | — | 常绿树种 | |
| 抗逆性 | 耐干旱 | 耐瘠薄 | 耐盐碱 | — | — | |
| 抗污染性 | 抗有害气体 | 抗重金属污染 | 抗光化学烟雾 | — | | |
| 抗寒性 | 以广东地区植物的表现为准，需防寒越冬或只能小气候条件下生长的品种 | | | — | 极端条件下有轻微冻害仍能存活的植物品种 | 历史记录无冬季冻害品种 |

以银杏（*Ginkgo biloba*）为例，其生长速度属于慢生树种，量化指数计为 1，观赏特性主要有花、果、叶，累计相加即 1+1+1=3，计为其量化指数，类推建立树种评价矩阵，山地型树种量化指数评价矩阵见表 6-2，湿地型树种量化指数评价矩阵见表 6-3，滩涂型树种量化指数评价矩阵见表 6-4。

### 表 6-2　山地型树种量化指数（评价矩阵）

| 树种 | 编号 | 生长速度 | 观赏特性 | 植物形态 | 土壤适应性 | 常绿或落叶 | 抗逆性 | 抗污染性 | 抗寒性 |
|------|------|------|------|------|------|------|------|------|------|
| 银杏 | M1 | 1 | 3 | 3 | 2 | 1 | 2 | 2 | 3 |
| 贝壳杉 *Agathis dammara* | M2 | 1 | 2 | 3 | 2 | 2 | 2 | 2 | 3 |
| 长叶竹柏 *Nageia fleuryi* | M3 | 1 | 3 | 2 | 2 | 2 | 2 | 2 | 3 |
| 罗汉松 *Podocarpus macrophyllus* | M4 | 1 | 4 | 2 | 2 | 2 | 2 | 2 | 3 |
| 南方红豆杉 | M5 | 1 | 4 | 2 | 2 | 2 | 2 | 2 | 3 |
| 鹅掌楸 | M6 | 2 | 3 | 3 | 2 | 1 | 2 | 2 | 3 |
| 荷花玉兰 *Magnolia grandiflora* | M7 | 1 | 3 | 2 | 2 | 2 | 2 | 2 | 3 |
| 紫玉兰 *Magnolia liliflora* | M8 | 1 | 3 | 2 | 2 | 1 | 2 | 2 | 3 |
| 二乔木兰 *Magnolia ×soulangeana* | M9 | 1 | 3 | 2 | 2 | 1 | 2 | 2 | 3 |
| 灰木莲 | M10 | 2 | 4 | 3 | 2 | 2 | 2 | 2 | 3 |
| 白兰 *Michelia alba* | M11 | 2 | 3 | 3 | 2 | 2 | 2 | 2 | 3 |
| 黄兰 | M12 | 2 | 4 | 3 | 2 | 2 | 2 | 2 | 3 |

（续）

| 树种 | 编号 | 生长速度 | 观赏特性 | 植物形态 | 土壤适应性 | 常绿或落叶 | 抗逆性 | 抗污染性 | 抗寒性 |
|---|---|---|---|---|---|---|---|---|---|
| 乐昌含笑 | M13 | 2 | 4 | 3 | 3 | 2 | 2 | 1 | 3 |
| 香梓楠 Michelia hedyosperma | M14 | 2 | 3 | 3 | 2 | 2 | 2 | 2 | 3 |
| 含笑 Michelia figo | M15 | 1 | 2 | 1 | 2 | 2 | 2 | 2 | 3 |
| 火力楠 | M16 | 2 | 4 | 3 | 3 | 2 | 3 | 2 | 3 |
| 观光木 | M17 | 1 | 4 | 2 | 3 | 2 | 2 | 2 | 3 |
| 长叶暗罗 Polyalthia longifolia | M18 | 2 | 2 | 2 | 2 | 2 | 2 | 2 | 2 |
| 依兰香 | M19 | 2 | 3 | 3 | 1 | 2 | 2 | 2 | 2 |
| 假鹰爪 Desmos chinensis | M20 | 1 | 3 | 1 | 2 | 2 | 2 | 2 | 3 |
| 阴香 | M21 | 2 | 4 | 2 | 2 | 2 | 2 | 2 | 3 |
| 樟树 | M22 | 2 | 4 | 3 | 2 | 2 | 2 | 3 | 3 |
| 潺槁树 | M23 | 1 | 3 | 2 | 3 | 2 | 2 | 2 | 3 |
| 浙江润楠 | M24 | 2 | 3 | 3 | 3 | 2 | 2 | 1 | 3 |
| 红毛山楠 Phoebe hungmaoensis | M25 | 1 | 3 | 3 | 3 | 2 | 2 | 2 | 2 |
| 醉蝶花 Cleome spinosa | M26 | 1 | 2 | 1 | 2 | 2 | 2 | 2 | 2 |
| 鱼木 Crateva formosensis | M27 | 1 | 3 | 2 | 2 | 2 | 2 | 2 | 2 |
| 阳桃 Averrhoa carambola | M28 | 1 | 3 | 2 | 2 | 2 | 2 | 2 | 3 |
| 小叶紫薇 | M29 | 1 | 3 | 1 | 3 | 2 | 3 | 3 | 3 |
| 大叶紫薇 Lagerstroemia speciosa | M30 | 1 | 4 | 2 | 2 | 1 | 2 | 2 | 2 |
| 八宝树 Duabanga grandiflora | M31 | 3 | 4 | 3 | 1 | 2 | 2 | 2 | 2 |
| 土沉香 Aquilaria sinensis | M32 | 1 | 4 | 2 | 2 | 2 | 2 | 2 | 3 |
| 簕杜鹃 Bougainvillea spectabilis | M33 | 1 | 3 | 1 | 3 | 2 | 2 | 2 | 3 |
| 银桦 | M34 | 2 | 4 | 3 | 2 | 2 | 2 | 2 | 3 |
| 红花银桦 | M35 | 1 | 4 | 2 | 2 | 2 | 2 | 2 | 2 |
| 大花第伦桃 | M36 | 2 | 3 | 3 | 2 | 2 | 2 | 2 | 2 |
| 海桐 Pittosporum tobira | M37 | 1 | 3 | 1 | 3 | 2 | 2 | 2 | 3 |
| 越南抱茎茶 | M38 | 1 | 4 | 2 | 3 | 2 | 2 | 2 | 3 |
| 杜鹃红山茶 | M39 | 1 | 3 | 2 | 3 | 2 | 2 | 2 | 3 |
| 红花油茶 Camellia semiserrata | M40 | 1 | 3 | 2 | 2 | 2 | 3 | 2 | 3 |
| 金花茶 | M41 | 1 | 3 | 2 | 2 | 2 | 3 | 2 | 3 |
| 大头茶 | M42 | 1 | 3 | 3 | 2 | 2 | 3 | 2 | 3 |
| 木荷 | M43 | 2 | 3 | 3 | 3 | 2 | 3 | 2 | 3 |
| 红千层 | M44 | 1 | 3 | 2 | 3 | 2 | 2 | 2 | 3 |
| 红花桉 Corymbia ptychocarpa | M45 | 3 | 2 | 3 | 3 | 2 | 2 | 2 | 1 |
| 黄金香柳 Melaleuca bracteata | M46 | 1 | 3 | 2 | 2 | 2 | 2 | 2 | 2 |
| 金黄熊猫 Melaleuca bracteata | M47 | 2 | 3 | 2 | 2 | 2 | 2 | 2 | 2 |
| 红果仔 Eugenia uniflora | M48 | 1 | 3 | 1 | 2 | 2 | 2 | 2 | 3 |
| 海南蒲桃 | M49 | 2 | 3 | 2 | 3 | 2 | 3 | 2 | 3 |
| 蒲桃 | M50 | 2 | 4 | 2 | 3 | 2 | 3 | 2 | 3 |

（续）

| 树种 | 编号 | 生长速度 | 观赏特性 | 植物形态 | 土壤适应性 | 常绿或落叶 | 抗逆性 | 抗污染性 | 抗寒性 |
|---|---|---|---|---|---|---|---|---|---|
| 红鳞蒲桃 | M51 | 2 | 4 | 2 | 3 | 2 | 3 | 2 | 3 |
| 山蒲桃 | M52 | 1 | 4 | 2 | 3 | 2 | 3 | 2 | 3 |
| 洋蒲桃 | M53 | 2 | 4 | 2 | 3 | 2 | 3 | 2 | 3 |
| 香蒲桃 | M54 | 1 | 2 | 2 | 3 | 2 | 3 | 3 | 3 |
| 野牡丹 Melastoma malabathricum | M55 | 1 | 3 | 2 | 2 | 2 | 2 | 2 | 2 |
| 使君子 Quisqualis indica | M56 | 1 | 3 | 2 | 2 | 2 | 2 | 2 | 2 |
| 小叶榄仁 | M57 | 2 | 4 | 3 | 2 | 1 | 2 | 2 | 3 |
| 尖叶杜英 | M58 | 2 | 4 | 3 | 3 | 2 | 2 | 1 | 3 |
| 山杜英 | M59 | 2 | 3 | 2 | 3 | 2 | 3 | 3 | 3 |
| 翻白叶树 | M60 | 2 | 3 | 2 | 3 | 2 | 3 | 2 | 3 |
| 假苹婆 | M61 | 2 | 4 | 2 | 3 | 2 | 3 | 2 | 3 |
| 苹婆 | M62 | 2 | 3 | 2 | 3 | 2 | 3 | 2 | 3 |
| 澳洲火焰木 Brachychitonacerifolius | M63 | 2 | 3 | 2 | 2 | 2 | 2 | 2 | 3 |
| 木棉 | M64 | 2 | 4 | 3 | 2 | 1 | 2 | 2 | 3 |
| 美丽异木棉 | M65 | 2 | 4 | 3 | 2 | 1 | 2 | 2 | 3 |
| 大红花 | M66 | 1 | 3 | 1 | 2 | 2 | 2 | 2 | 2 |
| 黄槿 | M67 | 1 | 3 | 2 | 3 | 2 | 3 | 2 | 2 |
| 油桐 Vernicia fordii | M68 | 2 | 4 | 2 | 2 | 2 | 2 | 2 | 3 |
| 石栗 | M69 | 2 | 4 | 2 | 2 | 2 | 2 | 2 | 3 |
| 千年桐 | M70 | 2 | 4 | 2 | 2 | 1 | 2 | 2 | 3 |
| 五月茶 | M71 | 1 | 3 | 2 | 3 | 2 | 2 | 2 | 3 |
| 秋枫 | M72 | 2 | 3 | 3 | 3 | 2 | 2 | 2 | 3 |
| 重阳木 Bischofia polycarpa | M73 | 2 | 3 | 2 | 3 | 2 | 2 | 2 | 3 |
| 蝴蝶果 | M74 | 2 | 3 | 3 | 2 | 2 | 2 | 2 | 3 |
| 变叶木 Codiaeum variegatum | M75 | 1 | 3 | 1 | 3 | 2 | 2 | 2 | 2 |
| 黄桐 | M76 | 2 | 3 | 3 | 3 | 2 | 3 | 2 | 3 |
| 红背桂 Excoecaria cochinchinensis | M77 | 1 | 3 | 1 | 3 | 2 | 2 | 2 | 3 |
| 山乌桕 | M78 | 1 | 4 | 2 | 3 | 1 | 2 | 2 | 3 |
| 乌桕 Triadica sebifera | M79 | 2 | 4 | 2 | 3 | 1 | 2 | 2 | 3 |
| 梅 Armeniaca mume | M80 | 1 | 3 | 2 | 2 | 1 | 2 | 2 | 3 |
| 桃 Amygdalus persica | M81 | 1 | 3 | 2 | 2 | 1 | 2 | 2 | 3 |
| 碧桃 Amygdalus persica | M82 | 1 | 3 | 2 | 2 | 1 | 2 | 2 | 3 |
| 春花 Rhaphiolepis indica | M83 | 1 | 3 | 1 | 3 | 2 | 2 | 2 | 3 |
| 樱花 Cerasus serrulata | M84 | 2 | 4 | 2 | 2 | 1 | 2 | 2 | 2 |
| 福建山樱花 Prunus campanulata | M85 | 1 | 4 | 2 | 2 | 1 | 2 | 2 | 2 |
| 红叶石楠 | M86 | 1 | 3 | 1 | 2 | 2 | 2 | 2 | 2 |
| 大叶相思 | M87 | 3 | 3 | 2 | 3 | 2 | 2 | 2 | 2 |
| 台湾相思 | M88 | 2 | 2 | 2 | 3 | 2 | 3 | 2 | 3 |

（续）

| 树种 | 编号 | 生长速度 | 观赏特性 | 植物形态 | 土壤适应性 | 常绿或落叶 | 抗逆性 | 抗污染性 | 抗寒性 |
|---|---|---|---|---|---|---|---|---|---|
| 南洋楹 Falcataria moluccana | M89 | 3 | 2 | 3 | 2 | 2 | 2 | 2 | 2 |
| 银合欢 | M90 | 1 | 3 | 2 | 3 | 2 | 2 | 2 | 3 |
| 红绒球 | M91 | 1 | 3 | 1 | 3 | 2 | 3 | 2 | 3 |
| 海红豆 Adenanthera pavonina | M92 | 2 | 3 | 2 | 2 | 2 | 2 | 2 | 3 |
| 红花羊蹄甲 | M93 | 2 | 4 | 2 | 3 | 2 | 2 | 2 | 3 |
| 羊蹄甲 Bauhinia purpurea | M94 | 2 | 4 | 2 | 2 | 2 | 2 | 2 | 3 |
| 宫粉羊蹄甲 | M95 | 2 | 4 | 3 | 3 | 1 | 2 | 2 | 3 |
| 粉花山扁豆 Cassia nodosa | M96 | 2 | 4 | 2 | 2 | 2 | 2 | 2 | 2 |
| 腊肠树 Cassia fistula | M97 | 2 | 4 | 2 | 2 | 1 | 2 | 2 | 2 |
| 铁刀木 | M98 | 2 | 4 | 2 | 3 | 2 | 2 | 2 | 3 |
| 黄槐 | M99 | 1 | 4 | 2 | 3 | 1 | 3 | 2 | 3 |
| 双荚槐 | M100 | 1 | 3 | 1 | 2 | 2 | 2 | 2 | 2 |
| 翅荚决明 Senna alata | M101 | 1 | 3 | 1 | 2 | 2 | 2 | 2 | 2 |
| 凤凰木 | M102 | 2 | 4 | 3 | 2 | 1 | 2 | 2 | 2 |
| 格木 | M103 | 1 | 4 | 3 | 2 | 2 | 2 | 2 | 3 |
| 仪花 | M104 | 1 | 4 | 2 | 2 | 2 | 2 | 2 | 3 |
| 无忧树 | M105 | 2 | 4 | 2 | 2 | 2 | 2 | 2 | 3 |
| 任豆 | M106 | 1 | 3 | 2 | 2 | 2 | 3 | 3 | 3 |
| 蔓花生 Arachis duranensis | M107 | 1 | 3 | 1 | 2 | 2 | 2 | 2 | 2 |
| 猪屎豆 Crotalaria pallida | M108 | 1 | 3 | 1 | 2 | 2 | 2 | 2 | 2 |
| 降香黄檀 | M109 | 1 | 4 | 3 | 2 | 2 | 2 | 2 | 2 |
| 龙牙花 Erythrina corallodendron | M110 | 1 | 3 | 1 | 2 | 2 | 2 | 2 | 2 |
| 刺桐 Erythrina variegata | M111 | 1 | 3 | 2 | 2 | 1 | 2 | 2 | 2 |
| 鸡冠刺桐 Erythrina crista-galli | M112 | 1 | 3 | 2 | 2 | 1 | 2 | 2 | 2 |
| 海南红豆 | M113 | 2 | 3 | 2 | 2 | 2 | 2 | 2 | 2 |
| 枫香 | M114 | 2 | 3 | 3 | 3 | 1 | 2 | 2 | 3 |
| 红花檵木 | M115 | 1 | 3 | 1 | 3 | 2 | 2 | 2 | 3 |
| 米老排 | M116 | 2 | 3 | 3 | 2 | 2 | 3 | 2 | 3 |
| 红苞木 | M117 | 1 | 3 | 2 | 2 | 2 | 2 | 2 | 3 |
| 红锥 | M118 | 3 | 4 | 3 | 2 | 2 | 3 | 2 | 3 |
| 鳌蒲 | M119 | 3 | 3 | 2 | 3 | 2 | 3 | 3 | 3 |
| 木麻黄 | M120 | 1 | 2 | 2 | 3 | 2 | 3 | 2 | 2 |
| 朴树 | M121 | 2 | 2 | 3 | 3 | 1 | 3 | 2 | 3 |
| 面包树 Artocarpus incisa | M122 | 2 | 2 | 2 | 2 | 2 | 2 | 3 | 3 |
| 木菠萝 | M123 | 2 | 2 | 2 | 2 | 2 | 2 | 2 | 2 |
| 构树 | M124 | 1 | 3 | 2 | 3 | 2 | 3 | 3 | 3 |
| 高山榕 | M125 | 2 | 3 | 3 | 3 | 2 | 3 | 3 | 2 |
| 垂叶榕 | M126 | 2 | 3 | 2 | 3 | 2 | 3 | 3 | 3 |

（续）

| 树种 | 编号 | 生长速度 | 观赏特性 | 植物形态 | 土壤适应性 | 常绿或落叶 | 抗逆性 | 抗污染性 | 抗寒性 |
|------|------|---------|---------|---------|-----------|-----------|--------|---------|--------|
| 斜叶榕 | M127 | 1 | 2 | 2 | 3 | 2 | 3 | 3 | 3 |
| 菩提榕 Ficus religiosa | M128 | 2 | 3 | 2 | 3 | 1 | 3 | 3 | 3 |
| 榕树 | M129 | 2 | 2 | 2 | 3 | 2 | 3 | 3 | 3 |
| 黄金榕 | M130 | 1 | 3 | 1 | 3 | 2 | 3 | 3 | 3 |
| 大叶榕 | M131 | 2 | 3 | 3 | 3 | 1 | 3 | 3 | 3 |
| 笔管榕 | M132 | 2 | 3 | 2 | 3 | 1 | 3 | 3 | 3 |
| 铁冬青 | M133 | 1 | 3 | 2 | 3 | 2 | 2 | 2 | 3 |
| 楝叶吴茱萸 | M134 | 2 | 2 | 2 | 3 | 2 | 2 | 2 | 3 |
| 九里香 Murraya exotica | M135 | 1 | 3 | 1 | 3 | 2 | 2 | 2 | 3 |
| 麻楝 | M136 | 2 | 3 | 2 | 3 | 2 | 2 | 2 | 3 |
| 非洲桃花心木 Khaya senegalensis | M137 | 2 | 3 | 3 | 2 | 2 | 2 | 2 | 1 |
| 苦楝 | M138 | 2 | 3 | 2 | 3 | 2 | 2 | 2 | 3 |
| 复羽叶栾树 | M139 | 2 | 4 | 2 | 3 | 2 | 2 | 2 | 3 |
| 鸡爪槭 Acer palmatum | M140 | 1 | 2 | 2 | 2 | 2 | 2 | 2 | 2 |
| 南酸枣 Choerospondias axillaris | M141 | 2 | 3 | 2 | 3 | 2 | 1 | 2 | 3 |
| 人面子 | M142 | 2 | 2 | 3 | 3 | 2 | 3 | 2 | 2 |
| 杧果 | M143 | 2 | 4 | 2 | 3 | 2 | 2 | 2 | 2 |
| 喜树 Camptotheca acuminata | M144 | 2 | 3 | 2 | 2 | 1 | 2 | 2 | 3 |
| 幌伞枫 | M145 | 2 | 3 | 2 | 2 | 2 | 2 | 2 | 3 |
| 鸭脚木 | M146 | 1 | 2 | 2 | 2 | 2 | 2 | 2 | 3 |
| 锦绣杜鹃 Rhododendron pulchrum | M147 | 1 | 3 | 1 | 3 | 2 | 3 | 2 | 3 |
| 映山红 Rhododendron simsii | M148 | 1 | 3 | 1 | 3 | 2 | 3 | 2 | 3 |
| 人心果 Manikara zapota | M149 | 1 | 3 | 2 | 2 | 2 | 2 | 2 | 2 |
| 灰莉 | M150 | 1 | 3 | 1 | 3 | 2 | 3 | 2 | 3 |
| 小叶女贞 Ligustrum sinense | M151 | 1 | 3 | 1 | 3 | 2 | 3 | 2 | 3 |
| 软枝黄婵 Allamanda cathartica | M152 | 1 | 3 | 1 | 3 | 2 | 3 | 2 | 3 |
| 糖胶树 | M153 | 2 | 3 | 3 | 3 | 2 | 2 | 2 | 2 |
| 长春花 Catharanthus roseus | M154 | 1 | 3 | 1 | 3 | 2 | 3 | 2 | 3 |
| 狗牙花 Tabernaemontana divaricata | M155 | 1 | 3 | 1 | 3 | 2 | 3 | 2 | 3 |
| 夹竹桃 | M156 | 1 | 3 | 2 | 3 | 2 | 3 | 3 | 3 |
| 红花鸡蛋花 Plumeria rubra | M157 | 1 | 2 | 2 | 2 | 1 | 2 | 2 | 2 |
| 龙船花 Ixora chinensis | M158 | 1 | 3 | 1 | 3 | 2 | 3 | 2 | 3 |
| 栀子花 Gardenia jasminoides | M159 | 1 | 3 | 1 | 3 | 2 | 3 | 2 | 3 |
| 猫尾木 | M160 | 2 | 2 | 3 | 2 | 2 | 2 | 2 | 2 |
| 蓝花楹 | M161 | 2 | 2 | 3 | 2 | 2 | 2 | 2 | 2 |
| 火焰木 Spathodea campanulata | M162 | 2 | 2 | 2 | 2 | 2 | 2 | 2 | 2 |
| 黄花风铃木 Handroanthus chrysanthus | M163 | 2 | 3 | 2 | 2 | 1 | 2 | 2 | 2 |
| 假连翘 Duranta erecta | M164 | 1 | 3 | 1 | 2 | 2 | 2 | 2 | 2 |

### 表 6-3　湿地型树种量化指数（评价矩阵）

| 树种 | 编号 | 生长速度 | 观赏特性 | 植物形态 | 土壤适应性 | 常绿或落叶 | 抗逆性 | 抗污染性 | 抗寒性 |
|---|---|---|---|---|---|---|---|---|---|
| 落羽杉 | W1 | 1 | 3 | 2 | 2 | 1 | 2 | 3 | 3 |
| 串钱柳 | W2 | 1 | 3 | 2 | 2 | 1 | 1 | 2 | 3 |
| 水翁 | W3 | 1 | 3 | 2 | 2 | 2 | 2 | 2 | 2 |
| 白千层 | W4 | 1 | 3 | 2 | 2 | 2 | 2 | 2 | 2 |
| 海南杜英 | W5 | 1 | 3 | 2 | 2 | 2 | 1 | 2 | 3 |
| 池杉 | W6 | 1 | 3 | 2 | 3 | 1 | 2 | 3 | 3 |
| 水松 | W7 | 1 | 3 | 3 | 3 | 2 | 2 | 3 | 3 |
| 杨柳 Salix babylonica | W8 | 1 | 2 | 2 | 2 | 1 | 1 | 2 | 3 |
| 蒲葵 Livistona chinensis | W9 | 1 | 3 | 2 | 2 | 2 | 2 | 1 | 3 |

### 表 6-4　滩涂型树种量化指数（评价矩阵）

| 树种 | 编号 | 生长速度 | 观赏特性 | 植物形态 | 土壤适应性 | 常绿或落叶 | 抗逆性 | 抗污染性 | 抗寒性 |
|---|---|---|---|---|---|---|---|---|---|
| 无瓣海桑 | T1 | 3 | 2 | 1 | 3 | 2 | 2 | 3 | 2 |
| 海桑 Sonneratia caseolaris | T2 | 1 | 2 | 1 | 2 | 2 | 2 | 2 | 2 |
| 拉关木 Lagancularia racemosa | T3 | 1 | 3 | 2 | 2 | 2 | 2 | 2 | 2 |
| 木榄 | T4 | 1 | 3 | 2 | 2 | 2 | 2 | 2 | 2 |
| 秋茄 | T5 | 1 | 3 | 2 | 2 | 2 | 2 | 2 | 2 |
| 红海榄 | T6 | 1 | 3 | 2 | 2 | 2 | 2 | 2 | 2 |
| 银叶树 | T7 | 1 | 3 | 2 | 3 | 2 | 2 | 2 | 3 |
| 海漆 | T8 | 1 | 3 | 1 | 2 | 2 | 2 | 2 | 2 |
| 水黄皮 Pongamia pinnata | T9 | 1 | 3 | 2 | 2 | 2 | 2 | 2 | 2 |
| 桐花树 | T10 | 1 | 3 | 2 | 2 | 2 | 3 | 2 | 2 |
| 海芒果 | T11 | 1 | 3 | 2 | 2 | 2 | 3 | 2 | 2 |
| 白骨壤 | T12 | 2 | 3 | 2 | 3 | 2 | 2 | 2 | 2 |
| 角果木 Ceriops tagal | T13 | 1 | 2 | 2 | 2 | 2 | 2 | 2 | 2 |
| 海莲 Bruguiera sexangula | T14 | 1 | 1 | 1 | 2 | 2 | 2 | 2 | 2 |
| 老鼠簕 | T15 | 1 | 2 | 1 | 2 | 2 | 2 | 2 | 2 |

（二）矩阵标准化

用 TOPSIS 模型计算出每个评价树种的生长速度、观赏特性、形态、土壤适应性、常绿或落叶、抗逆性、抗污染性和抗寒性的值，通过计算整理，形成变换矩阵，各树种的标准化矩阵详见表 6-5 至表 6-7。

表 6-5　山地型树种矩阵标准化变换

| 编号 | 生长速度 | 观赏特性 | 形态 | 土壤适应性 | 常绿或落叶 | 抗逆性 | 抗污染性 | 抗寒性 |
|------|---------|---------|------|-----------|-----------|--------|---------|--------|
| M1 | 0.00149 | 0.00151 | 0.00312 | 0.00166 | 0.00153 | 0.00205 | 0.00253 | 0.00220 |
| M2 | 0.00149 | 0.00100 | 0.00312 | 0.00166 | 0.00306 | 0.00205 | 0.00253 | 0.00220 |
| M3 | 0.00149 | 0.00151 | 0.00208 | 0.00166 | 0.00306 | 0.00205 | 0.00253 | 0.00220 |
| M4 | 0.00149 | 0.00201 | 0.00208 | 0.00166 | 0.00306 | 0.00205 | 0.00253 | 0.00220 |
| M5 | 0.00149 | 0.00201 | 0.00312 | 0.00083 | 0.00306 | 0.00205 | 0.00253 | 0.00220 |
| M6 | 0.00299 | 0.00151 | 0.00312 | 0.00166 | 0.00153 | 0.00205 | 0.00253 | 0.00220 |
| M7 | 0.00149 | 0.00151 | 0.00208 | 0.00166 | 0.00306 | 0.00205 | 0.00253 | 0.00220 |
| M8 | 0.00149 | 0.00151 | 0.00208 | 0.00166 | 0.00306 | 0.00205 | 0.00253 | 0.00220 |
| M9 | 0.00149 | 0.00151 | 0.00208 | 0.00166 | 0.00306 | 0.00205 | 0.00253 | 0.00220 |
| M10 | 0.00299 | 0.00201 | 0.00312 | 0.00249 | 0.00306 | 0.00205 | 0.00253 | 0.00220 |
| M11 | 0.00299 | 0.00151 | 0.00312 | 0.00166 | 0.00306 | 0.00205 | 0.00253 | 0.00220 |
| M12 | 0.00299 | 0.00201 | 0.00312 | 0.00166 | 0.00306 | 0.00205 | 0.00253 | 0.00220 |
| M13 | 0.00299 | 0.00201 | 0.00312 | 0.00249 | 0.00306 | 0.00205 | 0.00127 | 0.00220 |
| M14 | 0.00299 | 0.00151 | 0.00312 | 0.00166 | 0.00306 | 0.00205 | 0.00253 | 0.00220 |
| M15 | 0.00149 | 0.00100 | 0.00104 | 0.00166 | 0.00306 | 0.00205 | 0.00253 | 0.00220 |
| M16 | 0.00299 | 0.00201 | 0.00312 | 0.00249 | 0.00306 | 0.00308 | 0.00253 | 0.00220 |
| M17 | 0.00149 | 0.00201 | 0.00208 | 0.00249 | 0.00306 | 0.00205 | 0.00253 | 0.00220 |
| M18 | 0.00299 | 0.00100 | 0.00312 | 0.00166 | 0.00306 | 0.00205 | 0.00253 | 0.00147 |
| M19 | 0.00299 | 0.00151 | 0.00312 | 0.00083 | 0.00306 | 0.00205 | 0.00253 | 0.00147 |
| M20 | 0.00149 | 0.00151 | 0.00104 | 0.00249 | 0.00306 | 0.00205 | 0.00253 | 0.00220 |
| M21 | 0.00299 | 0.00201 | 0.00208 | 0.00166 | 0.00306 | 0.00205 | 0.00253 | 0.00220 |
| M22 | 0.00299 | 0.00201 | 0.00312 | 0.00166 | 0.00306 | 0.00205 | 0.00380 | 0.00220 |
| M23 | 0.00149 | 0.00151 | 0.00208 | 0.00249 | 0.00306 | 0.00205 | 0.00253 | 0.00220 |
| M24 | 0.00299 | 0.00151 | 0.00312 | 0.00249 | 0.00306 | 0.00205 | 0.00127 | 0.00220 |
| M25 | 0.00149 | 0.00151 | 0.00312 | 0.00166 | 0.00306 | 0.00205 | 0.00253 | 0.00147 |
| M26 | 0.00149 | 0.00100 | 0.00104 | 0.00166 | 0.00306 | 0.00205 | 0.00253 | 0.00147 |
| M27 | 0.00149 | 0.00151 | 0.00208 | 0.00166 | 0.00306 | 0.00205 | 0.00253 | 0.00147 |
| M28 | 0.00149 | 0.00151 | 0.00208 | 0.00166 | 0.00306 | 0.00205 | 0.00253 | 0.00220 |
| M29 | 0.00149 | 0.00151 | 0.00104 | 0.00249 | 0.00306 | 0.00308 | 0.00380 | 0.00220 |
| M30 | 0.00149 | 0.00201 | 0.00208 | 0.00166 | 0.00153 | 0.00205 | 0.00253 | 0.00147 |
| M31 | 0.00448 | 0.00201 | 0.00312 | 0.00083 | 0.00306 | 0.00205 | 0.00253 | 0.00147 |
| M32 | 0.00149 | 0.00201 | 0.00208 | 0.00166 | 0.00306 | 0.00205 | 0.00253 | 0.00220 |
| M33 | 0.00149 | 0.00151 | 0.00104 | 0.00249 | 0.00306 | 0.00205 | 0.00253 | 0.00220 |
| M34 | 0.00299 | 0.00201 | 0.00312 | 0.00166 | 0.00306 | 0.00205 | 0.00253 | 0.00220 |
| M35 | 0.00149 | 0.00201 | 0.00208 | 0.00166 | 0.00306 | 0.00205 | 0.00253 | 0.00220 |
| M36 | 0.00299 | 0.00151 | 0.00312 | 0.00166 | 0.00306 | 0.00205 | 0.00253 | 0.00147 |

（续）

| 编号 | 生长速度 | 观赏特性 | 形态 | 土壤适应性 | 常绿或落叶 | 抗逆性 | 抗污染性 | 抗寒性 |
|------|----------|----------|------|------------|------------|--------|----------|--------|
| M37 | 0.00149 | 0.00151 | 0.00104 | 0.00249 | 0.00306 | 0.00205 | 0.00253 | 0.00220 |
| M38 | 0.00149 | 0.00201 | 0.00208 | 0.00249 | 0.00306 | 0.00205 | 0.00253 | 0.00220 |
| M39 | 0.00149 | 0.00151 | 0.00208 | 0.00249 | 0.00306 | 0.00205 | 0.00253 | 0.00220 |
| M40 | 0.00149 | 0.00151 | 0.00208 | 0.00166 | 0.00306 | 0.00308 | 0.00253 | 0.00220 |
| M41 | 0.00149 | 0.00151 | 0.00208 | 0.00249 | 0.00306 | 0.00308 | 0.00253 | 0.00220 |
| M42 | 0.00149 | 0.00151 | 0.00208 | 0.00249 | 0.00306 | 0.00308 | 0.00253 | 0.00220 |
| M43 | 0.00299 | 0.00151 | 0.00312 | 0.00249 | 0.00306 | 0.00308 | 0.00253 | 0.00220 |
| M44 | 0.00149 | 0.00151 | 0.00208 | 0.00249 | 0.00306 | 0.00205 | 0.00253 | 0.00220 |
| M45 | 0.00448 | 0.00100 | 0.00312 | 0.00249 | 0.00306 | 0.00205 | 0.00253 | 0.00073 |
| M46 | 0.00149 | 0.00151 | 0.00208 | 0.00166 | 0.00306 | 0.00205 | 0.00253 | 0.00147 |
| M47 | 0.00299 | 0.00201 | 0.00208 | 0.00166 | 0.00306 | 0.00205 | 0.00253 | 0.00147 |
| M48 | 0.00149 | 0.00151 | 0.00104 | 0.00166 | 0.00306 | 0.00205 | 0.00253 | 0.00220 |
| M49 | 0.00299 | 0.00151 | 0.00208 | 0.00249 | 0.00306 | 0.00308 | 0.00253 | 0.00220 |
| M50 | 0.00299 | 0.00201 | 0.00208 | 0.00249 | 0.00306 | 0.00308 | 0.00253 | 0.00220 |
| M51 | 0.00299 | 0.00201 | 0.00208 | 0.00249 | 0.00306 | 0.00308 | 0.00253 | 0.00220 |
| M52 | 0.00149 | 0.00201 | 0.00208 | 0.00249 | 0.00306 | 0.00308 | 0.00253 | 0.00220 |
| M53 | 0.00299 | 0.00201 | 0.00208 | 0.00249 | 0.00306 | 0.00308 | 0.00253 | 0.00220 |
| M54 | 0.00149 | 0.00100 | 0.00208 | 0.00249 | 0.00306 | 0.00308 | 0.00380 | 0.00220 |
| M55 | 0.00149 | 0.00151 | 0.00208 | 0.00166 | 0.00306 | 0.00205 | 0.00253 | 0.00147 |
| M56 | 0.00149 | 0.00151 | 0.00208 | 0.00166 | 0.00306 | 0.00205 | 0.00253 | 0.00220 |
| M57 | 0.00299 | 0.00201 | 0.00312 | 0.00166 | 0.00153 | 0.00205 | 0.00253 | 0.00220 |
| M58 | 0.00299 | 0.00201 | 0.00312 | 0.00249 | 0.00306 | 0.00205 | 0.00127 | 0.00220 |
| M59 | 0.00299 | 0.00151 | 0.00208 | 0.00249 | 0.00306 | 0.00308 | 0.00380 | 0.00220 |
| M60 | 0.00299 | 0.00151 | 0.00208 | 0.00249 | 0.00306 | 0.00308 | 0.00253 | 0.00220 |
| M61 | 0.00299 | 0.00201 | 0.00208 | 0.00249 | 0.00306 | 0.00308 | 0.00253 | 0.00220 |
| M62 | 0.00299 | 0.00151 | 0.00208 | 0.00249 | 0.00306 | 0.00308 | 0.00253 | 0.00220 |
| M63 | 0.00299 | 0.00151 | 0.00208 | 0.00166 | 0.00306 | 0.00205 | 0.00253 | 0.00220 |
| M64 | 0.00299 | 0.00201 | 0.00312 | 0.00166 | 0.00153 | 0.00205 | 0.00253 | 0.00220 |
| M65 | 0.00299 | 0.00201 | 0.00312 | 0.00166 | 0.00153 | 0.00205 | 0.00253 | 0.00220 |
| M66 | 0.00149 | 0.00151 | 0.00104 | 0.00166 | 0.00306 | 0.00205 | 0.00253 | 0.00220 |
| M67 | 0.00149 | 0.00151 | 0.00208 | 0.00249 | 0.00306 | 0.00308 | 0.00253 | 0.00147 |
| M68 | 0.00299 | 0.00201 | 0.00208 | 0.00166 | 0.00153 | 0.00205 | 0.00253 | 0.00220 |
| M69 | 0.00299 | 0.00201 | 0.00208 | 0.00166 | 0.00306 | 0.00205 | 0.00253 | 0.00220 |
| M70 | 0.00299 | 0.00201 | 0.00208 | 0.00166 | 0.00153 | 0.00205 | 0.00253 | 0.00220 |
| M71 | 0.00149 | 0.00151 | 0.00208 | 0.00249 | 0.00306 | 0.00205 | 0.00253 | 0.00220 |
| M72 | 0.00299 | 0.00151 | 0.00312 | 0.00166 | 0.00306 | 0.00205 | 0.00253 | 0.00220 |

（续）

| 编号 | 生长速度 | 观赏特性 | 形态 | 土壤适应性 | 常绿或落叶 | 抗逆性 | 抗污染性 | 抗寒性 |
|------|----------|----------|------|------------|------------|--------|----------|--------|
| M73 | 0.00299 | 0.00151 | 0.00208 | 0.00249 | 0.00306 | 0.00205 | 0.00253 | 0.00220 |
| M74 | 0.00299 | 0.00151 | 0.00312 | 0.00166 | 0.00306 | 0.00205 | 0.00253 | 0.00220 |
| M75 | 0.00149 | 0.00151 | 0.00104 | 0.00249 | 0.00306 | 0.00205 | 0.00253 | 0.00220 |
| M76 | 0.00299 | 0.00151 | 0.00312 | 0.00249 | 0.00306 | 0.00308 | 0.00253 | 0.00220 |
| M77 | 0.00149 | 0.00151 | 0.00104 | 0.00249 | 0.00306 | 0.00205 | 0.00253 | 0.00220 |
| M78 | 0.00149 | 0.00201 | 0.00208 | 0.00249 | 0.00153 | 0.00205 | 0.00253 | 0.00220 |
| M79 | 0.00299 | 0.00201 | 0.00208 | 0.00249 | 0.00153 | 0.00205 | 0.00253 | 0.00220 |
| M80 | 0.00149 | 0.00151 | 0.00208 | 0.00166 | 0.00153 | 0.00205 | 0.00253 | 0.00220 |
| M81 | 0.00149 | 0.00151 | 0.00208 | 0.00166 | 0.00153 | 0.00205 | 0.00253 | 0.00220 |
| M82 | 0.00149 | 0.00151 | 0.00208 | 0.00166 | 0.00153 | 0.00205 | 0.00253 | 0.00220 |
| M83 | 0.00149 | 0.00151 | 0.00104 | 0.00249 | 0.00306 | 0.00205 | 0.00253 | 0.00220 |
| M84 | 0.00299 | 0.00201 | 0.00208 | 0.00166 | 0.00153 | 0.00205 | 0.00253 | 0.00147 |
| M85 | 0.00149 | 0.00201 | 0.00208 | 0.00166 | 0.00153 | 0.00205 | 0.00253 | 0.00147 |
| M86 | 0.00149 | 0.00151 | 0.00104 | 0.00166 | 0.00306 | 0.00205 | 0.00253 | 0.00147 |
| M87 | 0.00448 | 0.00151 | 0.00208 | 0.00249 | 0.00306 | 0.00205 | 0.00253 | 0.00220 |
| M88 | 0.00299 | 0.00100 | 0.00208 | 0.00249 | 0.00306 | 0.00308 | 0.00253 | 0.00220 |
| M89 | 0.00448 | 0.00100 | 0.00312 | 0.00166 | 0.00306 | 0.00205 | 0.00253 | 0.00147 |
| M90 | 0.00149 | 0.00151 | 0.00208 | 0.00249 | 0.00306 | 0.00205 | 0.00253 | 0.00220 |
| M91 | 0.00149 | 0.00151 | 0.00104 | 0.00249 | 0.00306 | 0.00308 | 0.00253 | 0.00220 |
| M92 | 0.00299 | 0.00151 | 0.00208 | 0.00166 | 0.00306 | 0.00205 | 0.00253 | 0.00220 |
| M93 | 0.00299 | 0.00201 | 0.00208 | 0.00249 | 0.00306 | 0.00205 | 0.00253 | 0.00220 |
| M94 | 0.00299 | 0.00201 | 0.00208 | 0.00249 | 0.00306 | 0.00205 | 0.00253 | 0.00220 |
| M95 | 0.00299 | 0.00201 | 0.00312 | 0.00249 | 0.00153 | 0.00205 | 0.00253 | 0.00220 |
| M96 | 0.00299 | 0.00201 | 0.00208 | 0.00166 | 0.00306 | 0.00205 | 0.00253 | 0.00147 |
| M97 | 0.00299 | 0.00201 | 0.00208 | 0.00166 | 0.00153 | 0.00205 | 0.00253 | 0.00147 |
| M98 | 0.00299 | 0.00201 | 0.00208 | 0.00249 | 0.00306 | 0.00205 | 0.00253 | 0.00220 |
| M99 | 0.00149 | 0.00201 | 0.00208 | 0.00249 | 0.00153 | 0.00308 | 0.00253 | 0.00220 |
| M100 | 0.00149 | 0.00151 | 0.00104 | 0.00166 | 0.00306 | 0.00205 | 0.00253 | 0.00147 |
| M101 | 0.00149 | 0.00151 | 0.00104 | 0.00166 | 0.00306 | 0.00205 | 0.00253 | 0.00147 |
| M102 | 0.00299 | 0.00201 | 0.00312 | 0.00166 | 0.00153 | 0.00205 | 0.00253 | 0.00147 |
| M103 | 0.00149 | 0.00201 | 0.00312 | 0.00166 | 0.00306 | 0.00205 | 0.00253 | 0.00220 |
| M104 | 0.00149 | 0.00201 | 0.00208 | 0.00166 | 0.00306 | 0.00205 | 0.00253 | 0.00220 |
| M105 | 0.00299 | 0.00201 | 0.00208 | 0.00166 | 0.00306 | 0.00205 | 0.00253 | 0.00220 |
| M106 | 0.00149 | 0.00151 | 0.00208 | 0.00249 | 0.00306 | 0.00308 | 0.00380 | 0.00220 |
| M107 | 0.00149 | 0.00151 | 0.00104 | 0.00166 | 0.00306 | 0.00205 | 0.00253 | 0.00147 |
| M108 | 0.00149 | 0.00151 | 0.00104 | 0.00166 | 0.00306 | 0.00205 | 0.00253 | 0.00147 |

（续）

| 编号 | 生长速度 | 观赏特性 | 形态 | 土壤适应性 | 常绿或落叶 | 抗逆性 | 抗污染性 | 抗寒性 |
|------|----------|----------|------|------------|------------|--------|----------|--------|
| M109 | 0.00149 | 0.00201 | 0.00312 | 0.00166 | 0.00306 | 0.00205 | 0.00253 | 0.00147 |
| M110 | 0.00149 | 0.00151 | 0.00104 | 0.00166 | 0.00306 | 0.00205 | 0.00253 | 0.00147 |
| M111 | 0.00149 | 0.00151 | 0.00208 | 0.00166 | 0.00153 | 0.00205 | 0.00253 | 0.00147 |
| M112 | 0.00149 | 0.00151 | 0.00208 | 0.00166 | 0.00153 | 0.00205 | 0.00253 | 0.00147 |
| M113 | 0.00299 | 0.00151 | 0.00208 | 0.00166 | 0.00306 | 0.00205 | 0.00253 | 0.00147 |
| M114 | 0.00299 | 0.00151 | 0.00312 | 0.00249 | 0.00153 | 0.00205 | 0.00253 | 0.00220 |
| M115 | 0.00149 | 0.00151 | 0.00104 | 0.00249 | 0.00306 | 0.00205 | 0.00253 | 0.00220 |
| M116 | 0.00299 | 0.00151 | 0.00312 | 0.00249 | 0.00306 | 0.00308 | 0.00253 | 0.00220 |
| M117 | 0.00149 | 0.00151 | 0.00208 | 0.00166 | 0.00306 | 0.00205 | 0.00253 | 0.00220 |
| M118 | 0.00448 | 0.00201 | 0.00312 | 0.00249 | 0.00306 | 0.00308 | 0.00253 | 0.00220 |
| M119 | 0.00448 | 0.00151 | 0.00208 | 0.00249 | 0.00306 | 0.00308 | 0.00380 | 0.00220 |
| M120 | 0.00149 | 0.00100 | 0.00208 | 0.00249 | 0.00306 | 0.00308 | 0.00253 | 0.00147 |
| M121 | 0.00299 | 0.00100 | 0.00312 | 0.00249 | 0.00153 | 0.00308 | 0.00253 | 0.00220 |
| M122 | 0.00299 | 0.00100 | 0.00208 | 0.00166 | 0.00306 | 0.00308 | 0.00380 | 0.00220 |
| M123 | 0.00299 | 0.00151 | 0.00208 | 0.00249 | 0.00306 | 0.00308 | 0.00380 | 0.00147 |
| M124 | 0.00149 | 0.00151 | 0.00208 | 0.00249 | 0.00306 | 0.00308 | 0.00380 | 0.00220 |
| M125 | 0.00299 | 0.00151 | 0.00312 | 0.00249 | 0.00306 | 0.00308 | 0.00380 | 0.00147 |
| M126 | 0.00299 | 0.00151 | 0.00208 | 0.00249 | 0.00306 | 0.00308 | 0.00380 | 0.00220 |
| M127 | 0.00149 | 0.00100 | 0.00208 | 0.00249 | 0.00306 | 0.00308 | 0.00380 | 0.00220 |
| M128 | 0.00299 | 0.00151 | 0.00208 | 0.00249 | 0.00153 | 0.00308 | 0.00380 | 0.00220 |
| M129 | 0.00299 | 0.00100 | 0.00208 | 0.00249 | 0.00306 | 0.00308 | 0.00380 | 0.00220 |
| M130 | 0.00149 | 0.00151 | 0.00104 | 0.00249 | 0.00306 | 0.00308 | 0.00380 | 0.00220 |
| M131 | 0.00299 | 0.00151 | 0.00312 | 0.00249 | 0.00153 | 0.00308 | 0.00380 | 0.00220 |
| M132 | 0.00299 | 0.00151 | 0.00208 | 0.00249 | 0.00153 | 0.00308 | 0.00380 | 0.00220 |
| M133 | 0.00149 | 0.00151 | 0.00208 | 0.00249 | 0.00306 | 0.00205 | 0.00253 | 0.00220 |
| M134 | 0.00299 | 0.00100 | 0.00208 | 0.00249 | 0.00306 | 0.00205 | 0.00253 | 0.00220 |
| M135 | 0.00149 | 0.00151 | 0.00104 | 0.00249 | 0.00306 | 0.00308 | 0.00253 | 0.00220 |
| M136 | 0.00299 | 0.00151 | 0.00208 | 0.00249 | 0.00306 | 0.00205 | 0.00253 | 0.00220 |
| M137 | 0.00299 | 0.00151 | 0.00312 | 0.00166 | 0.00306 | 0.00205 | 0.00253 | 0.00073 |
| M138 | 0.00299 | 0.00151 | 0.00208 | 0.00249 | 0.00306 | 0.00205 | 0.00253 | 0.00220 |
| M139 | 0.00299 | 0.00201 | 0.00208 | 0.00249 | 0.00306 | 0.00205 | 0.00253 | 0.00220 |
| M140 | 0.00149 | 0.00100 | 0.00208 | 0.00166 | 0.00306 | 0.00205 | 0.00253 | 0.00147 |
| M141 | 0.00299 | 0.00151 | 0.00208 | 0.00249 | 0.00306 | 0.00103 | 0.00253 | 0.00220 |
| M142 | 0.00299 | 0.00100 | 0.00312 | 0.00249 | 0.00306 | 0.00308 | 0.00253 | 0.00220 |
| M143 | 0.00299 | 0.00201 | 0.00208 | 0.00249 | 0.00306 | 0.00205 | 0.00253 | 0.00147 |
| M144 | 0.00299 | 0.00151 | 0.00312 | 0.00166 | 0.00153 | 0.00205 | 0.00253 | 0.00220 |

（续）

| 编号 | 生长速度 | 观赏特性 | 形态 | 土壤适应性 | 常绿或落叶 | 抗逆性 | 抗污染性 | 抗寒性 |
|------|----------|----------|------|------------|------------|--------|----------|--------|
| M145 | 0.00299 | 0.00151 | 0.00208 | 0.00166 | 0.00306 | 0.00205 | 0.00253 | 0.00220 |
| M146 | 0.00149 | 0.00100 | 0.00208 | 0.00166 | 0.00306 | 0.00205 | 0.00253 | 0.00147 |
| M147 | 0.00149 | 0.00151 | 0.00104 | 0.00249 | 0.00306 | 0.00308 | 0.00253 | 0.00220 |
| M148 | 0.00149 | 0.00151 | 0.00104 | 0.00249 | 0.00306 | 0.00308 | 0.00253 | 0.00220 |
| M149 | 0.00149 | 0.00151 | 0.00208 | 0.00166 | 0.00306 | 0.00205 | 0.00253 | 0.00147 |
| M150 | 0.00149 | 0.00151 | 0.00104 | 0.00249 | 0.00306 | 0.00308 | 0.00253 | 0.00220 |
| M151 | 0.00149 | 0.00151 | 0.00104 | 0.00249 | 0.00306 | 0.00308 | 0.00253 | 0.00220 |
| M152 | 0.00149 | 0.00151 | 0.00104 | 0.00249 | 0.00306 | 0.00308 | 0.00253 | 0.00220 |
| M153 | 0.00299 | 0.00151 | 0.00312 | 0.00166 | 0.00306 | 0.00205 | 0.00253 | 0.00147 |
| M154 | 0.00149 | 0.00151 | 0.00104 | 0.00249 | 0.00306 | 0.00308 | 0.00253 | 0.00220 |
| M155 | 0.00149 | 0.00151 | 0.00104 | 0.00249 | 0.00306 | 0.00308 | 0.00253 | 0.00220 |
| M156 | 0.00149 | 0.00151 | 0.00104 | 0.00249 | 0.00306 | 0.00308 | 0.00253 | 0.00220 |
| M157 | 0.00149 | 0.00100 | 0.00208 | 0.00166 | 0.00153 | 0.00205 | 0.00253 | 0.00147 |
| M158 | 0.00149 | 0.00151 | 0.00104 | 0.00249 | 0.00306 | 0.00308 | 0.00253 | 0.00220 |
| M159 | 0.00149 | 0.00151 | 0.00104 | 0.00249 | 0.00306 | 0.00308 | 0.00253 | 0.00220 |
| M160 | 0.00299 | 0.00100 | 0.00312 | 0.00166 | 0.00306 | 0.00205 | 0.00253 | 0.00147 |
| M161 | 0.00299 | 0.00100 | 0.00312 | 0.00166 | 0.00306 | 0.00205 | 0.00253 | 0.00147 |
| M162 | 0.00299 | 0.00100 | 0.00208 | 0.00166 | 0.00306 | 0.00205 | 0.00253 | 0.00147 |
| M163 | 0.00299 | 0.00151 | 0.00208 | 0.00166 | 0.00153 | 0.00205 | 0.00253 | 0.00147 |
| M164 | 0.00149 | 0.00151 | 0.00104 | 0.00166 | 0.00306 | 0.00205 | 0.00253 | 0.00147 |

### 表 6-6　湿地型树种矩阵标准化变换

| 编号 | 生长速度 | 观赏特性 | 形态 | 土壤适应性 | 常绿或落叶 | 抗逆性 | 抗污染性 | 抗寒性 |
|------|----------|----------|------|------------|------------|--------|----------|--------|
| W1 | 0.00149 | 0.00151 | 0.00208 | 0.00166 | 0.00153 | 0.00205 | 0.00380 | 0.00220 |
| W2 | 0.00149 | 0.00151 | 0.00208 | 0.00166 | 0.00153 | 0.00103 | 0.00253 | 0.00220 |
| W3 | 0.00149 | 0.00151 | 0.00208 | 0.00166 | 0.00306 | 0.00205 | 0.00253 | 0.00147 |
| W4 | 0.00149 | 0.00151 | 0.00208 | 0.00166 | 0.00306 | 0.00205 | 0.00253 | 0.00147 |
| W5 | 0.00149 | 0.00151 | 0.00208 | 0.00166 | 0.00306 | 0.00103 | 0.00253 | 0.00220 |
| W6 | 0.00149 | 0.00151 | 0.00208 | 0.00249 | 0.00153 | 0.00205 | 0.00380 | 0.00220 |
| W7 | 0.00149 | 0.00151 | 0.00312 | 0.00249 | 0.00306 | 0.00205 | 0.00380 | 0.00220 |
| W8 | 0.00149 | 0.00100 | 0.00208 | 0.00166 | 0.00153 | 0.00103 | 0.00253 | 0.00220 |
| W9 | 0.00149 | 0.00100 | 0.00208 | 0.00166 | 0.00306 | 0.00103 | 0.00127 | 0.00220 |

表 6-7 滩涂型树种矩阵标准化变换 （续）

| 编号 | 生长速度 | 观赏特性 | 形态 | 土壤适应性 | 常绿或落叶 | 抗逆性 | 抗污染性 | 抗寒性 |
|------|---------|---------|------|-----------|-----------|--------|---------|--------|
| T1 | 0.00448 | 0.00100 | 0.00104 | 0.00249 | 0.00306 | 0.00205 | 0.00380 | 0.00147 |
| T2 | 0.00149 | 0.00100 | 0.00104 | 0.00166 | 0.00306 | 0.00205 | 0.00253 | 0.00147 |
| T3 | 0.00149 | 0.00151 | 0.00208 | 0.00166 | 0.00306 | 0.00205 | 0.00253 | 0.00147 |
| T4 | 0.00149 | 0.00151 | 0.00208 | 0.00166 | 0.00306 | 0.00205 | 0.00253 | 0.00147 |
| T5 | 0.00149 | 0.00151 | 0.00208 | 0.00166 | 0.00306 | 0.00205 | 0.00253 | 0.00147 |
| T6 | 0.00149 | 0.00151 | 0.00208 | 0.00166 | 0.00306 | 0.00205 | 0.00253 | 0.00147 |
| T7 | 0.00149 | 0.00151 | 0.00208 | 0.00249 | 0.00306 | 0.00205 | 0.00253 | 0.00220 |
| T8 | 0.00149 | 0.00151 | 0.00104 | 0.00166 | 0.00306 | 0.00205 | 0.00253 | 0.00147 |
| T9 | 0.00149 | 0.00151 | 0.00208 | 0.00166 | 0.00306 | 0.00205 | 0.00253 | 0.00147 |
| T10 | 0.00149 | 0.00151 | 0.00208 | 0.00166 | 0.00306 | 0.00308 | 0.00253 | 0.00147 |
| T11 | 0.00149 | 0.00151 | 0.00208 | 0.00166 | 0.00306 | 0.00308 | 0.00253 | 0.00147 |
| T12 | 0.00299 | 0.00151 | 0.00208 | 0.00249 | 0.00306 | 0.00205 | 0.00253 | 0.00147 |
| T13 | 0.00149 | 0.00100 | 0.00208 | 0.00166 | 0.00306 | 0.00205 | 0.00253 | 0.00147 |
| T14 | 0.00149 | 0.00050 | 0.00104 | 0.00166 | 0.00306 | 0.00205 | 0.00253 | 0.00147 |
| T15 | 0.00149 | 0.00100 | 0.00104 | 0.00166 | 0.00306 | 0.00205 | 0.00253 | 0.00147 |

（三）TOPSIS 计算结果

通过计算得到各树种评价指标标准化值与最优值的距离 $D^+$ 值和与最劣值的距离 $D^-$ 值以及各评价单元与最优值的相对接近度指标 $C_i$ 值，然后根据相对接近度指标 $C_i$ 值进行名次排序（表 6-8 至表 6-10）。

表 6-8 山地型 TOPSIS 计算结果

| 编号 | $D^+$ 值 | $D^-$ 值 | 相对接近度指标 $C_i$ 值 | 排序 |
|------|---------|---------|----------------------|------|
| M1 | 0.00399 | 0.00263 | 0.39687 | 96 |
| M2 | 0.00379 | 0.00300 | 0.44173 | 81 |
| M3 | 0.00410 | 0.00243 | 0.37212 | 112 |
| M4 | 0.00407 | 0.00258 | 0.38806 | 103 |
| M5 | 0.00393 | 0.00327 | 0.45428 | 77 |
| M6 | 0.00304 | 0.00302 | 0.49862 | 57 |
| M7 | 0.00410 | 0.00243 | 0.37212 | 113 |
| M8 | 0.00410 | 0.00243 | 0.37212 | 114 |
| M9 | 0.00410 | 0.00243 | 0.37212 | 115 |
| M10 | 0.00244 | 0.00359 | 0.59539 | 13 |
| M11 | 0.00263 | 0.00339 | 0.56322 | 20 |
| M12 | 0.00258 | 0.00350 | 0.57550 | 16 |

（续）

| 编号 | $D^+$ 值 | $D^-$ 值 | 相对接近度指标 $C_i$ 值 | 排序 |
|------|---------|---------|----------------------|------|
| M13 | 0.00328 | 0.00381 | 0.53724 | 26 |
| M14 | 0.00263 | 0.00339 | 0.56322 | 21 |
| M15 | 0.00480 | 0.00212 | 0.30667 | 148 |
| M16 | 0.00222 | 0.00375 | 0.62858 | 4 |
| M17 | 0.00399 | 0.00271 | 0.40487 | 91 |
| M18 | 0.00286 | 0.00310 | 0.51989 | 41 |
| M19 | 0.00308 | 0.00325 | 0.51297 | 45 |
| M20 | 0.00464 | 0.00233 | 0.33442 | 133 |
| M21 | 0.00315 | 0.00299 | 0.48686 | 62 |
| M22 | 0.00225 | 0.00372 | 0.62330 | 6 |
| M23 | 0.00402 | 0.00257 | 0.39002 | 97 |
| M24 | 0.00332 | 0.00371 | 0.52776 | 37 |
| M25 | 0.00376 | 0.00276 | 0.42335 | 86 |
| M26 | 0.00485 | 0.00170 | 0.25921 | 161 |
| M27 | 0.00417 | 0.00207 | 0.33213 | 140 |
| M28 | 0.00410 | 0.00243 | 0.37212 | 116 |
| M29 | 0.00435 | 0.00286 | 0.39716 | 94 |
| M30 | 0.00441 | 0.00165 | 0.27204 | 152 |
| M31 | 0.00265 | 0.00424 | 0.61550 | 10 |
| M32 | 0.00407 | 0.00258 | 0.38806 | 104 |
| M33 | 0.00464 | 0.00233 | 0.33442 | 134 |
| M34 | 0.00258 | 0.00350 | 0.57550 | 17 |
| M35 | 0.00407 | 0.00258 | 0.38806 | 105 |
| M36 | 0.00273 | 0.00314 | 0.53510 | 28 |
| M37 | 0.00464 | 0.00233 | 0.33442 | 135 |
| M38 | 0.00399 | 0.00271 | 0.40487 | 92 |
| M39 | 0.00402 | 0.00257 | 0.39002 | 98 |
| M40 | 0.00397 | 0.00266 | 0.40093 | 93 |
| M41 | 0.00389 | 0.00279 | 0.41754 | 89 |
| M42 | 0.00389 | 0.00279 | 0.41754 | 90 |
| M43 | 0.00227 | 0.00365 | 0.61636 | 7 |
| M44 | 0.00402 | 0.00257 | 0.39002 | 99 |
| M45 | 0.00262 | 0.00406 | 0.60724 | 11 |
| M46 | 0.00417 | 0.00207 | 0.33213 | 141 |
| M47 | 0.00323 | 0.00270 | 0.45530 | 73 |
| M48 | 0.00472 | 0.00218 | 0.31614 | 146 |
| M49 | 0.00290 | 0.00316 | 0.52171 | 38 |
| M50 | 0.00286 | 0.00328 | 0.53451 | 30 |

（续）

| 编号 | $D^+$ 值 | $D^-$ 值 | 相对接近度指标 $C_i$ 值 | 排序 |
|------|------|------|------|------|
| M51 | 0.00286 | 0.00328 | 0.53451 | 31 |
| M52 | 0.00385 | 0.00292 | 0.43093 | 84 |
| M53 | 0.00286 | 0.00328 | 0.53451 | 32 |
| M54 | 0.00378 | 0.00302 | 0.44434 | 78 |
| M55 | 0.00417 | 0.00207 | 0.33213 | 142 |
| M56 | 0.00410 | 0.00243 | 0.37212 | 117 |
| M57 | 0.00300 | 0.00315 | 0.51194 | 46 |
| M58 | 0.00328 | 0.00381 | 0.53724 | 27 |
| M59 | 0.00261 | 0.00341 | 0.56638 | 18 |
| M60 | 0.00290 | 0.00316 | 0.52171 | 39 |
| M61 | 0.00286 | 0.00328 | 0.53451 | 33 |
| M62 | 0.00290 | 0.00316 | 0.52171 | 40 |
| M63 | 0.00318 | 0.00286 | 0.47271 | 68 |
| M64 | 0.00300 | 0.00315 | 0.51194 | 47 |
| M65 | 0.00300 | 0.00315 | 0.51194 | 48 |
| M66 | 0.00472 | 0.00218 | 0.31614 | 147 |
| M67 | 0.00396 | 0.00248 | 0.38527 | 107 |
| M68 | 0.00350 | 0.00256 | 0.42293 | 87 |
| M69 | 0.00315 | 0.00299 | 0.48686 | 63 |
| M70 | 0.00350 | 0.00256 | 0.42293 | 88 |
| M71 | 0.00402 | 0.00257 | 0.39002 | 100 |
| M72 | 0.00263 | 0.00339 | 0.56322 | 22 |
| M73 | 0.00307 | 0.00297 | 0.49160 | 59 |
| M74 | 0.00263 | 0.00339 | 0.56322 | 23 |
| M75 | 0.00464 | 0.00233 | 0.33442 | 136 |
| M76 | 0.00227 | 0.00365 | 0.61636 | 8 |
| M77 | 0.00464 | 0.00233 | 0.33442 | 137 |
| M78 | 0.00427 | 0.00224 | 0.34417 | 132 |
| M79 | 0.00340 | 0.00269 | 0.44226 | 80 |
| M80 | 0.00438 | 0.00189 | 0.30165 | 149 |
| M81 | 0.00438 | 0.00189 | 0.30165 | 150 |
| M82 | 0.00438 | 0.00189 | 0.30165 | 151 |
| M83 | 0.00464 | 0.00233 | 0.33442 | 138 |
| M84 | 0.00357 | 0.00223 | 0.38377 | 108 |
| M85 | 0.00441 | 0.00165 | 0.27204 | 153 |
| M86 | 0.00477 | 0.00177 | 0.27062 | 154 |
| M87 | 0.00269 | 0.00394 | 0.59469 | 14 |
| M88 | 0.00303 | 0.00312 | 0.50782 | 49 |

（续）

| 编号 | $D^+$ 值 | $D^-$ 值 | 相对接近度指标 $C_i$ 值 | 排序 |
|------|---------|---------|------------------------|------|
| M89 | 0.00244 | 0.00404 | 0.62332 | 5 |
| M90 | 0.00402 | 0.00257 | 0.39002 | 101 |
| M91 | 0.00453 | 0.00257 | 0.36196 | 120 |
| M92 | 0.00318 | 0.00286 | 0.47271 | 69 |
| M93 | 0.00303 | 0.00310 | 0.50517 | 50 |
| M94 | 0.00303 | 0.00310 | 0.50517 | 51 |
| M95 | 0.00288 | 0.00325 | 0.53027 | 36 |
| M96 | 0.00323 | 0.00270 | 0.45530 | 74 |
| M97 | 0.00357 | 0.00223 | 0.38377 | 109 |
| M98 | 0.00303 | 0.00310 | 0.50517 | 52 |
| M99 | 0.00415 | 0.00249 | 0.37485 | 110 |
| M100 | 0.00477 | 0.00177 | 0.27062 | 155 |
| M101 | 0.00477 | 0.00177 | 0.27062 | 156 |
| M102 | 0.00309 | 0.00288 | 0.48236 | 65 |
| M103 | 0.00366 | 0.00316 | 0.46386 | 72 |
| M104 | 0.00407 | 0.00258 | 0.38806 | 106 |
| M105 | 0.00315 | 0.00299 | 0.48686 | 64 |
| M106 | 0.00367 | 0.00306 | 0.45443 | 75 |
| M107 | 0.00477 | 0.00177 | 0.27062 | 157 |
| M108 | 0.00477 | 0.00177 | 0.27062 | 158 |
| M109 | 0.00373 | 0.00290 | 0.43712 | 83 |
| M110 | 0.00477 | 0.00177 | 0.27062 | 159 |
| M111 | 0.00444 | 0.00140 | 0.23975 | 162 |
| M112 | 0.00444 | 0.00140 | 0.23975 | 163 |
| M113 | 0.00327 | 0.00256 | 0.43886 | 82 |
| M114 | 0.00292 | 0.00313 | 0.51737 | 44 |
| M115 | 0.00464 | 0.00233 | 0.33442 | 139 |
| M116 | 0.00227 | 0.00365 | 0.61636 | 9 |
| M117 | 0.00410 | 0.00243 | 0.37212 | 118 |
| M118 | 0.00164 | 0.00456 | 0.73572 | 1 |
| M119 | 0.00214 | 0.00428 | 0.66690 | 2 |
| M120 | 0.00405 | 0.00243 | 0.37477 | 111 |
| M121 | 0.00287 | 0.00328 | 0.53283 | 34 |
| M122 | 0.00287 | 0.00326 | 0.53217 | 35 |
| M123 | 0.00271 | 0.00316 | 0.53839 | 25 |
| M124 | 0.00367 | 0.00306 | 0.45443 | 76 |
| M125 | 0.00202 | 0.00365 | 0.64310 | 3 |
| M126 | 0.00261 | 0.00341 | 0.56638 | 19 |

（续）

| 编号 | $D^+$ 值 | $D^-$ 值 | 相对接近度指标 $C_i$ 值 | 排序 |
|------|----------|----------|------------------------|------|
| M127 | 0.00378 | 0.00302 | 0.44434 | 79 |
| M128 | 0.00302 | 0.00304 | 0.50172 | 55 |
| M129 | 0.00275 | 0.00337 | 0.55077 | 24 |
| M130 | 0.00435 | 0.00286 | 0.39716 | 95 |
| M131 | 0.00243 | 0.00355 | 0.59367 | 15 |
| M132 | 0.00302 | 0.00304 | 0.50172 | 56 |
| M133 | 0.00402 | 0.00257 | 0.39002 | 102 |
| M134 | 0.00319 | 0.00293 | 0.47843 | 66 |
| M135 | 0.00453 | 0.00257 | 0.36196 | 121 |
| M136 | 0.00307 | 0.00297 | 0.49160 | 60 |
| M137 | 0.00301 | 0.00305 | 0.50354 | 54 |
| M138 | 0.00307 | 0.00297 | 0.49160 | 61 |
| M139 | 0.00303 | 0.00310 | 0.50517 | 53 |
| M140 | 0.00426 | 0.00201 | 0.32077 | 144 |
| M141 | 0.00355 | 0.00313 | 0.46836 | 71 |
| M142 | 0.00243 | 0.00361 | 0.59791 | 12 |
| M143 | 0.00312 | 0.00283 | 0.47501 | 67 |
| M144 | 0.00304 | 0.00302 | 0.49862 | 58 |
| M145 | 0.00318 | 0.00286 | 0.47271 | 70 |
| M146 | 0.00426 | 0.00201 | 0.32077 | 145 |
| M147 | 0.00453 | 0.00257 | 0.36196 | 122 |
| M148 | 0.00453 | 0.00257 | 0.36196 | 123 |
| M149 | 0.00417 | 0.00207 | 0.33213 | 143 |
| M150 | 0.00453 | 0.00257 | 0.36196 | 124 |
| M151 | 0.00453 | 0.00257 | 0.36196 | 125 |
| M152 | 0.00453 | 0.00257 | 0.36196 | 126 |
| M153 | 0.00273 | 0.00314 | 0.53510 | 29 |
| M154 | 0.00453 | 0.00257 | 0.36196 | 127 |
| M155 | 0.00453 | 0.00257 | 0.36196 | 128 |
| M156 | 0.00453 | 0.00257 | 0.36196 | 129 |
| M157 | 0.00452 | 0.00131 | 0.22403 | 164 |
| M158 | 0.00453 | 0.00257 | 0.36196 | 130 |
| M159 | 0.00453 | 0.00257 | 0.36196 | 131 |
| M160 | 0.00286 | 0.00310 | 0.51989 | 42 |
| M161 | 0.00286 | 0.00310 | 0.51989 | 43 |
| M162 | 0.00338 | 0.00251 | 0.42566 | 85 |
| M163 | 0.00361 | 0.00205 | 0.36211 | 119 |
| M164 | 0.00477 | 0.00177 | 0.27062 | 160 |

表 6-9　湿地型 TOPSIS 计算结果

| 编号 | $D^+$ 值 | $D^-$ 值 | 相对接近度指标 $C_i$ 值 | 排序 |
|------|---------|---------|-------------------|------|
| W1 | 0.00419 | 0.00228 | 0.35194 | 5 |
| W2 | 0.00473 | 0.00213 | 0.31039 | 8 |
| W3 | 0.00417 | 0.00207 | 0.33213 | 6 |
| W4 | 0.00417 | 0.00207 | 0.33213 | 7 |
| W5 | 0.00447 | 0.00262 | 0.36941 | 3 |
| W6 | 0.00411 | 0.00242 | 0.37093 | 2 |
| W7 | 0.00336 | 0.00340 | 0.50242 | 1 |
| W8 | 0.00480 | 0.00207 | 0.30074 | 9 |
| W9 | 0.00506 | 0.00286 | 0.36171 | 4 |

表 6-10　滩涂型 TOPSIS 计算结果

| 编号 | $D^+$ 值 | $D^-$ 值 | 相对接近度指标 $C_i$ 值 | 排序 |
|------|---------|---------|-------------------|------|
| T1 | 0.00351 | 0.00376 | 0.51709 | 1 |
| T2 | 0.00404 | 0.00234 | 0.36629 | 4 |
| T3 | 0.00404 | 0.00234 | 0.36629 | 5 |
| T4 | 0.00316 | 0.00269 | 0.45949 | 2 |
| T5 | 0.00426 | 0.00201 | 0.32077 | 11 |
| T6 | 0.00498 | 0.00177 | 0.26218 | 13 |
| T7 | 0.00485 | 0.00170 | 0.25921 | 15 |
| T8 | 0.00485 | 0.00170 | 0.25921 | 14 |
| T9 | 0.00417 | 0.00207 | 0.33213 | 6 |
| T10 | 0.00417 | 0.00207 | 0.33213 | 7 |
| T11 | 0.00417 | 0.00207 | 0.33213 | 8 |
| T12 | 0.00417 | 0.00207 | 0.33213 | 9 |
| T13 | 0.00402 | 0.00257 | 0.39002 | 3 |
| T14 | 0.00477 | 0.00177 | 0.27062 | 12 |
| T15 | 0.00417 | 0.00207 | 0.33213 | 10 |

## 三、综合评价结果

采用分值进行目标量化的数据源指数制定，避免了逆向指标、适度指标正向化问题。TOPSIS 结果的相对接近度指标 $C_i$ 值越大，排序越靠前。

表 6-8 中的排序靠前树种的综合生态学特性均比较适合广东生态景观林带的树

种（山地型）选择，这些树种具备了适应能力强和景观效果好的特点，其中，红锥的相对接近度指标 $C_i$ 值排序第一，说明红锥的主要性状最接近理想解，表明四季常绿、花形果形兼备、抗逆性强、造林用途广泛是广东省景观林带的理想树种，即选择的树种必须兼备生态功能和景观功能。外来树种、落叶树种、灌木树种以及抗逆性差的树种排序靠后，说明规划目标与评价指标的一致性，表明这些树种不是广东省景观林带建设的首选树种。排序靠前的树种中，只有枫香、任豆、朴树、蓝花楹、木棉、小叶榄仁、美丽异木棉、复羽叶栾树、苦楝和凤凰木 10 种树种是落叶树种，但是，它们的造林用途比较广泛、观赏性好、形态优美，土壤适应性、抗逆性、抗污染性和抗寒性都很强，这些树种也是广东生态景观林带树种(山地型)的良好选择。

表 6-9 是湿地型树种相对接近度指标 $C_i$ 值排序，结果表明：水松的 $C_i$ 值最大，说明水松的广东生态景观林带的树种（湿地型）的优先选择；表 6-10 中，无瓣海桑的 $C_i$ 值最大，说明无瓣海桑的广东生态景观林带的树种（滩涂型）的最好选择。

# 第二节　植物配置技术

植物配置是按植物生态习性和整体布局要求，合理配置各种植物（乔木、灌木、花卉、草皮和地被植物等），以发挥它们的功能和观赏特性。植物配置是规划设计的重要环节，包括两个方面：一方面是各种植物相互之间的配置，进行植物种类的选择，植物的组合，平面和立面的构图、色彩、季相以及意境；另一方面是植物与其他要素如山体、水体、道路等相互之间的配置。植物配置不仅要遵循科学性，而且要讲究艺术性，力求科学合理的配置，创造出优美的景观效果，从而使生态、经济、社会三者效益并举。

## 一、生态景观林带的植物配置形式

植物的配置形式千变万化，在不同地区、不同场合，由于不同目的及要求，可以多种多样的组合，但按平面关系及构图艺术来分，一般可分为规则式、自然式和混合式三种形式。

### （一）规则式

规则式又称整形式、几何式、对称式，布局均整、秩序井然，具有统一、抽象的艺术特点。在平面上，中轴线大致左右对称，具有一定株行距，并且按固定方式排列。在平面布局上，根据其对称与否可分为 2 种：一种是有明显轴线，轴线两边严格对称，组成几何图案，称为规则式对称；另一种是有明显的轴线，左右不对称，但布局均衡，称为规则式不对称。按照混交的方式可分为规则式带状混交和规则式行间混交（图 6-1、图 6-2）。

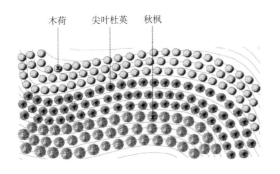

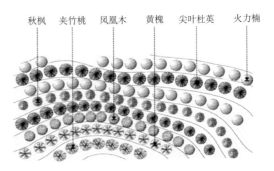

图 6-1　规则式带状混交植物配置示意图　　图 6-2　规则式行间混交植物配置示意图

（二）自然式

自然式以模仿自然界森林、草原、湿地等景观及农村田园风光，结合地形、水体、道路来组织植物景观，不要求严整对称，没有突出的轴线，没有过多修建成几何形的树木花草，是山水植物等自然形象的艺术再现。在布局上讲究步移景异，利用自然的植物形态，运用夹景、框景、障景、对景、借景等手法，形成有效的景观控制，以反映自然界植物群落的自然之美。按照混交方式可分为自然式株间混交和自然式块状混交（图 6-3、图 6-4）。

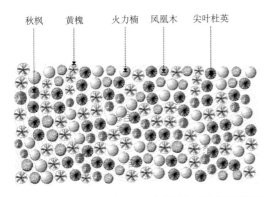

图 6-3　自然式株间混交植物配置示意图　　图 6-4　自然式块状混交植物配置示意图

（三）混合式

混合式既有规则式，又有自然式，取规则式配置和自然式配置之长，将传统艺术手法与现代设计形式相结合，自然美景与人文景观相辉映，让人流连忘返。此法主要用于特殊的景观节点处，如道路两旁、隧道口、互通立交等重要位置。在近景处采用自然式混交，营造色彩丰富、层次多样的森林景观，在中远景处采用规则式混交，营造背景色，在整体上形成错落有致、景观多样的森林群落。

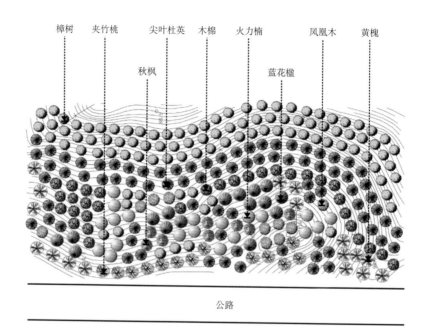

樟树　夹竹桃　　尖叶杜英　木棉　火力楠　　凤凰木　黄槐

秋枫　　　　　　　　　蓝花楹

公路

**图 6-5　混合式植物配置示意图**

## 二、生态景观林带的植物配置方式

生态景观林带植物配置的 3 种形式具体运用方式主要可分为孤植、对植、列植、丛植、群植、绿篱、林带和林植 8 种。

（一）孤植

孤植是指乔木的单株种植形式。广义地说，孤植树并不等于只种 1 株树，有时为了构图需要，增强繁茂、茏葱、雄伟的感觉，常用 2 株或 3 株同一品种的树木，紧密地种于一处，形成一个单元，在人们的感觉宛如一株多杆丛生的大树。这样的树，也被称为孤植树。孤植树的主要功能是遮荫并作为观赏的主景。孤植示意图见图 6-6。

（二）对植

对植是按一定的轴线关系作相互对称或均衡的种植方式，在构图中作为配景，起陪衬和烘托主景的作用。在规则式种植中，利用同一树种、同一规格的树木依主体景物的中轴线作对称布置，连线与轴线垂直并被轴线等

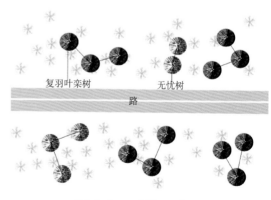

复羽叶栾树　　　　无忧树

路

**图 6-6　孤植示意图**

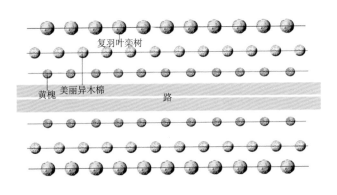

图 6-7　对植示意图

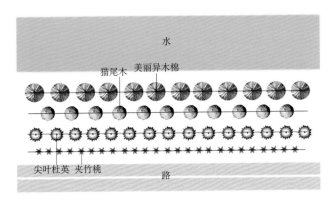

图 6-8　列植示意图

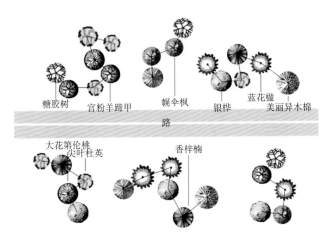

图 6-9　丛植示意图

分，常在道路两旁运用。这种规则对称种植的树种，树冠比较整齐，种植的位置既不要妨碍交通，又要保证树木有足够的生长空间。对植往往会创造出庄重的气氛。对称布局中的任何一条轴线的末端都可产生一个直接的对景实现，形成一个设计主题。对植示意图见图6-7。

（三）列植

列植也称带植，是将乔木、灌木按一定的株行距成排成行地栽种，形成整齐、单一、气势大的景观。它在规则式中运用较多，常以行道树、绿篱、林带或水边列植形式出现在绿地中。列植示意图见图6-8。

（四）丛植

三株以上不同树种的组合，是普遍应用的方式，可用作主景或配景，也可用作背景或隔离措施。配置宜自然，符合艺术构图规律，务求既能表现植物的群体美，也能看出树种的个体美。丛植示意图见图6-9。

（五）群植

一般由15株以上的树木群植而成，以表现群体美为主，具有"成林"之趣，常作为构图的主景，一般布置在有足够观赏距离的开阔场地上。群植的外貌注意起伏多变，群内植物注重疏密变化，搭配好树种之间的群落关系，形成互利竞争，并有四季的季相变化。群植示意图见图 6-10。

（六）绿篱

由灌木或小乔木以较小的株行距密植，栽成单行或双行，紧密结合的规则的种植形式，称为绿篱。因其可修剪成各种造型并能相互组合，从而提高了观赏效果。此外，绿篱还能起到遮盖不良视点、隔离防护、防尘防噪等作用。绿篱示意图见图 6-11。

（七）林带

林带即带状树林，主要指自然式栽植的林带。林带中树木栽植不强调成行成排，天际线要有起伏变化，林带外缘要曲折。林带属于连续风景构图，要有主调、基调和配调，具有变化和节奏，主调要随季节交替而变化。林带分布于道路两侧，成为复式构图，两侧的林带不需要对称，但要互相错落对应。林带多由混交林组成。林带示意图见图 6-12。

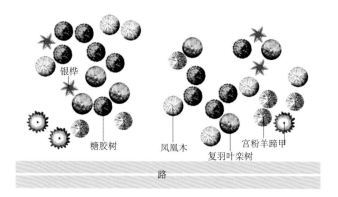

银桦
糖胶树
凤凰木
复羽叶栾树
宫粉羊蹄甲
路

图 6-10　群植示意图

路
黄金榕

图 6-11　绿篱示意图

复羽叶栾树
木棉
凤凰木
黄槐
场地植物配置不同与一半道路绿化，植物配置均采用变化的植物天际线进行，形成多样的景观效果

图 6-12　林带示意图

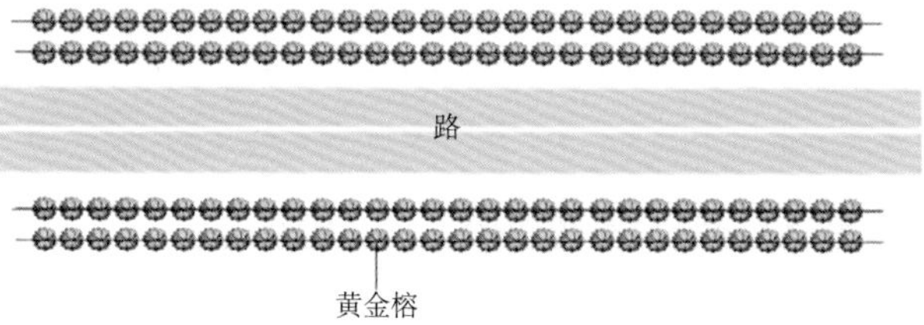

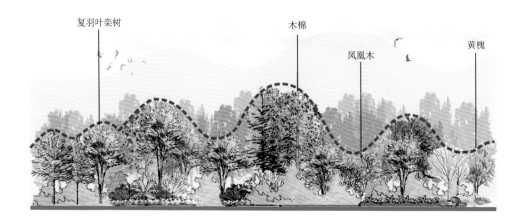

## （八）林植

成片或成块，但不成带的大量栽植乔灌木，构成森林景观的栽植方式称为林植。林植多运用于山地造林，宜选用富有观赏价值的乡土树种，多树种组成，具有明显的季相变化。林植有密林和疏林之分，密林种植，大面积的可采用片状混交，小面积的多采用点状混交，要注意常绿与落叶、乔木与灌木的配合比例以及植物对生态因子的要求等；疏林中树木要疏密相间、有断有续、自然错落，一般仿自然式布置。林植示意图见图 6-13。

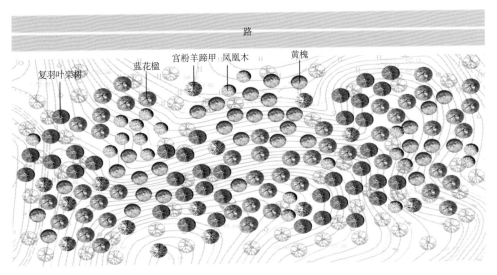

**图 6-13　林植示意图**

# 第三节　色彩设计技术

## 一、植物色彩的分类及释义

"色"包含色光与色彩，光与色之间有着不可分割的关系，由发光体发射出来的叫做光，而由受光体反射出来的叫做色。日常语言中所指的"色彩"一词，系指色光在我们视网膜上所引起的一切色觉，统称为"色彩"（安宁，1999）。森林景观中最丰富且最具表现力的要素之一就是植物的色彩，色彩美是森林自然美中最直接、最鲜明要素。不同的色彩能带给人不同的心理感受，因此营造使人身心放松愉悦且具有较高欣赏价值的高速公路生态景观林带尤其重要（杨沅志等，2014）。

### （一）红色

红色属于暖色调，颇具穿透力，刺激性强，能加速血液循环，红色代表着吉祥、喜气、热烈、奔放、激情、斗志。红色花开时，其森林景观对观赏者心理易产生比较强烈的刺激，从而使人兴奋而鼓动。常见的红色观花植物有：火焰木、红苞木、凤凰木、红花紫荆、木棉、无忧树、龙船花等；常见的红色观叶植物有：红楠、浙江润楠、山乌桕、山杜英、枫香和红叶石楠等。

（二）黄色

黄色属于暖色调，是色相环中最明亮、最辉煌的颜色，有很强的光明感，使人感到明快和纯洁，代表青春、睿智。常见的黄色观花植物有：翅荚决明、复羽叶栾树、黄槐、鸭脚木、台湾相思、黧蒴、腊肠树和鱼木等。

（三）紫色

紫色属于中间色调，具有优美高雅、雍容华贵的气度。常见的紫色观花植物有：大叶紫薇、蓝花楹、仪花、假连翘和野牡丹等。

（四）白色

白色是冷色与暖色之间的过渡色，体现出清白、纯洁、单纯、明快、朴素、神圣、光明、诚实等心理。常见的白色观花植物有：荷花玉兰、白兰、火力楠、海南蒲桃、白千层等。

## 二、植物色彩设计原则

（一）体现以人为本

色彩作为人的第一视觉要素，公众对森林景观的感知，最先从色彩开始。不同色调的高速公路生态景观林带会使人产生不同的生理和心理感受。因此，在植被色彩设计的时候，首先要建立与人相适应的色彩景观空间，满足公众的心理需求。

（二）凸显地域文化

每一个国家，每一座城市或乡村都有自己的色彩，而这些色彩对一个国家和文化本体的建立做出了强有力的贡献。因此，在高速公路生态景观林带设计的过程中，更应凸显地域文化，从传统色彩设计的角度去研究历史的、地域的文脉，以使其更好地传承与发扬。

（三）符合审美要求

色彩本身并没有美丑之分，更在于之间的搭配。因此在色彩设计的过程中，既要注重植物色彩互相之间的搭配，也要重视植物色彩与环境之间的搭配。前者要遵循色彩基本美学规律，后者要充分考虑森林景观与不同的自然景观以及人工景观色彩间的搭配关系。

（四）寻求变化统一

变化统一是构成和谐色彩的重要法则，即必须使各部分的色彩在统一的同时又有节奏的变化。在具体设计过程中，既要考虑不同色彩的综合运用、彰显主题，又要运用变化同一的思维是森林景观要素的色彩设计统一于包括水体、农田、城市等的整体，避免不同层面之间的色彩出现孤立和分割的情况。

### 三、植物色彩设计的实现途径

#### （一）植物色彩的表达媒介

植物色彩的表达媒介有植物的叶、枝、花、果等，其中以绿色的叶最为常见，因此在高速公路生态景观林带色彩设计中，紧紧抓住植物色彩的三个基本属性，即色相、明度、纯度，巧妙运用植物色彩使用和搭配的基本规律，以绿色为基调色，以色彩繁复的枝、花、果等缤纷色彩为主题色，构成主题鲜明、表现各异的植物景观（表6-11）。

**表 6-11　植物色彩的表达媒介**

| 序号 | 表达媒介 | 表达方式 | 代表性植物 |
|---|---|---|---|
| 1 | 叶色 | 叶色是植被景观色彩中所占比重最大的色彩要素，可以形成大面积的效果。绝大多数植物的叶色为绿色，且又深浅不一、明暗不同；有些树种的叶色会随着季节的变化而发生变化 | 枫香、山乌桕、变叶木 |
| 2 | 花色 | 花色作为主题色虽然具有季节性且持续时间较短，但是观赏效果极佳。木本植物开花时赏心悦目、气氛浓烈，可以说是营造视觉焦点的极好材料 | 大红花、千年桐、黧蒴 |
| 3 | 果色 | 植物果色以红色等纯度较高的色彩居多，果实累累、色泽艳丽、馥郁芬芳、形状奇异等具有极高的观赏性 | 海桐、假苹婆、土沉香 |
| 4 | 枝色 | 不同色彩的植物枝干配合植物整体造型，能够营造出别具一格的靓丽风景 | 鸡蛋花、红瑞木 |

#### （二）植物色彩的空间层次设计

在空间层次上主要通过色彩对比、色彩调和、色彩调节等方法，对不同的植物色彩进行镶嵌，以达到最美的大尺度森林景观效果。

（1）色彩对比。主要是抓住不同植物所具有的色彩在色相、明度和纯度，三个方面存在差异，再加上不同色彩面积大小的调节，采用色相对比、明度对比、纯度对比和面积对比四种方式营造出层次感明显的森林景观。

（2）色彩调和。强调植物色彩的色相、明度、纯度三要素之间的和谐统一，在设计中，要做到有一个或两个要素具有同一性，否者森林景观色彩搭配难以调和，会不可避免给人心理上带来一种突兀感。

（3）色彩调节。针对植物色彩的色相、明度、纯度三要素的调节，运用色彩调节可以提升景观气氛和识别性，降低公众的生理和心理疲劳感（俞孔坚，2002）。

#### （三）植物色彩的时间序列配置

不同植物的物候时间格局是不同的，颜色也不一样，生理生态特征和形态学特征（花、果、叶、干、根）也不一样。林带的景观建设，主要应该应用群落的时间格局规律，构建五彩的景观（彭少麟，2012）。除了枝干外，大部分具有斑斓色彩的植物的花、叶、果均具有一定的季节性，从时间序列进行植物色彩配置，就是要充分考虑不同植物的生物学特性，综合考虑时间、色彩、表达媒介等要素

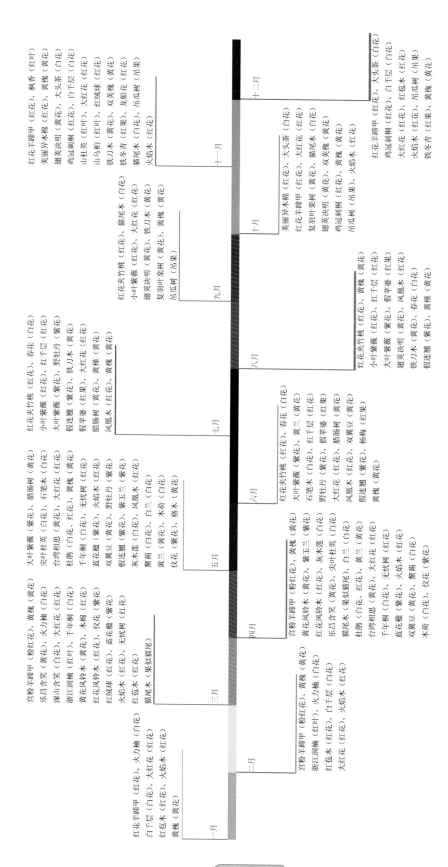

图 6-14　植物色彩时间序列图

进行色彩设计，尽量做到在不同季节均有景可赏（图 6-14）。

## 四、不同主色调生态景观林带植物配置及效果展望

### （一）红色调生态景观林带植物配置及效果

1 号生态景观林带（广深高速）北起广州市黄村立交，南至深圳市皇岗口岸，途经广州市、东莞市和深圳市，全长约 105 km。设计以火焰木、木棉、凤凰木等红色调树种为主题树种，基调树种选择樟树、深山含笑、红锥等生态功能稳定、适应性较强的常绿阔叶树种，搭配红杜鹃、龙船花、大红花等灌木。凤凰木树冠高大，花期花红叶绿，满树如火，富丽堂皇，"叶如飞凰之羽，花若丹凤之冠"（图 6-15）。

图 6-15　广深高速生态景观林带植物配置及效果

10 号生态景观林带（惠河梅汕高速）由"惠河高速""河梅高速"和"梅汕高速"以及"天汕高速梅州段"组成，途经惠州市、河源市、梅州市、揭阳市、潮州市和汕头市，全长约 435 km。惠河段以美丽异木棉为主题树种，基调树种搭配以罗浮槭 *Acer fabri*、木荷、火力楠、山杜英、山乌桕等，营造以粉红色为主色调的森林景观。木棉树形高大，雄壮魁梧，枝干舒展，花红如血，硕大如杯，远观好似一团团在枝头尽情燃烧、欢快跳跃的火苗。河梅段以枫香为主题树种，基调树种搭配以樟树、火力楠、木荷、山杜英、杨梅等，形成红叶为主调的森林生态景观。梅州境内以红梅为主题树种，以阴香、木荷、山杜英、樟树、红锥、深山含笑、杨梅、中华楠等为基调树种，形成独具亚热带特色的森林景观。每年 11 月，美丽异木棉花开时，枝叶茂盛、满枝繁花灿若桃花，粉色的花瓣配上淡黄色的花蕊相得益彰。枫香秋季日夜温差变大后叶变红、紫、橙红等，增添秋色，显得格外美丽，陆游即有"数树丹枫映苍桧"的诗句，亦有杜牧的"停车坐爱枫林晚，霜叶红于二月花"的名句。梅花是中华民族的精神象征，象征着坚韧不拔、百折不挠、奋勇当先、自强不息的精神品质（图 6-16）。

13 号生态景观林带（广乐高速）北起韶关市乐昌市坪石镇，南至广州市花都

图 6-16　惠河梅汕高速生态景观林带植物配置及效果

区花山镇，途径韶关市、清远市和广州市，全长约 271 km。以宫粉紫荆为主题树种，搭配樟树、中华楠、木荷、山乌桕、杨梅、中华锥等基调树种，营建以暖色系为主色调，春可观花、秋可观果的具有浓郁特色的森林景观。樱花代表壮烈、纯洁、高尚，在很多人心目中是美丽、漂亮和浪漫的象征。樱花花色幽香艳丽，为早春重要的观花树种，盛开时节花繁艳丽，满树烂漫，如云似霞，极为壮观。大片栽植形成"花海"景观（图 6-17）。

图 6-17　广乐高速生态景观林带植物配置及效果

（二）黄色调生态景观林带植物配置及效果

3 号生态景观林带（广惠深汕高速）由广惠高速、深汕高速和汕汾高速等路段组成，西起广州市萝岗区萝岗互通，东至汕头市海湾大桥，途经广州市、惠州市、汕尾市、揭阳市、汕头市，全长约 384 km。以复羽叶栾树为主题树种，基调树种选择黄槐、火力楠、中华楠、木荷、米老排、山杜英、大叶相思、黎蒴、枫香和台湾相思等生态功能稳定、抗逆性强的阔叶树种，搭配夹竹桃、春花、野牡丹、翅荚决明等花色灌木，营造景观优美、生态防护的绿色屏障。复羽叶栾树春季嫩叶多呈红色，夏叶羽状浓绿色，秋叶鲜黄色，国庆前后花黄满树，蔚为壮观。花开过后，其蒴果的膜质果皮膨大如小灯笼，鲜红色，成串挂在枝顶，十分美丽（图6-18）。

**图6-18　广惠深汕高速生态景观林带植物配置及效果**

14号生态景观林带（西部沿海高速）东起中山市，西至阳东县新洲镇，途经中山市、珠海市、江门市和阳江市，全长约176 km。以仪花、铁刀木和黄槐等黄色调的主题树种，基调树种选择阴香、乐昌含笑、木荷、红锥、枫香、潺槁树、火力楠、木荷、杨梅、山杜英、鸭脚木、樟树和黄桐等，形成多树种、多色彩的森林景观，展现人与自然和谐相处的新景象。仪花主要产于高要、茂名、五华等地，树姿雄伟，花多，花色美丽，开放时在绿色的映衬下一片紫红，十分浪漫（图6-19）。

**图6-19　广清高速生态景观林带植物配置及效果**

### （三）紫色调生态景观林带植物配置及效果

7 号生态景观林带（广河高速）起点于广州龙眼洞春岗立交，终点接 G25 长深高速（原惠河高速）博罗石坝路段，最后进入河源市源城区埔前镇，途径广州市、惠州市和河源市，全长约 156 km。以大叶紫薇为主题树种，基调树种选择阴香、火力楠、木荷、罗浮栲（Castanopsis fabri）、米老排、假苹婆、红锥、山杜英、乐昌含笑等阔叶树种，沿线植物景观以具有紫色、红色季相变化的植物品种为主体，主色调表现出一种柔美与坚韧，寓意惊世骇俗的勤奋、吃苦耐劳的精神，充满着生命力和说服力。大叶紫薇花色华丽，树姿飘逸，叶片质感平滑，每到冬天转为红色或暗红色的叶子禁不住寒冷而落叶纷纷，初春萌芽，给南国人们以季相变化，夏季开花，为夏季代表花之一，花在枝条顶成串朝上绽开，花朵满布枝头，总让人惊艳不已，大型优雅的紫花宛若扬翅飞舞的风蝶围绕枝头不肯离去（图 6-20）。

**图 6-20　二广高速生态景观林带植物配置及效果**

### （四）白色调生态景观林带植物配置及效果

6 号生态景观林带（广清清连高速）南起广州市白云区，北至连州市大路边镇，由广清高速和清连高速组成，途经广州市和清远市，全长约 252 km。以深山含笑和火力楠等为主题树种，基调树种选择山乌桕、枫香、阴香、杨梅、鸭脚木、樟树、木荷等生态功能稳定的阔叶树种，运用具季相变化、林冠线变化的植物品种，营造白色调森林景观，构建有浓郁乡土特色的森林意象和意境，烘托出前卫、冷静、专注的文化创意氛围。含笑属树种种类较多，多为常绿乔木或灌木，树形、叶形俱美，花朵香气浓郁，喜温暖湿润的气候条件，是南方优良的造林树种。孤植、列植和丛植均甚适宜，特别是在城郊营造风景林或防护林。

# 第四节 特殊立地造林技术

高速公路、铁路沿线具有一些比较特殊的立地，比如：取土场和采石场，它们不具备一般的造林条件，需要经过特殊的处理才能造林成功；隧道口也是一种比较特殊的立地，是重要的路域景观，其绿化在满足行车功能的需要和视觉要求下，必须具有独特的地方特色；低效桉树林改造，不仅具有林分改造的技术难度，而且，林地的使用权也是错综复杂。下面将这几种特殊的立地处理技术作简介。

## 一、取土场造林技术

对坡度在45°以下的取土场可采用常规造林，对坡度在45°以上的取土场，欲使其恢复到绿化条件，一般需采取削坡开级、土地平整和综合护坡等几种方法进行处理（雷学东等，2009）。

### （一）削坡开级

对于在荒坡上及基岩山坡地的取土场，在取土结束后，可对其进行阶梯削坡开级处理。根据当地降雨及径流情况，每级平台宽度不小于2m，平台成1%~2%的倒坡，以防止上方来水直接下泄，同时将平台设置成弓背形，沿平台内侧边缘设横向排水沟，将平台汇水导入取土场两侧的周边排水沟内。由于平台集水量较少，横向排水沟断面尺寸可采用30cm×30cm矩形设计。土质边坡坡度不大于1∶0.5，石质边坡不大于1∶0.3，第一级平台的宽度根据取土场的宽度和取土量而定。

### （二）土地平整

取土场取土完毕以后，及时对取土场进行平整、覆土，为植被恢复提供条件。首先根据地块大小和平整程度进行合理规划，沿等高线方向标示地埂线，并分块将各单元的平地和边坡初步整平并夯实；对整平夯实后的土地采用整体薄层覆土和局部深层覆土2种方式进行覆土，即对于取土场各级平台进行全面均匀覆土用以种草，覆土的厚度一般为30cm；植穴规格一般为40cm×40cm×30cm。

### （三）综合护坡

对于取土场开级形成的坡面，需采用综合防护工程进行防护。取土场的土质挖方边坡，坡脚采用干砌石护脚，坡面采用挂网植草或采用攀缘植物覆盖边坡。对于石质边坡，若坡面为坚硬的岩石层，可不进行防护，只需在坡角种植攀缘植物。草类种子可选择狗牙根 *Cynodon dactylon*、白喜草 *Paspalum natatu* 和香根草 *Vetiveria zizanioides* 等，灌木种子可以选择牧豆 *Prosopis juliflora*、银合欢 *Leucaena leucocephala* 和山毛豆 *Tephrosia candida* 等。

## 二、采石场造林技术

根据采石场的地理位置、周边环境及其自然特点，采用土建工程和植物合理配置的综合整治方法，一般可采取以下几种措施：

### （一）台阶式

采用多排孔定向爆破形成阶梯平台，平台高差一般在10m左右，平台宽5～8m。外砌毛石挡土墙，高度80～150cm，客土60～130cm。种植攀爬植物在台阶边缘上攀下垂，如爬山虎、青龙藤等，在台阶上选择浅根系、耐贫瘠的榕树、簕仔树作为主题乔木，再配合种植夹竹桃、大红花、簕杜鹃等作为景观植物，地表种植红毛草、类芦等固土草本。

### （二）槽板式

在石壁上人工安装种植槽，营造一个可存放土壤的空间，为植物的生长提供必要的生长环境。槽板的材质和规格因情况而定，在壁面高差每3m建一排板槽，在壁上以45°角打钻一排20～50cm的孔，预制板插入加注混泥土，槽内置优质生长基质，种植攀沿藤本爬山虎或大红花等灌木。

### （三）燕巢式

利用石壁微凹地形或破碎裂隙发育环境创造植物生存的环境，回填种植土，种植小灌木或爬藤植物，有些洞穴较深的地方可以种植榕树、构树和台湾相思等植物。

### （四）喷播覆盖式

在不太陡的边坡面上，营造一个既能让植物生长发育而种植基质又不被冲刷的多孔稳定结构，利用特制喷混机械将土壤、肥料、有机质、保水材料、植物种子、水泥等混合干料加水后喷射到岩面上。植物种子的种类可选高羊茅或白三叶。

## 三、隧道口造林技术

隧道口景观绿化处理要依山就势，突出表现区域特色融入现代建筑设计手法，突出不同角度的视觉效果，达到神与形的统一（王晓乾等，2006）。隧道口绿化主要包括隧道口边坡、仰坡的绿化和洞前区域绿化两个方面。

### （一）边坡及仰坡稳定处理

根据边坡及仰坡稳定性的特征，选择合理有效的工程措施，对于容易深层失稳的边坡、仰坡，要采取一定的工程措施进行加固后再绿化，对于绿化后的边坡、仰坡要做浅层稳定性分析，并采取相应的稳定措施。

### （二）隧道口边坡及仰坡绿化

仰坡绿化设计是难点，国内已建的高速公路有很多对于仰坡只进行了类似于喷射混凝土的圬工防护，很少进行绿化设计。仰坡绿化设计的关键在于植物的选择要与周围环境相融合，并尽量结合工程防护，确保绿化的长期性。边坡的绿化设计基本等同于一般路基段的边坡绿化，需要注意的是，要协调与洞口、仰坡绿化、洞前绿化的关系，使四者融为一体。

### （三）洞前区域绿化

洞前区域绿化设计主要针对于分离式隧道而言，分离式隧道洞前的区域面积一般很大，良好的景观设计能够把隧道与周围的环境融为一体，并且可以给司乘人员以美的享受，针对高速公路的具体自然环境，可以在洞前区域绿化设计中加入一些区域特有的物种造型，以给予区域标识。

## 四、低效桉树林改造技术

广东省的高速公路、铁路绿化景观带，分布着数量不少的低效桉树林，这部分桉树林除了能产生较大的经济效益外，其生态效益和社会效益都比较低。桉树林改造的难点主要有两方面，一方面是桉树林地的使用权，另一方面是桉树伐根的处理技术。

### （一）林地使用权赎回

各地政府应将高速公路、铁路铁丝网两侧 20 ～ 30m 宽的低效桉树林赎买，并逐步改造成以乡土阔叶树为主的阔叶混交林，然后，重新调整为生态公益林，并在 30 ～ 50 年内禁止主伐，确保生态景观林带功能持续发挥。

### （二）桉树伐根处理技术

桉树伐根处理干净与否，是新造树种生长好坏甚至成败的关健，因为桉树具有很强萌生力，同时，根系非常发达，抢水抢肥能力很强，不予处理其萌条会很快把新造树种遮荫，造林施肥更会促使萌条的生长，挤占新造树种的生存空间，因而必须高度重视。处理的最优方案是把桉树伐根挖除，但是，这种方法费工费力。目前，主要可采用柴油或废机油抹伐根的方法，即在桉树伐倒后（伐根应尽量贴近地面），然后用柴油或废机油涂抹树头（特别树皮的形成层部位），以破坏其形成层，达到杜绝萌芽力；或用黑色塑料薄膜把树头包扎后用土覆盖，使其无法萌生，对天然下种的小苗也要及时清理。

# 第五节　植物群落设计技术

## 一、小群落定义

小群落的形成与群落中小生境的变化和植物本身的繁殖、传播和定居的特点有密切联系，它的存在完全从属于整个群落，如果群落发生局部的变化，其中的一些小群落也将发生相应的变化；群落本身的发展也会导致新的小群落的出现（王献溥，1963）。在森林群落中详细划分小群落，并确定其分布界线，绘出水平分布图，将会帮助深刻认识群落中各层植物之间的相互关系。郑松发（1996）认为，在一个天然植物群落中的一个或几个部位以任何方式人工引入新的植物种群，使这些部位发育为其他部位特征明显不同的小型植物有机组合，这种小型的植物有机组合便成为半人工小群落。郭泺（2006）认为，在城市区域内森林植被各种群落空间复合体可以理解为小群落，其缀块生境虽然相隔一定距离，但具有同一系统的特征，其整体作用可影响区域内一定范围的外界环境，同时也受制于环境，从而形成独特的缀块生境和不同的群聚群落，即不同的小群落。笔者认为：小群落（micro-community）是指在群落内按水平小生境划分的，面积为几十平方厘米到几百平方米的边界清晰的小斑块，在种类组成和外貌上与其所在的群落有显著差异，但仍脱离不了整个群落的影响，还不是一个独立的群落，它们的形成和存在是由其所在的群落所决定的，是整个群落的一部分。

小群落受环境因子的不均匀性的影响，如小地形和微地形的变化，土壤湿度和盐渍化程度的差异，群落内部环境的不一致，动物活动以及人类的影响，植物种的生物学特性、种间的相互关系以及群落环境的差异等，导致植物群落的配置状况或水平格局分布不均匀，从而形成具有镶嵌性结构的群落。在任何植物群落中，各层植物的分布都不是很均匀的，由于种类成分多种多样、它们的生长、发育、繁殖和传播的不同、群落所在地小环境的变化、动物和人为生产活动的影响等，常可以观察到明显的镶嵌现象。群落的水平结构主要表现特征是镶嵌性（牛翠娟，2015）。镶嵌性表明植物种类在水平方向上的不均匀配置，它使群落在外形上表现为斑块相间的现象，具有这种特征的群落叫做镶嵌群落。在镶嵌群落中，每一个斑块就是一个小群落，小群落由一定的种类成分和生活型组成，它们是整个群落的一小部分。例如，在森林中，林下阴暗的地点有一些植物种类形成小型组合，而在林下较明亮的地点是另外一些植物种类形成的组合，上述小型的植物组合就是小群落。

此外，基于恢复生态学的视角，由于城市化进程不断加速，珠三角地区的地带性植被南亚热带季风常绿阔叶林被破坏严重，在城市森林缀块生境上残存的森林，遗留的"森林"符合小群落的界定，均生存在充满缀块性的或破碎化的城市景观中，林地在空间上是孤岛式的聚集分布，实质上已形成为特殊的森林"小群落"。例如，残存于珠三角地区乡村的风水林已成为区域性植被的小群落（廖宇红，2008）。

而在生态景观林带建设实践中，通过人为选择合适的树种，不同的树种组合搭配，并按照一定的混交方式进行种植，在林下形成颇具人工特色的森林"小群落"。小群落在植被地段上的分布，总的特征是随机的、分散的、局部地带具有均匀分布特点，个别地带还呈现聚集状态。受到破坏的羊草草原，在恢复其原生植被的群落演替过程中，羊草常形成明显的圆形小群落，星罗棋布镶嵌在草本层中，圆形小群落随着时间的推移面积不断的扩展（王振堂，1985）。星罗棋布的事实表明羊草小群落具有一定的分布格局。小群落呈圆形表明其扩展过程遵循着一定的规律。

　　综上所述，可以认为，小群落的概念无论在理论上和实践上都有很大的意义。首先详尽地分析群落中的小群落的形成、发展及其相互关系以后，便能更深刻地认识各个种在群落中的作用以及整个群落的结构，给予分析群落的演替方向提供可靠的根据。明确了小群落的概念，并把它和整个群落的概念加以区别，对于进一步拟定植被基本分类单位—群丛的概念具有特别重要的意义，因为这可避免只根据个别特征把群丛划得过多过细，造成繁琐的分类，而能真正按照群落中的种类组成、结构特点、演替关系、生境特点以及植物与环境相互关系等这些关键性的特征来进行植被分类。此外，小群落是不能脱离整个植物群落单独存在的，它只是群落的镶嵌结构部分（图 6-21）。如果它离开了整个群落，它将要消失而形成新的植物群落或其中的小群落。

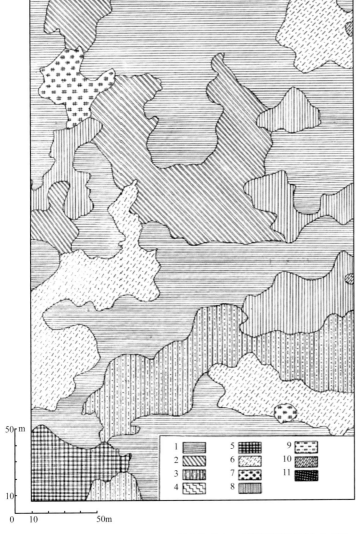

1　云杉（0.8）—草酸酢酱草—舞鹤草
2　云杉（0.6～0.8）—林奈鳞毛蕨＋草酸酢酱草
3　云杉（0.8）—柔毛囊草＋冬绿草
4　云杉（0.5）—黑果乌饭—草酸酢酱草＋苔藓
5　小叶椴（0.8）—柔毛苔藓＋冬绿草
6　小叶椴（0.3～0.4）—灌木＋幼树—草酸酢酱草＋舞鹤草—苔藓
7　小叶椴（0.3～0.4）—林奈鳞毛蕨＋毛茛—苔藓
8　灌木＋幼树—草酸酢酱草＋舞鹤草—苔藓
9　云杉幼树
10　山柳菊＋白剪股颖—毛茛—苔藓
11　大鳞毛蕨＋白剪股颖—苔藓

**图 6-21　群落镶嵌结构图**

羊草种群以有性繁殖的种子靠自然力被动撒播，最大限度地侵入群落恢复地段，将相对无限大的空间分割为具有一定小面积的有限空间（王振堂，1985）。在这个有限空间单元上开始进行无性繁殖过程，形成羊草小群落，在小群落内通过分蘖植株的主动扩散，使种群在有限时间内实现恢复其优势地位（图6-22）。

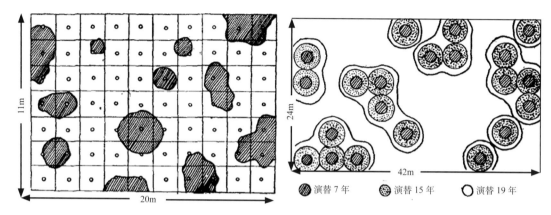

图 6-22　羊草群落形成图

## 二、设计方法

小群落混交设计方法（简称 MCD 法）（microcommunity combination design）是以种群空间分布格局、物种种间关联度、物种生态位和恢复生态学等理论为基础，以地带性森林群落为参照系，根据维护城市生态安全和提升城市森林景观需求，采取树种筛选、群落组合、混交设计、主题策划等方法，结合以提高成活率和确保景观效果为目的所采取的相关辅助工程，形成"近自然"森林景观的过程（图6-23）。此方法适用于生态景观林带建设工程。

小群落混交设计方法是指根据自然森林群落结构特征，采用"乔木＋灌木＋草本"的方式，人为地进行树种的组合配置，形成多树种、多形式、多类型的人工林分群落。小群落具有一定的灵活性和稳定性。小群落受环境因子的不均匀性的影响，如小地形和微地形的变化，土壤湿度和盐渍化程度的差异，群落内部环境的不一致，动物活动以及人类的影响，植物种的生物学特性、种间的相互关系以及群落环境的差异等，导致植物群落的配置状况或水平格局分布不均匀，从而形成具有镶嵌性结构的群落。在镶嵌群落中，每一个斑块就是一个小群落，小群落由一定的种类成分和生活型组成，它们是整个群落的一小部分。简言之就是："小群落1"＋"小群落2"＋…＋"群落n"。在生态景观林带营建中，首先要对区域地带性森林群落的垂直结构、水平结构和时间结构要有充分的了解，确保选择的树种及组合能够适应当地的自然地理条件，做到"适地适树"。同时，识别该段生态景观林带的森林功能需求，如生态需求（水土保持、水源涵养、沿海防护）

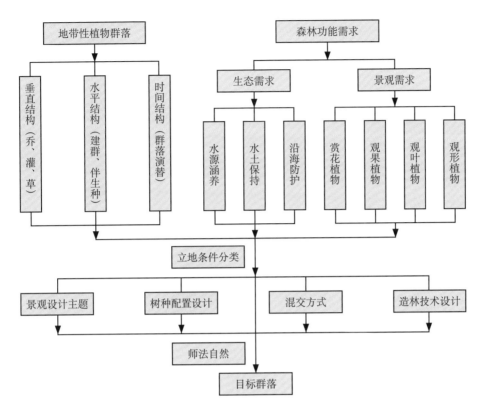

**图 6-23　植物群落设计方法图**

和景观需求（赏花、观叶、观果、观形等）。在上述基础上，结合具体的立地条件，人为地进行树种的组合配置、色彩设计，策划相应的景观主题（杨沅志，2014）。最后，选择自然式块状混交、自然式株间混交、规则式行间混交、规则式带状混交和混合式混交等具体的混交方式，配套具体的造林技术，培育主题突出、生态稳定的森林景观小群落。

# 第六节　"5S"模块化设计技术

模块化是将系统科学技术引入到标准化领域所形成的标准化方法，即以一定范围内系统的总功能为对象，以功能分析为基础，经层层分解建立功能体系，通过功能的不同组合形成不同系统的全过程的一种标准化方法（孟青峰，2012）。模块化设计主要是在对一定范围内的不同功能（或相同功能不同性能、不同规格）的产品进行功能分析的基础上，划分并设计出一系列功能模块，通过模块的选择和组合构成不同的产品，以满足市场不同需求的设计方法（赵海河，1990；郑刚强，2014）。

生态景观林带建设工程施工水平模块化设计，是以模块化设计思想为指导，在对工程建设内容进行分析的基础上，设计一系列的工程模块（包括通用模块和专用模块），通过工程模块的选择与组合，以满足社会对林业日趋多样化的需求，充分体现了系统化、标准化、组合化和通用化的特点。通用模块可以满足林业建设工程的基本要求，各类型工程可以根据需要选择必要的专用模块。对具体的生态建设工程而言，先进行工程需求分析及模块功能分析，随后选择、确定模块，再进行模块组合，在反馈评价之后进行林业建设工程综合设计（图6-24、图6-25）。

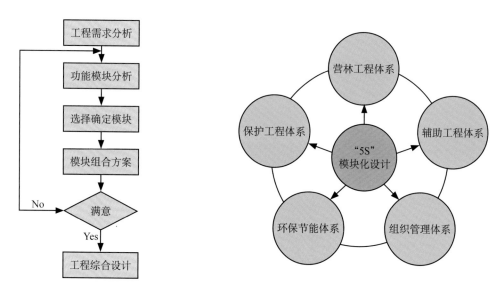

图 6-24　模块化设计流程图　　　　图 6-25　模块设计示意图

本研究采用模块化设计，将系统科学技术引入到生态景观林带作业设计标准化领域所形成的标准化方法（表6-12）。生态景观林带整个建设工程由生态安全的营林工程模块、配套良好的辅助工程模块、持续承载的保护工程模块、集约利用的环保节能模块和高效运行的组织管理模块构成，模块之间具有相对的独立性，但是模块之间又具有一定的互换性和通用性。

表 6-12　模块化设计体系

| 模块名称 | 子模块 | 备注 |
|---|---|---|
| 营林工程体系 | 树种选择 | 通用模块 |
|  | 树种配置 | 通用模块 |
|  | 混交方式 | 通用模块 |
|  | 种植技术 | 通用模块 |
|  | 抚育管理 | 通用模块 |

（续）

| 模块名称 | 子模块 | 备注 |
|---|---|---|
| 辅助工程体系 | 苗木支撑 | 专用模块 |
| | 营林作业道设计 | 专用模块 |
| | 给水工程设计 | 专用模块 |
| | 排水工程设计 | 专用模块 |
| 保护工程体系 | 森林防火 | 通用模块 |
| | 森林病虫害防治 | 通用模块 |
| | 生物多样性保护 | 通用模块 |
| 环保节能体系 | 环保技术 | 专用模块 |
| | 节能技术 | 专用模块 |
| 组织管理体系 | 质量管理 | 通用模块 |
| | 资金管理 | 通用模块 |
| | 施工组织 | 通用模块 |
| | 工序管理 | 通用模块 |
| | 工期管理 | 通用模块 |
| 种苗工程体系 | 种质资源库 | 专用模块 |
| | 母树林 | 专用模块 |
| | 采种林 | 专用模块 |
| | 良种示范林 | 专用模块 |
| | 苗木繁育基地 | 专用模块 |
| 科研推广体系 | 科技推广中心 | 专用模块 |
| | 生态监测站 | 专用模块 |
| 其他工程体系 | | 专用模块 |

## 一、营林工程设计

### （一）设计范围

设计范围包括交通主干道隔离网范围内绿化用地、隔离网外侧 20～50 m 范围用地以及两侧 1km 可视范围的林地；江河两岸 1km 可视范围的林地；沿海潮间带滩涂、基干林带用地和沿海第一重山地；以及在生态景观林带建设范围内的景观节点。

### （二）外业调查

1. 资料收集

（1）基础资料：收集当地的社会经济发展、土地利用、国土绿化、林业发展、重点生态工程建设及林业中长期规划等资料；近期的森林资源分布图和分辨率较高的卫星遥感数据。

（2）设计底图：交通主干道隔离网范围内和两侧林带绿化设计使用 1：500 或 1：2000 地形图或道路施工图；其他山地造林使用 1：10000 地形图。

2．设计单元确定

踏查确定作业设计单元，编绘总平面图。作业设计单元在图纸上的最小成图面积为 2 mm×2mm。作业设计单元面积求算精度达到 98% 以上。

3．现状调查

对作业设计单元的地理位置、地形地势、土壤条件、植被状况、林地林权等情况进行专题调查。

（三）内业设计

1．设计内容

根据全省生态景观林带建设规划、实施方案、总体设计等规划设计文件及作业小班调查情况，做出如下设计：林地清理方式、整地时间、方式与规格，造林密度、株行距及走向（视立地坡度、坡位情况应有所区别），苗木数量、来源、规格及其处置与运输要求，基肥种类与单位（每穴）用量、施用方式、栽植时间及植苗注意事项等，采取编制造林模式的方式。

2．苗需求量计算

根据设计初植密度（株行距）及造林小班（作业区）面积计算出需苗量，并落实苗木来源。要求每个小班优良无性系不能少于 5 个，按星状配置。

3．工程量统计

根据工程项目涉及的相关技术经济指标，计算林地清理、整地挖穴的数量，肥料、农药等所需的物资数量，辅助工程项目（如林区公路、作业林道、排灌设施、管护棚、护林点等）的数量与相应物资、材料的需求量，以及车辆、农机具等设备的数量与台班数。

4．用工量测算

根据造林地面积、辅助工程数量及其相关的劳动定额，计算用工量，结合施工安排测算所需人员与劳力。

5．施工进度安排

根据季节、苗木、劳力、组织状况做出施工进度安排。

6．经费预算

苗木费用按需苗量、苗木市场价、运输费用测算。物资、劳力以当地市场平均价计算。

（四）施工图设计

造林作业设计图要能满足发包、承包、施工、工程监理、结算、竣工验收、造林核查的需要。图种包括作业设计总平面图、造林小班设计图、造林图式和辅助工程单项设计图 3 类。

1．作业设计总平面图

作业设计总平面图一般以 A4 或 A3 幅面的县域平面图为基本图，将造林作业区以醒目的颜色标示到该图上。

2．造林小班设计图

造林小班设计图采用 1：10000 地形图或罗盘仪实测图为底图（缺 1：10000 地形图的区域采用罗盘仪实测图），图面标明造林小班边界、小班面积、辅助工程的布设位置。造林小班设计图统一采用 A3 幅面。罗盘仪实测图的比例尺可根据造林小班面积大小确定，面积越小，比例尺越大；面积越大，比例尺越少。

道路绿化及两侧林带建设的比例尺为 1：500 或 1：2000。图纸包括：设计说明、工程量表、总平面接图、植物种植图、辅助工程施工图等。

3．造林图式

包括整地样式图（平面图、立面图）和栽植配置图（平面图、立面图）。图式可以采用电脑制作和手绘。

4．辅助工程单项设计图

按照相关国家标准、行业标准绘制单项设计图。

## 二、辅助工程设计

### （一）苗木支撑设计

生态景观林带绿化景观带需要用大量的大规格苗木（Ⅰ、Ⅱ、Ⅲ苗木）造林，为防风吹倒苗木影响苗木成活率，设计过程中选用竹竿对假植苗进行支撑固定。具体做法是：每株苗木用长度 1.5 ~ 2.2m、尾径大于 4cm 的 2 ~ 3 根毛竹扶固，确保苗木不倾斜、不扶倒，在距离地面 120cm（大规格苗木要求另定）处将 3 根毛竹用麻绳捆扎（图 6-26）。

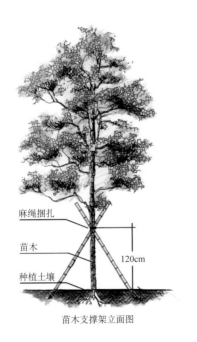
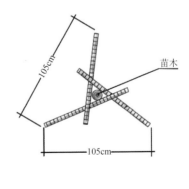

苗木支撑架立面图　　　　苗木支撑架平面图

**图 6-26　苗木支撑立面图**

## （二）营林作业道设计

为方便苗木、肥料等造林物资的运送和工程的养护、抚育管理，原则上每个小班均需修筑贯通小班的营林道，设计标准宽 1.0m 的土路（坡度控制以方便人力材料运送为标准）（图 6-27）。

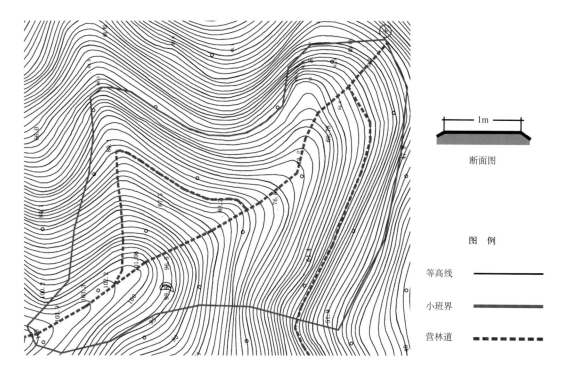

**图 6-27　营林作业道设计示意图**

## （三）给水工程设计

对部分远离水源或山高坡陡，不宜人工就近取水浇淋的小班，需要在山上修筑蓄水池，蓄水池的设计标准：池长 4m，池宽 2m，池深 < 1.5m，容积 12m³，水池为下沉式，水池内的五面用毛石砂浆砌筑，墙厚 30cm，内面水泥砂浆批档，水泥封面，池面用钢筋水泥预制板覆盖。

## （四）排水工程设计

排水沟设置于小班下为农田、水库等对环境较敏感的地块，或小班属严重水土流失地块。沟内两侧、底面及弃土面需铺草皮，并用竹钉固定，草皮间应紧贴。

排水沟应在挖穴施工前完毕。浆砌片石护缘带设置于隧道口上方或石质护坡第一、二级间平台等土层较薄或土质贫瘠需培客土且需护缘的地段。要求护缘带襟边 B ≥ 1m，基底应夯实。护缘带顶面用 M10 水泥砂浆抹面，外露面用 M10 水泥砂浆勾凹缝，每 8m 设伸缩缝一道，缝宽 1cm，内填沥青麻絮。

### 三、保护工程设计

#### (一) 森林防火设计

##### 1. 蓄水池设计

对部分远离水源或山高坡陡，不宜人工就近取水浇淋的小班，在山上修筑蓄水池，收集天然雨水，一方面可以给苗木浇灌，另一方面也可以作为重要的森林消防基础设施。

##### 2. 消防栓设计

平地型营林小班一般位于公路附近，布置一定规模的消防栓，一方面可给苗木浇灌，另一方面可用于森林防火扑救。

##### 3. 森林消防警示牌设计

为加强宣传教育，提高市民和施工队的防火意识，可在主要路口设置森林消防警示牌。

##### 4. 生物防火林带

在种植阶段可适当将木荷、杨梅、大头茶等防火树种种植在山脊线和山脚，形成生物防火阻隔网络体系，提高森林自身抗火灾能力。

#### (二) 森林病虫害防治设计

##### 1. 薇甘菊防治

薇甘菊 *Mikania micrantha*，属菊科假泽兰属植物，多年生草质或稍木质藤本。薇甘菊原产于中美洲，现已广泛传播到亚洲热带地区和太平洋上的一些岛屿地区。薇甘菊于 1919 年从我国香港传入，1984 年在深圳发现其分布，目前在珠江三角洲和广东沿海地区分布极广，并有进一步发展趋势（昝启杰，2000；王伯荪，2003）。薇甘菊是一种具有超强繁殖能力的喜欢攀缘的藤本植物，攀上灌木和乔木后，能迅速形成整株覆盖之势，使植物因光合作用受到破坏窒息而死，薇甘菊也可通过产生异株克生物质来抑制其他植物的生长。对 6 ～ 8 m 以下天然次生林、人工速生林、经济林、风景林的大多数树种，尤其对一些郁闭度小的次生林、生态景观林带的危害最为严重，可造成成片树木枯萎死亡而形成灾害性后果。国家环境保护总局和中国科学院将薇甘菊列入第一批外来入侵物种发布名单、中国 100 种主要外来入侵物种之一（徐海根，2004）。薇甘菊抑制了被其缠绕和覆盖的植物的正常生长，严重影响生态环境及农、林、果业生产，造成生态灾害和经济损失（李鸣光，2012）。防治薇甘菊应根据薇甘菊的特性及所能支配的防治资源，综合考虑、统筹安排，客观评估各种防治措施的特点和适用性以及防治策略的制定。

(1) 物理防治：物理防治的有效性与拟清除的面积、清除的频率、采用的方法及所要达到的目标密切相关。种植阶段，对现有林木和灌木清理的过程中，采用物理手段清除营林小班内薇甘菊，防止其对幼树造成破坏。抚育阶段，及时清理小班内重新萌发的薇甘菊。物理清除后妥善处理植物残株，杜绝其成为新的传播源。由于薇甘菊属于高繁殖力的有害植物，容易再次生长蔓延，需要年年防治，因此物理防治对薇甘菊防治作用甚微，在实际施工中应以化学防治为主。

（2）化学防治：化学防治是指用化学除草剂杀灭或控制薇甘菊，该法使用方便，见效快，是薇甘菊规模化除治的重要技术组成部分，在我国受害区域广泛应用，深圳地区已大面积使用此法近10年。目前，森草净（嘧磺隆）已作为化学防除薇甘菊的首选除莠剂，是迄今为止唯一进行大面积化学防除薇甘菊取得良好效果的实践（梁启英，2006）。用森草净化学防除薇甘菊的技术方法基本成熟，主要包括以下关键技术（表6-13）：

①施药量：根据薇甘菊的生长时间、覆盖厚度及面积等生境类型来确定施药量。用药量范围为 0.05 ～ 0.1 $g/m^2$（即每公顷 500 ～ 1000g 的用量，每 $100m^2$ 用量为 5 ～ 10g 的 70% 嘧磺隆粉剂）。如果薇甘菊生长时间短（3年以下）、覆盖较薄（10cm以内），一般用低限量；如果薇甘菊生长时间长（5年以上）、覆盖较厚（20cm以上），一般用高限量；一般情况可以用平均药量，即每 $100m^2$ 用 7 ～ 8g 70% 嘧磺隆粉剂。

②施药：施药时保持喷雾器的喷头上有雾状，对不同类型群落采用不同喷药方法。一是非定向喷雾法：对几乎没有其他植物生长的大面积薇甘菊区域，采用高浓度限量（即 $10g/100m^2$），采用非定向施药法，对茎和叶面喷洒，直到薇甘菊的茎或叶片有水流淌为标准。二是定向喷雾法：对薇甘菊覆盖其他植物或与其他植物混合生长在一起的区域，采用只对薇甘菊的茎叶定向喷药方法。对于被薇甘菊攀援的灌木和乔木，在攀缘树干离地面 50cm 以上的约为 30cm 宽的薇甘菊茎部内均匀喷洒药液至刚好开始流淌为止。三是根部施药法：对薇甘菊攀上高大乔木或

表6-13 生境类型、用药量及预期防除效果表

| 生境类型 | 生境特征 | 最佳用药量（g/m²） | 喷药方法 | 杀灭率（%） | 备注 |
|---|---|---|---|---|---|
| 1 | 薇甘菊大面积覆盖灌草丛3年生以上，覆盖度大于50%、杂草高50cm以上 | 0.10 | 非定向喷雾法 | ＞90 | 喷药2次，相隔8～12个月 |
| 2 | 薇甘菊大面积覆盖灌草丛2年以下，覆盖度50%以下、杂草高50cm以下 | 0.05 | 定向喷雾法 | ＞90 | 喷药2次，相隔8～12个月 |
| 3 | 一般灌木丛，薇甘菊生长约2年以下 | 0.05 | 定向喷雾法 | ＞95 | 均匀喷药1次 |
| 4 | 一般灌木林，薇甘菊生长约3年以上 | 0.10 | 定向喷雾法 | ＞90 | 喷药2次，相隔8～12个月 |
| 5 | 一般灌木林，薇甘菊生长约2年以下，覆盖度小于50% | 0.05 | 定向喷雾法 | ＞98 | 均匀喷药1次 |
| 6 | 高度在4m以上的乔木林，被薇甘菊覆盖 | 0.05 | 根部施药法 | ＞98 | 均匀喷药1次 |
| 7 | 高度在4m以下的乔木林，被薇甘菊覆盖 | 0.05 | 定向喷雾法 | ＞95 | 均匀喷药1次 |
| 8 | 湿润或潮湿生境中薇甘菊 | 0.20 | 非定向喷雾法 | ＞75 | 喷药2次，相隔4～8个月 |

注：薇甘菊的年龄以其茎的粗细和颜色来估断，2年以下的茎较细且为绿色，2年以上的茎较粗，颜色为褐色或木质色。

灌木的树冠层，可以在地面寻找薇甘菊的地面茎和根，对其根和地面老茎进行喷药来回 3 次喷洒，直到茎上有药液流淌为止，也可以对其根部的土壤喷药，直到土壤表面湿润为止。

施药次数：选择使用工农 -16 型背负式喷雾机可达到既防除薇甘菊又对生态环境影响最小，且工作效率较高的效果。施药次数通常为 3 次，第 1 次普遍喷药，第 2 次对前 1 次漏喷的区域补喷，第 3 次对前 2 次用药量不够或漏掉部分再次补喷，达到全面杀灭。

2. 白蚁防治

积极探索和开发无公害的防治技术和低毒高效少污染的防治药物，加大林木白蚁生物防治的研究力度，制定重点防治和全面防治的科学防治方法，防止白蚁的迁移和扩散，并长期跟踪监测和查漏补治。

(1) 营林施工环节监控：

①严把苗木质量关，对苗木进行防蚁预处理。树木迁移的过程，往往无意中携带白蚁，使之蔓延危害，因此要加强植物检疫，禁止使用带有蚁害的苗木进行造林。在移栽树木时，要注意把残留白蚁彻底处理后，再种植。用 0.32 kg 的 40% 的毒死蜱（Dursban TC）乳剂，加水 5 kg 搅拌均匀，然后加入酸性黄泥 4 kg，钙镁磷肥 3.5 kg，充分搅拌成浆状流体，制成含量为 1% 的毒死蜱药液泥浆。将苗木茎基 5 cm 以下和根部浸入药液泥浆中 15 分钟，然后取出栽植，在造林后的半年内有显著的防白蚁效果（傅碧峰，2001）。

②灌根保苗。用 40% 毒死蜱乳剂 200 倍稀释液在造林时灌根或植苗后每株灌入药液 0.2 ~ 0.3 kg，可收到良好的保苗效果。苗木栽植时，用呋喃丹颗粒剂施入种植穴内，每穴施入 10 g，与土拌匀，再栽植幼苗。

③避免机械损伤树木。伤口是白蚁主要的入侵口。因此在栽植施工中，避免机械损伤苗木，对已形成的伤口应涂刷防蚁药剂后再涂水柏油等防护。

④推广穴状整地，大窝栽植。进行横向带状整地，尽量保留原生植被，使白蚁有充足食料，减少对新造林的危害。在整地前，投放白蚁诱杀毒饵，投放点选在泥被、泥线、蚁道及分飞孔附近。可以作为毒饵杀灭白蚁的成分有：氟虫胺、氟铃脲、除虫脲和伏蚁腙等，其中，以氟虫胺（finitron）为主要成分配制的诱杀包防治白蚁是一种省工省时且效果明显的方法，符合环保要求。

⑤营造带状或块状的阔叶混交林。混交林能增强林木对外界一切不良环境的抗性，亦能增强森林本身的保护性，这样的森林环境，有利于天敌的孳生繁衍，从而控制林区白蚁的生长繁殖。

⑥适时进行抚育。根据林木的生长发育进程，适时开展卫生采伐，对容易产生病虫害或感染病虫以及受机械损伤的枯立木、病腐木进行处理。

(2) 采用科学的防治方法：

①诱杀法。在有白蚁危害的树木和树桩底下 50cm 左右处，埋放"诱集箱"，

内放松木块，在埋放前先将其内的松木块置入如白糖水、甘蔗渣等浸泡液中浸泡约2个小时，稍沥干再放置在树底下，后将诱集箱用报纸和泥土盖住，约20天后将诱集有白蚁的诱集箱内松木块依次喷施灭蚁药物"蚁清灵"，白蚁取食后相互传染中毒死亡。

②毒饵法。对黑翅土白蚁、黄翅大白蚁采用"毒饵法"。毒饵法是把灭蚁药物混合制成诱饵放在有黑翅土白蚁、黄翅大白蚁经常活动的地方，让白蚁取食毒饵后互相传染中毒死亡。

③见蚁施药法。对黄肢散白蚁和黑胸散白蚁则用"见蚁施药法"。黄肢散白蚁和黑胸散白蚁不筑大型巢，群体小，对树木危害性相对较小，灭治方法采取发现一处灭治一处。施药点要多，药量要少。

④监测防治。对已经采取"诱杀法""毒饵法"和"见蚁施药法"灭治的树木在施工后一个月逐一查看"诱集箱""毒饵"，查看白蚁诱集情况及施药后的白蚁灭治效果。如还发现白蚁，立即补放施药；对暂时未发现白蚁的树木，在树基周围设置白蚁"引诱桩"。该"引诱桩"具有监测和灭治功能，将"引诱桩"埋设在树木周围，内放白蚁喜食的诱饵，半个月左右打开"引诱桩"，观察是否有白蚁。如无白蚁继续监测。一旦发现白蚁立即投放有毒诱饵，达到灭治白蚁的目的。

### （三）生物多样性保护设计

总起来讲，生物多样性保护可分为2种途径：以物种为中心的途径和以生态系统为中心的途径（俞孔坚，1998）。前者强调濒危物种本身的保护，而后者则强调景观系统和自然地的整体保护，力图通过保护景观的多样性来实现生物多样性的保护。保护战略上的2种不同途径也体现在以生物保护为目的的景观规划设计中：以物种为出发点的的规划途径和以景观元素为出发点的的规划途径。尽管两者都考虑物种和生态基础设施的保护，但前者的规划过程是从物种到景观格局，而后者是从景观元素到景观格局。

#### 1. 基于以物种为中心的生物多样性保护设计

生物多样性保护设计的充分必要条件是选准保护对象，并对其习性、运动规律和所有相关信息有充分的了解。以此为基础来设计针对特定物种的生物多样性保护。一个整体优化的生物多样性保护设计是由多个以单一物种保护为对象的生物多样性保护最佳格局的叠加与谐调。设计要点如下。

（1）根据物种的重要性，选择目前的或潜在的保护对象：广东省天然分布的珍稀濒危植物共有40科61属75种（含4变种1亚种）。其中蕨类植物1科1属1种，裸子植物7科10属13种，被子植物32科50属61种；濒危12种，渐危41种，稀有22种（冯志坚，2002）。

保护物种多样性主要从以下三个方面着手：一是在植物选择和配置时，在满足生态功能和景观功能的前提下，可适当选择珍稀濒危植物；二是大力推广乡土阔叶树种，营造适宜珍稀濒危物种生存的小生境；三是在工程施工中，要注意对原生乡土阔叶树种大树和幼苗的保护。

（2）收集关于保护对象的信息，明确适合于每一保护对象的最佳生境，综合各单一物种保护设计方案：针对具有保护价值的物种，在查阅文献和相关科研成果的基础上，提出物种栽植和配置的初步方案，营建适宜于保护对象生存的最佳生境。根据具体物种在生态系统及群落中的地位，修改保护物种清单以取得保护的谐调与一致性，形成建设工程生物多样性保护设计总体方案。

2．基于以景观元素保护为出发点的生物多样性保护设计

基于以景观元素保护为出发点的生物多样性保护设计把生物空间等级系统作为一个整体对待，从景观水平，针对景观的整体特征如景观的连续性，异质性和景观的动态变化设计生物多样性保护方案。设计要点如下。

（1）生态过程和生物多样性成分包含在一个广泛的时空尺度上，因此，生物多样性保护设计应该以生物等级系统的各个层次的受胁成分或节点作为保护对象。强调节点的多样性，这些节点小到一棵孤树或一个森林斑块，大到国家公园和自然保护区。而对单一物种本身则不作深入考察。

（2）因为景观的破碎和分割被认为是威胁生物多样性的一个最重要因素，所以，规划强调景观的连结关系和格局设计。规划的目标是将每一景观中各种大小的节点连接成为整体的保护网络，并在区域和大陆尺度上建立基于景观的生物多样性保护体系。通过廊道的建设加强各节点之间的物种交流。

（3）景观及其保护必须从时空系统和动态的、飘移的嵌合体角度来认识和理解。所以，生物多样性保护的景观规划旨在维护嵌合体的稳定性，综合考虑保护及发展规划，以实现景观的可持续性。

## 四、环境保护及节能工程设计

### （一）新型环保保水剂应用

保水剂是一种人工合成的具有较强的吸水保水和释放能力的高分子聚合物，主要成分为聚丙烯酸盐和聚丙烯酰胺共聚体（史常青，2007）。其内部含有大量结构特异的强吸水性基团，能够迅速吸收比自身重数百倍的脱离子水，数十倍近百倍的含盐水分，可有效降低灌溉水（雨水）和肥力的深层渗透，提高水肥利用率，以满足植物的生长需要、促进植物根系生长发育（图6-28）。

保水剂施用后的几年内，保水剂能够在土壤中反复"吸收—蓄存—释放"供植物利用的水分。其主要作用如下：

（1）可蓄存自重150～400倍的水分，成倍提高土壤水分有效性，减少灌溉次数和灌水，省水、省工、省钱。

（2）可提高植物种植和移栽的存活率，使干旱季节和干旱地区、山区坡地和矿山迹地进行有效的景观绿化，加速生态恢复。

（3）减少绿地灌溉次数。吸纳场地过多雨水，防止积水、泥泞和病害，提高

1. 挖穴种植，方形或圆形，直径为根系土球的 2 倍。将挖出的土留少部分在一边，其余混合保水剂。

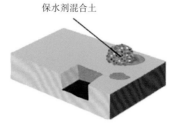

保水剂混合土

2. 将保水剂与挖出的大部分土混合均匀。

3. 种植穴底部回填部分保水剂混合土。

4. 将树木至于穴中，回填余下的混合土。根系土球顶部应比地面低 5cm。

5. 将先前放置一边的普通土作为覆盖物盖在表面，培土做好灌水用的贮水坑。

6. 浇透水。

**图 6-28 保水剂应用示意图**

场地的弹性、韧性、恢复力和自我修复能力，降低管护成本。

（4）保水剂能有效改良土壤结构，使黏土、沙土和渍水盐碱化土壤得以改良，促使土壤微生物发育良好，提高土壤有机物的周转利用率。

（5）使用保水剂能提高肥料施用效果，减少土壤养分流失 30%，保护地下水环境。

（6）保水剂用量少、施用简便。土体一般使用 1 ~ 3kg/m³。

保水剂在山地造林、园林绿化、基质喷播、草坪建植、苗木繁育、苗木移栽、苗木储运、种子包衣、旱地作物、无土栽培等方面得到成熟应用。在本工程中，Ⅰ级和Ⅱ级苗，每穴施保水剂 0.3kg，Ⅲ级苗每穴施保水剂 0.2kg，Ⅳ级、Ⅴ级和Ⅵ级苗不使用保水剂。

**（二）肥料使用标准化**

（1）肥料使用做到量化，避免出现施肥过多、肥料流失、污染土壤现象。

（2）施肥强调基肥施至穴的中下部，并与底土充分混匀。

（3）追肥要开浅沟，均匀施至沟内，然后用土覆盖，目的是防止肥料被雨水溶解后流失污染水源。

（三）林地清理生态化

（1）为了确保项目建设不会对环境带来负面影响，林地清理以块状清理为主，个别小班采用带状清理方式清理妨碍造林活动的杂灌（草）。

（2）将清除的杂灌（草）堆积在带间或种植穴间，让其自然腐烂分解。

（3）保留好山顶、山腰、山脚的原生植被。

（4）林地清理时，溪流两侧要视溪流大小、流量、横断面、河道的稳定性等情况，区划一定范围的保护区。

（5）保留块或带中乡土阔叶灌木或苗木，目的是防止水土流失和保护生物多样性。

（四）施工全程制度化

（1）在上岗之前对工人进行安全生产和森林防火宣传，提高每个施工人员对安全生产和森林防火重要意义的认识，防止安全事故的发生。

（2）限制在山上用火，禁止在山上随地吸烟，防止森林火灾的发生。

（3）在工地附近选择便于生活和施工的地点搭建工棚和临时设施，以利施工人员的生活管理和工具、材料的集中堆放。

（4）经常教育施工人员要注意工地周围的环境卫生。

（5）加强对施工队伍造林施工的技术指导，使每位员工均能按设计的技术要求进行各道工序的施工，尤其是在林地清理中所清除的杂草灌丛和伐木枝丫一定要整齐堆放在保留带上，并保护好原有天然阔叶树和保留带上的植被。

## 五、组织管理体系设计

（一）施工组织

1．施工准备

在进入施工前，项目建设主管单位须重视施工的组织管理工作，充分发挥市、区、街道相关部门的积极性，分工负责，职责分明。首先，科学合理地划分好工程招标标段，草拟好招标文本，委托招标代理机构，进行公开的招标工作。

2．工程招投标

实行公开、公平、公正的招标，为确保工程的施工质量，应严格设置好招标资格的门槛，严格检查认定施工单位的资质，按照国家规定的招标程序和方法，欢迎具备相应条件、资质的施工单位进行竞标，为预期工程质量打下基础。

3．设计技术交底

对施工单位的项目负责人与施工员进行培训，由设计方进行技术交底，充分理解设计的技术要求、关键技术环节、质量和工期要求，以便施工员指导工人的施工。

4．岗前培训与示范

施工单位的施工技术员要组织对参加工程施工工人上岗前的培训，使工人能基本理解工程施工的技术环节和施工技术要求，事前应先做好施工示范现场，除课堂上讲解外，带领施工工人到现场进行示范，让工人充分理解施工操作技术的质量要求，避免出现窝工、返工和延缓工期的情况。

5. 施工监理

施工实行全过程的工程监理，建设单位应公开招聘具有工程监理资质证书、技术力量强、信誉好、业绩好的监理单位，委托其对工程进行全过程监理。监理部门要根据施工程序加强监理和质量抽查工作，以确保林地清理、挖穴整地、肥料、苗木栽植等各环节的施工质量，做到旬有旬报，月有月报，阶段有阶段的监理报告。以便建设主管单位及时了解工程的质量和进度，解决施工中可能遇到的困难和问题。如施工单位有提出变更设计和补充设计的问题，监理单位必须首先调查核实情况，如确认有必要变更设计的，应征求原设计单位的意见后共同向建设主管单位报告，经审批后才能有效。

6. 阶段性验收与竣工验收

为及时掌握各阶段的施工质量或成效，应做好分阶段检查验收工作。阶段可分为栽植阶段、抚育阶段等，阶段检查验收主要由监理部门协同施工单位共同到现场实地检查，由监理单位编写阶段性检查验收报告和年度初步验收报告送建设主管单位，建设主管单位对报告进行抽查，评价报告的真实性、可靠性。

每期工程建设至最后一次抚育结束后，由建设主管单位，会同计划、财政、审计等部门和施工单位、监理单位、设计单位组成竣工验收组对项目进行竣工验收。

7. 信息档案管理

为做到对项目实行严格、规范、科学的管理与决策，保证项目建设的进度和质量，以及项目的正常运营，需要对项目各方面的信息以及与项目有关的外部信息进行汇总、分析和处理。为此，必须建立管理信息系统和相应的规章制度。

(二) 质量管理

1. 施工技术

科学技术是第一生产力，承建单位的技术力量与水平是关系到工程建设质量的重要因素。各标段的承建商应配备有一名具有高级技术职称、经验丰富的人员为项目技术负责人，或聘请具有相应职称资质的人员为项目技术高级顾问，以确保在技术上支持项目的高质量建设。

2. 苗木质量

本工程选用的树种多、苗木规格较高，因此，苗木质量是项目质量管理的关键环节。上山苗要从胸径、树高、冠幅三个方面控制，未达标准的苗木拒绝进场，而且为了栽植后能尽快恢复树冠，采用带冠栽植 [ 可以适当修剪次枝弱枝和剪叶 (保留叶片 1/3) 以减少水分的蒸腾，提高成活率 ]，禁止截杆栽植。

3. 肥料质量

根据全省土壤调查分析结果和之前的林分改造工程经验可知，采用挪威或俄罗斯进口的复合肥肥料的有效成分有保障，而且比其他产地的复合肥的效果明显的好。故一般选用的肥料产地为挪威或俄罗斯产复合肥、广西或贵州产的钙镁磷肥、国产尿素。

（三）资金管理

专人专账管理建设资金，专款专用，保证建设资金落到实处，并控制好预算资金的使用，保证能按施工进度和质量划拨款项，避免出现因建设资金未到位而造成停工的情况，影响施工进度与工期。

1. 项目准备阶段

主要从以下几个方面对项目准备阶段的资金进行有效管理：①加强施工图的审核工作，由技术部门负责审核图纸的设计范围、技术指标、相关标准等内容；由造价管理部门负责审核设计概算与施工图纸的一致性，设计概算与投资估算的协调性。②工程造价的预算采用工程量清单报价，对于工程的发包应采用工程量清单报价的方式，将工程成本市场化，增加竞争意识，合理分担风险，降低工程成本。③制定严密的合同条款，对可能发生的情况提前预计，涉及工程成本方面的细节一定要严谨，如工程取费标准、类别，主材、设备价格的认定方式、工程承包的范围、内容等均要在合同中明确规定。

2. 项目实施阶段

主要从以下几个方面对项目实施阶段的资金进行有效管理：①选择合理的施工方案，对中标的施工单位首先应对其施工组织设计及作业方案认真审核，在保证安全、质量的前提下，用最经济的方案，从而降低工程成本，减少工程变更和现场签证，加强投资控制。②加强苗木品种、质量、来源和市场价格变动的应对措施。③控制设计变更和现场经济签证，设计变更应尽量提前，变更发生得越早，损失越小，尽可能把设计变更控制在施工阶段初期，尤其对影响工程造价的重大设计变更，更要先比较各个方案的优劣，选择最经济适用的方法，使工程造价得到有效控制。④严格审核工程施工造价，根据计划进度和现场施工的实际进度，即时核定施工预算，对于实际有可能超出相应施工单位报价的部分，要加以详细分析，找出原因，调整或修正，对工程造价实施动态控制。

3. 竣工决算阶段

主要从以下几个方面对项目竣工决算阶段的资金进行有效管理：①审查工程外业资料和实地勘查相结合，根据建设工程设计资料和施工单位报送竣工资料，逐项进行全面丈量评估，图实核对及现场签证的必要性。②审查工程内业资料与合同文件相结合审检图纸、签证及有关会议文件等资料是否真实、完整、合理、合规。③审查本工程和其他同类项工程比较相结合，在维护加以双方签订合同的基础上，结合当地的实际情况，对工、料、机械台班定价进行核实。④审查工程预算和决算相结合。即将建设工程资金运行于建设工程预算执行有机结合起来，真正核实建设工程资金的来龙去脉。⑤审查工程决算与项目评价相结合。撰写审计报告，指出业主在经营管理方面存在的问题，督促业主积极采取措施，加强薄弱环节管理，进一步提高经营管理水平。

（四）工期管理

从以下三个方面保证整个工程按工作进度计划实施，确保整个建设工程按时、保质完成。

1．制定工程进度计划

工程进度计划是工程施工的晴雨表，它的完整、详细与否关系到整个项目实施的进程。因此认真检查计划的各个环节是项目前期准备工作的重要一环，通过认真仔细地检查计划的各个环节。有助于形成更为严密的计划保证系统，为项目的顺利完成打下坚实的基础。

2．确保施工任务书到位

项目部、施工队和作业班各负责人之间分别签订施工任务书。按计划明确规定责任工期，互相承担经济责任、权限范围及利益，或直接下达施工任务书；将工作下达到施工班组，明确具体任务、质量要求及技术措施等内容，确保施工队按计划完成规定地施工任务。

3．各方齐心协力实施计划

以计划全面交底的形式，使各有关人员都能明确计划的目标、任务实施的方案和技术措施，使各层次的工作人员互相协调一致。做好"战前"思想准备工作。将计划变成全体员工的自觉行动，发动员工的干劲和实创精神。

（1）将各项施工内容与施工措施编制成具体性的施工条文，并组织相关的施工技术人员、管理人员及实施人员进行相关的技术交底，确保工程在开工后的各项工作能顺利全面展开；

（2）建立施工管理档案，作好施工过程中的各项记录，并进行系统的分析和及时调整相关作业计划，确保在有效工期内尽可能多的完成施工任务；

（3）对编制好总体工期计划和分部分项施工进度计划要切实有效进行履行；

（4）合理配置相关的人员和资源，尽可能地发挥更大效应；

（5）建立一套有效的施工管理体制和一个稳定高效的施工现场管理机构，并确保各职能部门的功能正常发挥；

（6）采取周期当班自检制、周期复核制、月报综检制、单项验收制和整体核收制措施；

（7）项目工期采用"项目经理责任制"，有项目经理对整个项目工程的施工工期进行监控和调控；

（8）根据施工进度计划编制好的施工作业方式和衔接顺序，有序地组织各项工序的开工、实施及验收。

# 参考文献

安宁 . 1999. 色彩原理与色彩构成 [M]. 北京：中国美术学院出版社 .

陈传国，刘碧云 . 2012. 广东省生态景观林带绿化景观带造林技术 [J]. 广东林业科技，28(5):82-85.

陈珽 . 1987. 决策分析 [M]. 北京：科学出版社 .

陈振举，李文丽，张华宇，等 . 2006. 逼近理想解排序方法与园林规划树种选择 [J]，辽宁工程技术大学学报，(25) 增刊 :283-286.

冯志坚，李镇魁，李秉滔，等 . 2002. 广东省珍稀濒危植物和国家重点保护野生植物 [J]. 华南农业大学学报，(03):24-27.

傅碧峰，韦戈 . 2001. 林木白蚁的危害与防治 [J]. 广西林业科学，(02):90-91.

郭泺，夏北成，李楠，等 . 2006. 快速城市化过程中深圳森林小群落结构特征及其多样性研究 [J]. 林业科学，(5):68-74.

胡理乐，闫伯前，刘琪璟，等 . 2005. 南方丘陵人工林林下植物种间关系分析 [J]. 应用生态学报，(11):15-20.

李鸣光，鲁尔贝，郭强，等 . 2012. 入侵种薇甘菊防治措施及策略评估 [J]. 生态学报，(10):3240-3251.

梁启英，昝启杰，王勇军，等 . 2006. 薇甘菊综合防治技术 [J]. 中国森林病虫，(01):26-30.

廖宇红，陈红跃，王正，等 . 2008. 珠三角风水林植物群落研究及其在生态公益林建设中的应用价值 [J]. 亚热带资源与环境学报，(2):42-48.

雷学东，王薇 . 2009. 公路建设中取、弃土场水土流失防治措施探讨 [A]. 全国公路生态绿化理论与技术研讨会 [C].

孟青峰，王中原，杨志广 . 2012. 浅析钻井参数仪中模块化设计的有效方法 [J]. 中国新技术新产品，(04):156.

彭少麟 . 2012. 生态景观林带建设的主要生态学理论与应用 [J]. 广东林业科技，28(3):82-87.

彭少麟，周厚诚，郭少聪，等 . 1999. 鼎湖山地带性植被种间联结变化研究 [J]. 植物学报，(11):1239-1244.

史常青，王百田，贺康宁等 . 2007. 林用保水剂应用技术 [J]. 林业实用技术，(04):41-43.

肖智慧，吴焕忠，邓鉴锋，等 . 2011. 广东省生态景观林带植物选择指引 [M]. 北京：中国林业出版社 .

王伯荪，廖文波，昝启杰，等 . 2003. 薇甘菊 *Mikania micrantha* 在中国的传播 [J]. 中山大学学报 ( 自然科学版 ),(04):47-50.

王献溥 . 1963. 小群聚 ( 小群落 ) 的概念及其在研究针叶、落叶阔叶混交林结构时的应用 [J]. 植物生态学与地植物学丛刊 , 1(1-2):51-68.

王晓乾 , 于英梅 . 2006. 基于生态恢复的高速公路立交区及隧道口景观绿化设计 [J]. 交通标准化 , 152(4):142-144.

王振堂 , 祝廷成 . 1985. 羊草小群落扩散过程的初步分析 [J]. 生态学报 , 5(3):213-222.

徐海根 , 强胜 . 2004. 中国外来入侵物种编目 [M]. 北京 : 中国环境科学出版社 , 407-411.

杨沅志 , 陈传国 , 姜杰 . 2014. 高速公路生态景观林带色彩设计的探讨 [J]. 广东园林 , (5):9-12.

俞孔坚 . 2012. 景观的含义 [J]. 时代建筑 , (1):1-4.

俞孔坚 , 李迪华 , 段铁武 . 1998. 生物多样性保护的景观规划途径 [J]. 生物多样性 , (03):45-52.

昝启杰 , 王伯荪 , 王勇军 , 等 . 2000. 外来杂草薇甘菊的分布与危害 [J]. 生态学杂志 , 19(6):58-61 .

张方秋 , 李小川 , 潘文 , 等 . 2012. 广东生态景观树种栽培技术 [M]. 北京 : 中国林业出版社 .

赵海河 . 1990. 关于产品设计标准化问题的探讨 [J]. 机械工程师 , (03):45-46.

郑刚强 , 宋荣华 . 2014. 基于市场学原理的木塑产品模块化设计方法研究 [J]. 包装工程 , (14):24-27.

郑松发 , 郑德璋 , 廖宝文 , 等 . 1996. 红树植物半人工小群落的生态学研究——直接引进的乔木种群对原灌木群落及其种群的扰动效应 [J]. 林业科学研究 , (3):246-254.

# 第七章 推广应用与成效评价

## 第一节 推广应用

### 一、总体情况

自 2011 年 12 月 31 日，生态景观林带示范工程在广梧高速高要市白土镇段正式启动，拉开了全省生态景观林带建设的序幕。截至 2015 年年底，全省生态景观林带建设工程建设总长度 8705.1km，建设总面积 5.69 万 $hm^2$。分年度统计，2012年建设长度 2204.1km，建设面积 1.56 万 $hm^2$；2013 年建设长度 2178.4km，建设面积 1.45 万 $hm^2$；2014 年建设长度 2303.5km，建设面积 1.45 万 $hm^2$；2015 年建设长度 2019.0km，建设面积 1.23 万 $hm^2$（图 7-1、图 7-2）。

图 7-1　广东省生态景观林带建设长度分年度统计图

图 7-2　广东省生态景观林带建设面积分年度统计图

分区域统计，珠三角地区建设长度 2239.2km，建设面积 1.74 万 hm²；粤北地区建设长度 2838.5km，建设面积 1.65 万 hm²；粤东地区建设长度 1629.6km，建设面积 0.92 万 hm²；粤西地区建设长度 1997.8km，建设面积 1.38 万 hm²（图 7-3、图 7-4）。

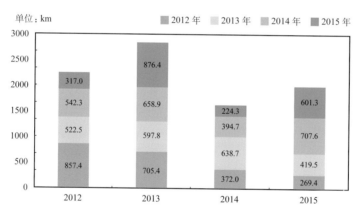

图 7-3　广东省生态景观林带建设长度分区域统计图

图 7-4　广东省生态景观林带建设面积分区域统计图

## 二、模式应用

按建设模式划分，M01 铁路红线范围内绿化林带模式建设面积 971.7hm$^2$、M02 铁路绿化景观林带模式建设面积 2390.9hm$^2$、M03 铁路两侧可视山体生态景观林带模式建设面积 8048.3hm$^2$、M04 高速公路中央分隔林带模式建设面积 1639.3hm$^2$、M05 高速公路互通立交绿化林带模式建设面积 2001.6hm$^2$、M06 高速公路绿化景观带模式建设面积 6858.0hm$^2$、M07 高速公路两侧可视山体生态景观林带模式建设面积 15125.2hm$^2$、M08 江河湿地生态景观林带模式建设面积 982.7hm$^2$、M09 江河护岸林带模式建设面积 1254.4hm$^2$、M10 江河两岸第一重山生态景观林带模式建设模式 6797.9hm$^2$、M11 低盐泥质海岸红树林生态景观林带模式建设面积 1695.6hm$^2$、M12 高盐泥质海岸红树林生态景观林带模式建设面积 2663.0hm$^2$、M13 沙质海岸基干林带模式建设面积 1162.3hm$^2$、M14 岩质海岸基干林带模式建设面积 501.8hm$^2$、M15 沿海第一重山防护林带模式建设面积 4777.0hm$^2$（表 7-1）。

### 表 7-1 各种模式应用面积统计表 (hm$^2$)

| 模式名称 | 小计 | 珠三角地区 | 粤北地区 | 粤东地区 | 粤西地区 |
|---|---|---|---|---|---|
| M01 铁路红线范围内绿化林带模式 | 971.7 | 386.0 | 317.7 | 106.7 | 161.3 |
| M02 铁路绿化景观林带模式 | 2390.9 | 779.3 | 642.0 | 435.0 | 534.6 |
| M03 铁路两侧可视山体生态景观林带模式 | 8048.3 | 2526.0 | 3572.7 | 761.7 | 1187.9 |
| M04 高速公路中央分隔林带模式 | 1639.3 | 559.3 | 451.0 | 215.0 | 414.0 |
| M05 高速公路互通立交绿化林带模式 | 2001.6 | 680.4 | 572.0 | 295.0 | 454.2 |
| M06 高速公路绿化景观带模式 | 6858.0 | 2432.7 | 2782.0 | 708.3 | 935.0 |
| M07 高速公路两侧可视山体生态景观林带模式 | 15125.2 | 3992.7 | 4978.6 | 2459.4 | 3694.5 |
| M08 江河湿地生态景观林带模式 | 982.7 | 312.7 | 305.3 | 109.7 | 255.0 |
| M09 江河护岸林带模式 | 1254.4 | 399.3 | 386.8 | 153.3 | 315.0 |
| M10 江河两岸第一重山生态景观林带模式 | 6797.9 | 2519.3 | 2512.7 | 698.0 | 1067.9 |
| M11 低盐泥质海岸红树林生态景观林带模式 | 1695.6 | 559.3 | 0 | 395.0 | 741.3 |
| M12 高盐泥质海岸红树林生态景观林带模式 | 2663.0 | 386.0 | 0 | 955.0 | 1322.0 |
| M13 沙质海岸基干林带模式 | 1162.3 | 359.3 | 0 | 261.7 | 541.3 |
| M14 岩质海岸基干林带模式 | 501.8 | 232.7 | 0 | 101.7 | 167.4 |
| M15 沿海第一重山防护林带模式 | 4777.0 | 1272.7 | 0 | 1523.0 | 1981.3 |
| 合　计 | 56869.7 | 17397.7 | 16520.8 | 9178.5 | 13772.7 |

### 三、主要特点

（1）从时间维度看，2012～2015年度，生态景观林带建设总长度和总面积均呈现总体下降趋势，这一特征与生态景观林带建设在时间上经历了全面建设和重点提升两个阶段的特征相吻合。前一阶段主要是在全省范围内快速推进生态景观林带建设，后一阶段主要针对重点地段、特殊地段，开展质量和景观精准提升（图7-5）。

（2）从空间维度看，粤北地区的建设长度居首位，珠三角地区的建设面积居首位，这一特征客观地反映了规划设计。规划阶段，针对粤北地区资源禀赋条件较好，故而规划建设长度较长，同时考虑到粤北地区以及东西两翼地区的经济基础条件与珠三角地区相比稍显落后，因此珠三角地区生态景观林带建设宽度基数为30m，其他三个区域的建设宽度基数为20m，所以虽然粤北地区的建设长度虽最长，珠三角地区的建设面积反而最大（图7-6）。

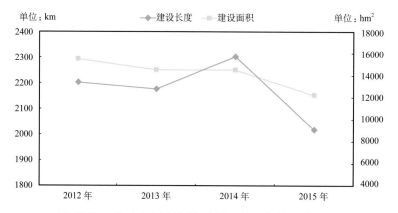

图 7-5　生态景观林带建设时间变化趋势图

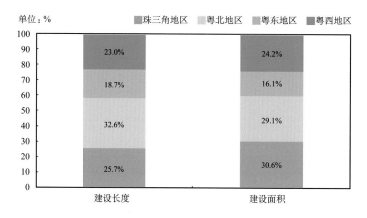

图 7-6　生态景观林带建设区域完成量占比图

（3）从建设模式看，高速公路、铁路生态景观林带类模式（含 M01～M07）建设面积最大（25624.1hm²），沿海生态景观林带类模式（含 M08～M10）建设面积次之（10799.7hm²），江河生态景观林带类模式（含 M11～M15）建设面积最小（9035.0hm²）。建设面积居前三位的模式分别为 M07（15125.2hm²）、M03（8048.3hm²）、M06（6858.0hm²），建设面积居末三位的模式分别是 M08（982.7hm²）、M01（971.7hm²）、M14（501.8hm²）（图 7-7）。从区域角度分析生态景观林带营建模式建设情况，珠三角地区建设面积较多的是 M07（3992.7 hm²）、M03（2526.0 hm²）、M10（2519.3 hm²）；粤北地区建设面积较多的是 M07（4978.6 hm²）、M03（3572.7 hm²）、M06（2782.0 hm²）；粤东地区建设面积较多的是 M07（2459.4 hm²）、M15（1523.0 hm²）、M12（955.0 hm²），粤西地区建设面积较多的是 M07（3694.5 hm²）、M15（1981.3 hm²）、M12（1322 hm²）。

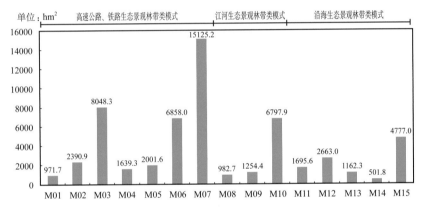

图 7-7　生态景观林带分模式建设面积统计图

# 第二节　生态效益评价

以层次分析法为主，结合文献检索、专家咨询等方法，构建科学的、可操作性的评价指标体系，从空间序列和实践序列两个视角，对全省和各市生态景观林带进行客观的、连续的生态效益评价，发挥评价结果对当前和以后生态景观林带建设的监测和预测功能，并为相关的宏观决策和经营管理提供参考和依据。

## 一、评价指标筛选

生态景观林带效益评价指标筛选的依据主要是参考《森林生态系统服务功能评价规范》（LY/T1721—2008）以及总结相关学者的研究成果，结合林业部门、林业院校的专家咨询结果，以及近年来生态景观林带的建设实践和管理经验。最终

### 表 7-2　生态景观林带生态效果评价指标一览表

| 目标层 (A) | 准则层 (B) | 指标层 (C) |
|---|---|---|
| 生态景观林带生态效益评价 | B1 资源状况 | C1 森林面积变化率 |
| | | C2 森林覆盖率变化率 |
| | | C3 林木保存率 |
| | | C4 活立木蓄积变化率 |
| | B2 生态效能 | C5 水源涵养 |
| | | C6 水土保持 |
| | | C7 吸收 $CO_2$ |
| | | C8 释放 $O_2$ |
| | | C9 净化空气 |
| | | C10 降低噪音 |
| | | C11 滞尘功能 |
| | | C12 生物多样性 |
| | B3 碳汇效能 | C13 生物量 |
| | | C14 碳储量 |
| | | C15 碳汇量 |

评价指标主要分为资源状况（B1）、生态效能（B2）和碳汇效能（B3）3 个准则层，15 个具体指标（表 7-2）。

### 二、评价指标权重确定

首先，建立目标层（A）、准则层（B）及指标层（C），采用 yaaph 层次分析法软件 [2] 结合专家咨询法，完成层次模型构造、判断矩阵生成、指标权重确定。

#### （一）构建准则层判断矩阵

设 B1、B2、B3 分别代表资源状况、生态效能、碳汇效能。采用 9 级数值标度法，算出各影响因子的权重。再将运算结果进行一致性检验，公式是 $CR=CI/RI$，经检验 $CR < 0.1$，表明通过一次性检验（表 7-3）。

---

2　yaahp(Yet Another AHP) 是一个层次分析法（AHP）软件，提供方便的层次模型构造、判断矩阵数据录入、排序权重计算以及计算数据导出等功能。yaahp 的设计目标是灵活易用的层次分析法软件，用户只需要具备初步的层次分析法知识，不需要理解层次分析法计算方面的各种细节，就可以使用层次分析法进行决策（http://www.yaahp.com/product/overview）。

### 表 7-3　准则层判断矩阵 A-B1-3

| A | B1 | B2 | B3 | Wi |
|---|---|---|---|---|
| B1 | 1 | 3 | 2 | 0.5247 |
| B2 | | 1 | 1/3 | 0.1415 |
| B3 | | | 1 | 0.3338 |

$\lambda_{max}$=3.0538　CR=0.0517

### （二）构建二级指标判断矩阵

采用同样方法进行，二级指标判断矩阵的构建，计算出相应权重（Wi），然后进行一次性检验（表 7-4 至表 7-6）。

### 表 7-4　指标层判断矩阵 B1-C1-4

| B1 | C1 | C2 | C3 | C4 | Wi |
|---|---|---|---|---|---|
| C1 | 1 | 3 | 3 | 3 | 0.4768 |
| C2 | | 1 | 1/2 | 3 | 0.1895 |
| C3 | | | 1 | 2 | 0.2262 |
| C4 | | | | 1 | 0.1075 |

$\lambda_{max}$=4.2191　CR=0.0821

### 表 7-5　指标层判断矩阵 B2-C5-12

| B2 | C5 | C6 | C7 | C8 | C9 | C10 | C11 | C12 | Wi |
|---|---|---|---|---|---|---|---|---|---|
| C5 | 1 | 1 | 1/2 | 1/2 | 1/2 | 1/3 | 1/3 | 1/2 | 0.0581 |
| C6 | | 1 | 1/2 | 1/2 | 1/2 | 1/2 | 1/2 | 1/2 | 0.0664 |
| C7 | | | 1 | 1 | 3 | 1/3 | 1/2 | 3 | 0.1454 |
| C8 | | | | 1 | 1/2 | 1/2 | 1/2 | 3 | 0.1155 |
| C9 | | | | | 1 | 1/2 | 1 | 3 | 0.1351 |
| C10 | | | | | | 1 | 3 | 3 | 0.2466 |
| C11 | | | | | | | 1 | 3 | 0.1614 |
| C12 | | | | | | | | 1 | 0.0715 |

$\lambda_{max}$=8.6270　CR=0.0635

### 表 7-6　指标层判断矩阵 B3-C13-15

| B1 | C13 | C14 | C15 | Wi |
|---|---|---|---|---|
| C13 | 1 | 3 | 1/2 | 0.3338 |
| C14 | | 1 | 1/3 | 0.1415 |
| C15 | | | 1 | 0.5247 |

$\lambda_{max}$=3.0538　CR=0.0517

（三）权重分布（表 7-7）

**表 7-7　生态景观林带生态效益评价指标体系权重分布**

| 目标层（A） | 准则层（B） | | 指标层（C） | |
|---|---|---|---|---|
| | 名称 | 权重值 | 名称 | 权重值 |
| 生态景观林带生态效果评价 | B1 资源状况 | 0.5247 | C1 森林面积变化率 | 0.2502 |
| | | | C2 森林覆盖率变化率 | 0.0994 |
| | | | C3 林木保存率 | 0.1187 |
| | | | C4 活立木蓄积变化率 | 0.0564 |
| | B2 生态效能 | 0.1415 | C5 水源涵养 | 0.0082 |
| | | | C6 水土保持 | 0.0094 |
| | | | C7 吸收 $CO_2$ | 0.0206 |
| | | | C8 释放 $O_2$ | 0.0163 |
| | | | C9 净化空气 | 0.0191 |
| | | | C10 降低噪音 | 0.0349 |
| | | | C11 滞尘功能 | 0.0228 |
| | | | C12 生物多样性 | 0.0102 |
| | B3 碳汇效能 | 0.3338 | C13 生物量 | 0.1114 |
| | | | C14 碳储量 | 0.0473 |
| | | | C15 碳汇量 | 0.1751 |

## 三、评价指标无量纲化处理

评价指标体系中的各个评价指标，由于其量纲、意义和表现形式以及对总目标的作用趋向各不相同，不具有可比性，必须对其进行无量纲化处理、消除指标量纲影响后才能计算综合评价结果。去掉指标量纲的过程，称为指标的无量纲化，它是指标综合的前提（刘锋等，2008；易平涛等，2009）。

无量纲化方法有很多种，从几何的角度可以归结为直线型无量纲化方法、折线型无量纲化方法、曲线型无量纲化方法 3 种。本书中采用直线型无量纲化方法中的阈值法。阈值也称作临界值，是衡量事物发展变化的一些特殊指标值，诸如极大值、极小值、满意值、不允许值等。阈值法是用指标实际值与阈值相比以得到指标评价值的无量纲化方法。该方法的影响评价因素包括 $x_i$、$\max x_i$、$\min x_i$，特点是评价值随指标增大而增大，指标最小值的评价值为 0，指标最大值的评价值为 1。

计算公式：

$$y_i = \frac{x_i - \min x_i}{\max x_i - \min x_i}$$

评价值范围：[0，1]。

## 四、目标层计算

为全面反映全省生态景观林带建设成效，采用加权综合评分的方式，对各评价指标进行加权求和，从而得到全省生态景观林带建设的综合评分。

其基本数学模型如下：

$$Y = \sum_{i=1}^{m} \left( \sum_{j=1}^{n} S_j \times Q_j \right) \times B_i$$

式中：$Y$ —— 总得分，即综合评分值；

$S_j$ —— 某指标的评分值；

$Q_j$ —— 该项指标在其所在准则层的权重；

$B_i$ —— 该准则层指标的权重。

## 五、评价结果

### （一）空间序列

1. 资源状况维度

根据评价指标设定，资源状况维度评价值与生态景观林带建设量和自身原有资源基础等指标相关，直接反映生态景观林带建设成果在实现"双增"目标以及国土绿化中的贡献大小。因此，从资源状况维度评价结果看，全省得分最高为汕头市（0.4847），最低为梅州市（0.0344），深圳、湛江、珠海等市在资源状况维度评价中排在全省前列（图 7-8）。

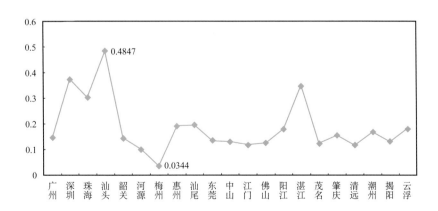

图 7-8 生态景观林带建设资源状况维度评价

## 2．生态效能维度

生态效能维度评价值反映其多种生态效益。从评价结果看，全省得分最高的是湛江市（0.1416），最低为东莞市（0.0032），云浮、惠州、汕头、梅州等市在生态效能维度评价中排在全省前列（图7-9）。

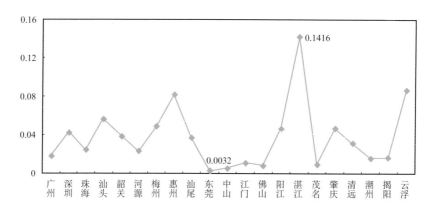

图 7-9　生态景观林带建设生态效能维度评价

## 3．碳汇效能维度

碳汇效能维度评价值反映其生态景观林带在节能减排中的作用。从评价结果看，全省得分最高的是湛江市（0.3337），最低为东莞市（0.0078），同样，云浮、惠州、汕头、梅州等市在碳汇效能维度评价中排在全省前列（图7-10）。

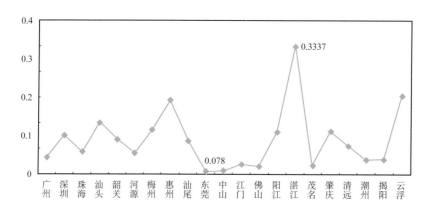

图 7-10　生态景观林带建设碳汇效能维度评价

## 4．综合评价

从综合评价结果看，各市综合评价得分与其生态景观林带建设量呈正相关关系。总体上看，全省生态景观林带生态效益评价指数居前三位的分别是：湛江（0.8241）、汕头（0.6758）、深圳（0.5171），居末三位的分别是：佛山（0.1531）、东莞（0.1455）、中山（0.1303），此外，云浮、惠州、珠海等市的综合评价值排在全省前列（图7-11）。

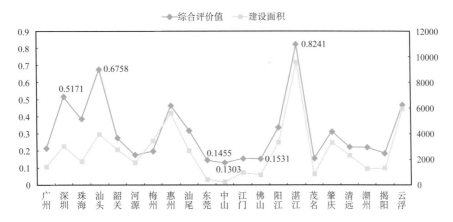

图 7-11 生态景观林带建设综合评价

## （二）时间序列

从评价结果看，评价值呈现逐年下降趋势，资源状况维度评价值由 2012 年的 0.4804，降低到 2015 年的 0.1187（图 7-12）；生态效能维度评价值由 2012 年的 0.1134 下降到 2015 年的 0.0433（图 7-13）；碳汇效能维度评价值由 2012 年的 0.2223

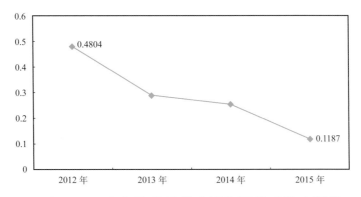

图 7-12 生态景观林带建设资源状况维度评价

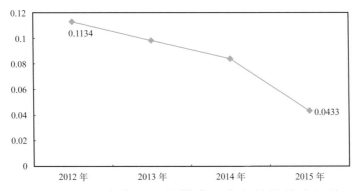

图 7-13 生态景观林带建设生态效能维度评价

下降到 2015 年 0.1114，但是最大值为 2013 年的 0.2336（图 7-14）；综合评价值由
2012 年的 0.8161 下降到 2015 年的 0.2734（图 7-15）。总体上可以得出，资源状况、
生态效能和碳汇效能 3 个维度的评价值和综合评价值，均呈现逐年下降的趋势，
这与逐年下降的生态景观林带建设量呈正相关关系。

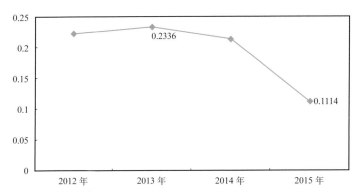

**图 7-14　生态景观林带建设碳汇效能维度评价**

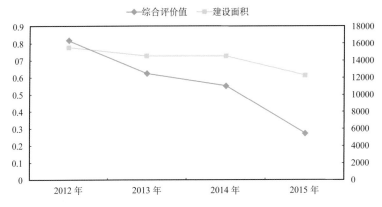

**图 7-15　生态景观林带建设综合评价**

# 第三节　景观效果评价

　　景观美学评价领域公认的建立有四大学派：专家学派、心理物理学派、认知学
派和经验学派，现阶段应用相对较多、最为成熟且众所周知的评价方法是心理物
理学派的美景度评价法（俞孔坚，1988；陈勇，2013）。同时考虑到生态景观林带
主要是要在主干道两侧、江河两岸和沿海岸线营建大尺度的景观带，森林外部观
赏价值较为重要。因此，采用美景度评价法对生态景观林带森林林外景观质量进
行评价。

## 一．评价因子筛选

按照形貌、色彩、线性和结构等 4 个基本构景要素，将林外近景观的指标筛选为 15 个景观美学评价因子，分别是：垂直结构（$x_1$）、可及度（$x_2$）、林木排列（$x_3$）、林下层统一度（$x_4$）、林下植被覆盖度（$x_5$）、色彩丰富度（$x_6$）、色彩明度（$x_7$）、生活型（$x_8$）、生长状况（$x_9$）、树干形态（$x_{10}$）、树冠层次（$x_{11}$）、树冠轮廓线（$x_{12}$）、树种丰富度（$x_{13}$）、郁闭度（$x_{14}$）、乔木平均胸径（$x_{15}$）。其中乔木平均胸径因子为定量指标，其余各因子为定性指标，定性指标的"值"称为类目，在评价中，定量的构景要素因子直接使用原始数据或统计量；定性的构景要素因子以类目的编号作为值（表 7-8）。

### 表 7-8　生态景观林带林外近景观构景要素分解表

| 构景要素因子 | 类目 | | |
| --- | --- | --- | --- |
| | 1 | 2 | 3 |
| 垂直结构（$x_1$） | 封闭 | 半开放 | 开放 |
| 可及度（$x_2$） | 低 | 中 | 高 |
| 林木排列（$x_3$） | 规则 | 随机 | |
| 林下层统一度（$x_4$） | 统一 | 较统一 | 不统一 |
| 林下植被覆盖度（$x_5$） | < 50% | 50% ~ 80% | > 80% |
| 色彩丰富度（$x_6$） | 较丰富 | 一般 | 近乎单一 |
| 色彩明度（$x_7$） | 高 | 中 | 低 |
| 生活型（$x_8$） | 乔草 | 乔灌 | 乔灌草 |
| 生长状况（$x_9$） | 好 | 中 | 差 |
| 树干形态（$x_{10}$） | 通直 | 一般 | 弯曲 |
| 树冠层次（$x_{11}$） | 一致 | 高低错落 | |
| 树冠轮廓线（$x_{12}$） | 无起伏 | 起伏不大 | 起伏较大 |
| 树种丰富度（$x_{13}$） | 1 ~ 2 种 | 3 种以上 | |
| 郁闭度（$x_{14}$） | < 50% | 50% ~ 80% | > 80% |
| 乔木平均胸径（$x_{15}$） | 观测值 | | |

## 二、景观照片获取

为如实反映森林景观的美学特征，同时为了使景观之间更具有可比性，拍摄工作遵循以下规范：①尽量选择明朗、能见度高的天气拍摄；②尽量在顺光条件下拍摄；③拍摄对象以一个坡面为主，避免过于复杂的地形变化；④尽量选择最能反映景观特色的时间进行拍摄；⑤拍摄过程中使用相同的相机和拍摄模式（陈鑫峰等，2003）。

在本研究中为了防止公众在评价时受个人、季节偏好的影响，所以对季节加以限制；考虑到夏季是公众对生态景观林带最为敏感的季节，所以本研究的所有照片均在夏季进行拍摄。派出四个外业调查组，于 2016 年 6 月 1 日至 8 月 10 日，选择天气晴朗或微云的日子，在 9：00 ～ 16：00 间拍摄，光圈不低于 8，焦距无限大，背光方向拍摄。此外，为了保证照片的统一，本研究所涉及的幻灯片全部采用横向拍摄的拍摄方式。

## 三、制作评估照片

对拍摄的照片进行选择，剔除拍摄质量差、内容重复的照片。对于选出来的照片，每个取样点随机选取一张，作为代表进行测评。将选出来的 53 张照片随机排列，然后分别插入 Power Point 文档中，制作"正式试验"幻灯片，并且在每张幻灯片的右下角给幻灯片编号。设置幻灯片自动放映的时间为 8s。

因为实验选择的大部分受测者都是首次接受测试，为了防止评估时受测者产生心理慌乱，同时也是为了让受测者熟悉评估过程与内容，本实验同时编制了一个"准备实验"幻灯片（PowerPoint 文档）。此文档由 53 张受测照片中选出的 8 张幻灯片组成，范围包括最好的、最差的、一般的景观。同样设置幻灯片的自动放映时间为 8s。

## 四、景观评价过程

### （一）编制评估问卷

问卷内容包括评估方法简要说明，受测者个人基本资料，包括性别、职业或专业、受教育程度、是否受过专业训练等资料。本次评价一律采用 7 分制打分。根据对每张照片的喜好程度，极喜欢打 3 分，很喜欢 2 分，喜欢 1 分，一般 0 分，不喜欢 -1 分，很不喜欢 -2 分，极不喜欢 -3 分。7 分制有利于对评判对象保持审美尺度的稳定性（表7-9）。

表 7-9　生态景观林带林外近景观美景度评价赋值表

| 喜好程度 | 极喜欢 | 很喜欢 | 喜欢 | 一般 | 不喜欢 | 很不喜欢 | 极不喜欢 |
|---|---|---|---|---|---|---|---|
| 对应分值 | 3 | 2 | 1 | 0 | -1 | -2 | -3 |

### （二）选择评估群体

参照周春玲等人（2006）的研究，本研究选择园林专家组、普通公众组、林学专业学生组与非林学专业学生组 4 个受测群体进行评估，每组受测人员不少于 30 人。

## （三）评估程序

以团体为单位在室内以幻灯片形式进行评估。评估时首先由主持人说明评估方法及进行程序，然后放映"准备实验"幻灯片，此时受测者对其中的幻灯片进行评值，目的在于了解即将进行的评估范围以及熟悉评估过程，以防止正式评估时受测者产生心理慌乱，影响评估结果的准确性。准备实验结束后稍作停顿，然后放映"正式实验"幻灯片，幻灯片按照设置的8秒间隔自动放映，供受测者进行评值。幻灯片不重复播放。

## （四）数据整理

评估结束后，对回收的问卷进行整理，剔除废卷，共回收有效问卷140份，其中专家组32份，社会公众组38份，林学专业学生组35份，非专业学生组35份。对每张幻灯片的原始得分值按照受测群体进行整理，并统计各分值次数（表7-10）。

### 表 7-10  受测群体组成

| 组别 | 受测者 | 人数 | 合计 |
|------|--------|------|------|
| 1 | 园林专家组 | 32 | |
| 2 | 社会公众组 | 38 | |
| 3 | 林学专业学生组 | 35 | 140 |
| 4 | 非林学专业学生组 | 35 | |

## （五）SBE 值计算

由于评价的结果受森林景观本身的特征以及评价人员的审美影响，因此需要对美景度值进行处理，本次采用传统的标准化处理方法，其公式为：

$$Z_{ij} = (R_{ij} - \overline{R_j}) / S_j$$

式中：$Z_{ij}$——第 $j$ 个评价者对第 $i$ 张照片的标准化得分值；

$R_{ij}$——第 $j$ 个评价者对第 $i$ 张照片的打分值；

$\overline{R_j}$——第 $j$ 个评价者对所有照片打分值的平均值；

$S_j$——第 $j$ 个评价者对所有照片打分值的标准差。

## （六）美景度影响因子分析

将各景观的标准化美景度值作为因变量，各景观的构景要素值作为自变量，用多元线性回归模型建模。在建模过程中，采用向后筛选策略模型（Backward），逐步去除不太重要的因子，最后把重要的因子保留下来，作为各景观模型的自变量。

## 五、评价结果

（一）不同专业、性别、学历和年龄的人群，对森林景观的美学感知能力一致

1．不同专业组别评判结果检验

本研究通过 K-S 检验，不同组别的概率分别为 0.748、0.693、0.608、0.629，均大于显著性水平 0.05，因此说明不同组别人群的判断能力一致（表 7-11）。

2．不同性别组别评判结果检验

不同性别组的概率分别是 0.582、0.363，均大于显著性水平 0.005，因此说明不同性别人群的判断能力一致（表 7-12）。

3．不同学历组别评判结果检验

不同学历组的概率分别是 0.546、0.456、0.731，均大于显著性水平 0.005，因此说明不同学历人群的判断能力一致（表 7-13）。

4．不同年龄组别评判结果检验

不同年龄组的概率分别是 0.710、0.526、0.708，均大于显著性水平 0.005，因此说明不同年龄人群的判断能力一致（表 7-14）。

### 表 7-11　不同组别美景度值的 K-S 检验结果

| 组别 | 正态分布参数 | | K-S Z 值 | 显著性概率（双侧检验） |
| --- | --- | --- | --- | --- |
| | 均值 | 标准差 | | |
| 园林专家组 | 0.000006 | 0.8977525 | 0.678 | 0.748 |
| 社会公众组 | −0.000002 | 0.8911878 | 0.711 | 0.693 |
| 林学专业学生组 | 0.000002 | 0.8847707 | 0.761 | 0.608 |
| 非林学专业学生组 | −0.000002 | 0.8750043 | 0.749 | 0.629 |

### 表 7-12　不同性别组美景度值的 K-S 检验结果

| 组别 | 正态分布参数 | | K-S Z 值 | 显著性概率（双侧检验） |
| --- | --- | --- | --- | --- |
| | 均值 | 标准差 | | |
| 男 | 0.126432 | 0.8186865 | 0.777 | 0.582 |
| 女 | −0.276847 | 0.8370747 | 0.922 | 0.363 |

### 表 7-13　不同学历组美景度值的 K-S 检验结果

| 组别 | 正态分布参数 | | K-S Z 值 | 显著性概率（双侧检验） |
| --- | --- | --- | --- | --- |
| | 均值 | 标准差 | | |
| 专科及以下 | −0.00467 | 0.843278 | 0.799 | 0.546 |
| 本科 | 0.25815 | 0.855053 | 0.856 | 0.456 |
| 硕士及以上 | 0.10156 | 0.835918 | 0.688 | 0.731 |

表 7-14　不同年龄组美景度值的 K-S 检验结果

| 组别 | 正态分布参数 | | K-S Z 值 | 显著性概率（双侧检验） |
| --- | --- | --- | --- | --- |
| | 均值 | 标准差 | | |
| 20 岁以下 | 0.004155 | 0.8894709 | 0.701 | 0.710 |
| 20 ～ 40 岁 | 0.127345 | 0.8099480 | 0.811 | 0.526 |
| 40 岁以上 | 0.002019 | 0.8938815 | 0.702 | 0.708 |

此外，许多学者认为不同人群的审美观点无显著性差异，如王海峰（2011）等证实专业与非专业群体的审美大体一致，宋力（2006）等测定学生组和公众组对于城市公园植物景观的审美评价也具有一致性。颜迎（2015）在对诸城城镇森林景观研究中，通过对比不同专业、知识背景、年龄阶段和性别的人群在森林美景度评判上同样没有显著差异。因此，根据上述检验结果结合相关学者的研究，可以综合认为不同类型、性别、学历、年龄的人群在森林审美态度上具有一致性，其评判结果能够反映森林美景度的实际情况。

（二）通过对 SBE 值可以分析得出其分值高低具有一定的规律性

53 张照片的 SBE 值如图 7-16，SBE 值越大表示景观越美。总体来说，共有 30 张照片 SBE 值为正数，其中 24 号照片 SBE 最大（1.4454）；23 张照片 SBE 值为负数，其中 43 号照片 SBE 最最小（−1.6917）。

SBE 值排在前 10 的照片分别是：24 号照片（1.4454）、21 号照片（1.4317）、1 号照片（1.3315）、25 号照片（1.1698）、29 号照片（1.1660）、27 号照片（1.1224）、53 号照片（1.0645）、22 号照片（0.9589）、26 号照片（0.9488）、16 号照片（0.9319）；SBE 值排在后 10 的照片分别是：12 号照片（−0.9843）、3 号照片（−1.0064）、52

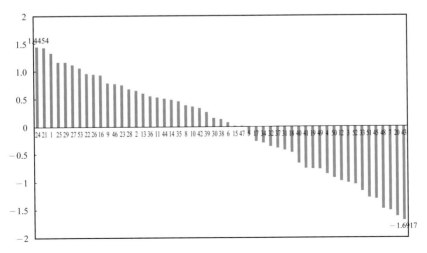

图 7-16　53 张照片 SBE 值

号照片（−1.0369）、33 号照片（−1.1591）、51 号照片（−1.2816）、45 号照片（−1.3001）、48 号照片（−1.4842）、7 号照片（−1.5134）、20 号照片（−1.6206）、43 号照片（−1.6917）（图 7-17）。

从 53 张照片 SBE 值排序可以看出以下主要规律：①色彩丰富，色泽较亮的景观林带更易于给人色彩美；②生活型为乔灌草搭配，树种丰富、生长状况好的景观林带更易于给人以自然美；③林木为成行成列的直线列植，树干形态通直，视觉上整齐划一，更易于给人以规则美；④树冠层次高低错落，树冠轮廓线起伏变化，更易于给人以壮阔美；⑤错落有致的植物配置与形态不一的公路在美学形态上相得益彰，更易于给人以烘托美。

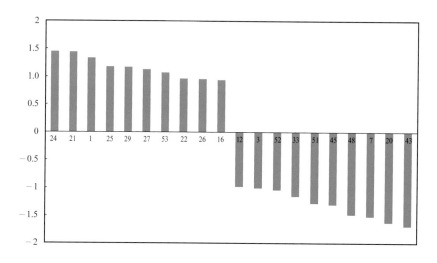

图 7-17　排序前十、后十的 20 张照片 SBE 值

**（三）色彩丰富度、色彩明度、生活型和生长状况是影响生态景观林带林外近景观质量的主要构景要素**

以全部评价者给予景观的 SBE 值为因变量（dependent variable），所有景观因子量化值作为自变量（independent variable），在 SPSS 软件中，做向后剔除（backward）回归分析。这种回归分析，可以将对生态景观林带美景度影响不大的因子依次排除，保留下来的变量（即因子），就是对生态景观林带美景度影响较大的因子。这些因子将成为以后的建模因子，计算的主要结果见表 7-15。

变量被排除的顺序，由先到后依次是：林木排列（$x_3$）、可及度（$x_2$）、乔木平均胸径（$x_{15}$）、树冠层次（$x_{11}$）、树种丰富度（$x_{13}$）、树干形态（$x_{10}$）、郁闭度（$x_{14}$）、林下层统一度（$x_4$）、垂直结构（$x_1$）、林下植被覆盖度（$x_5$）、树冠轮廓线（$x_{12}$）。

通过向后剔除回归分析结果表明，影响生态景观林带林外近景观质量的主要

表 7-15　向后剔除回归分析（全部评价者）

| 模型 | | 非标准化系数 | | 标准系数 | t | Sig. |
|---|---|---|---|---|---|---|
| | | B | 标准误差 | | | |
| 12 | （常量） | 1.902 | .212 | | 8.957 | .000 |
| | $X_6$ | − .346 | .103 | − .352 | − 3.362 | .002 |
| | $X_7$ | − .461 | .146 | − .378 | − 3.163 | .003 |
| | $X_8$ | .206 | .072 | .218 | 2.868 | .006 |
| | $X_9$ | − .584 | .146 | − .364 | − 3.995 | .000 |

a. 因变量：SBE

构景要素分别是：色彩丰富度（$x_6$）、色彩明度（$x_7$）、生活型（$x_8$）和生长状况（$x_9$）4 个因子。

（四）构建 SBE 预测模型

依据表 7-15 向后剔除回归分析结果（全部评价者），以筛选得到的对美景度影响较大的 4 个因子，即色彩丰富度（$x_6$）、色彩明度（$x_7$）、生活型（$x_8$）、生长状况（$x_9$），建立多元线性回归模型。

建立的模型为：$Y = 1.902 − 0.346x_6 − 0.461x_7 + 0.206x_8 − 0.584x_9$

式中：$Y$——生态景观林带 SBE 的评价预测得分；

　　　$x_6$——代表色彩丰富度；

　　　$x_7$——代表色彩明度；

　　　$x_8$——代表生活型；

　　　$x_9$——代表生长状况。

## 六、景观预测模型运用

在模型构建完成之后，在全省范围内选取 12 个点，按照前文所述景观照片获取的要求进行实景照片拍摄，每个点选取出一张照片（附录 B），然后运用模型进行预测评分（表 7-16）。

由于不同的人群在森林审美态度上具有一致性，因此从 140 人的评估群体中随机选出 20 人，按照色彩丰富度（$x_6$）、色彩明度（$x_7$）、生活型（$x_8$）、生长状况（$x_9$）共 4 个景观因子，对 12 张生态景观林带实景照片分别进行打分，然后计算出各因子的平均分值，再采用模型进行预测评分（表 7-17）。从评分结果排序情况看，色彩丰富、色彩明度较高，乔灌草相结合的生长良好的生态景观林带得分较高，也说明更能给人以美的感受。

### 表 7-16 评价照片相关情况一览表

| 照片编号 | 高速公路名称 | 高速公路编号 | 拍摄地点 |
|---|---|---|---|
| 1 | 长深高速 | 国家高速 G25 | 梅州市蕉岭县长潭镇 |
| 2 | 沈海高速 | 国家高速 G15 | 茂名市电白县观珠镇 |
| 3 | 沈海高速 | 国家高速 G15 | 潮州市湘桥区铁铺镇 |
| 4 | 二广高速 | 国家高速 G55 | 清远市连山县福堂镇 |
| 5 | 广澳高速 | 国家高速 G4W | 珠海市香洲区金鼎镇 |
| 6 | 广澳高速 | 国家高速 G4W | 中山市三角镇 |
| 7 | 机场高速 | 粤高速 S41 | 广州市花都区人和镇 |
| 8 | 长深高速 | 国家高速 G25 | 惠州市惠城区龙丰镇 |
| 9 | 广深高速 | 国家高速 G4 | 广州市增城区新塘镇 |
| 10 | 沈海高速 | 国家高速 G15 | 汕尾市海丰市潭西镇 |
| 11 | 广惠高速 | 粤高速 S21 | 惠州市惠东县白花镇 |
| 12 | 广河高速 | 粤高速 S2 | 广州市增城区中新镇 |

### 表 7-17 评价照片 SBE 预测值一览表

| 排序 | 照片编号 | 色彩丰富度 ($x_6$) | 色彩明度 ($x_7$) | 生活型 ($x_8$) | 生长状况 ($x_9$) | Y (SBE 预测值) |
|---|---|---|---|---|---|---|
| 1 | 7 | 1 | 1 | 3 | 1 | 1.129 |
| 2 | 10 | 2 | 1 | 1 | 1 | 0.371 |
| 3 | 9 | 2 | 2 | 3 | 1 | 0.322 |
| 4 | 3 | 3 | 1 | 1 | 1 | 0.025 |
| 5 | 12 | 1 | 1 | 3 | 3 | − 0.039 |
| 6 | 6 | 2 | 2 | 1 | 1 | − 0.09 |
| 7 | 5 | 2 | 1 | 1 | 2 | − 0.213 |
| 8 | 4 | 3 | 1 | 1 | 2 | − 0.559 |
| 9 | 2 | 2 | 2 | 1 | 2 | − 0.674 |
| 10 | 1 | 3 | 2 | 2 | 2 | − 0.814 |
| 11 | 11 | 3 | 2 | 1 | 2 | − 1.02 |
| 12 | 8 | 3 | 2 | 1 | 3 | − 1.604 |

## 参考文献

陈鑫峰，贾黎明 . 2003. 京西山区森林林内景观评价研究 [J]. 林业科学，39(4):59-66.

陈勇 . 2013. 深圳市城市森林美景度研究 [D]. 北京：中国林业科学研究院 .

刘锋，贾多杰，李晓礼，等 . 2008. 无量纲化的方法 [J]. 安顺学院学报，10(3):78-80.

宋力，何兴元，徐文铎等．2006. 城市森林景观美景度的测定 [J]. 生态学杂志，25(6):621-624, 662.

王海峰，彭重华．2011. 园林石景美景度评价的研究 [J]. 中南林业科技大学学报，31(12):124-132.

颜迎．2015. 诸城城镇森林景观美景度评价及优化配置模式 [D]. 济南：山东农业大学．

易平涛，张丹宁，郭亚军，等．2009. 动态综合评价中的无量纲化方法 [J]. 东北大学学报 ( 自然科学版 ), 30(6):889-892.

俞孔坚．1988. 风景资源评价的主要学派及方法 [J]. 青年风景师，5:21-25.

周春玲，张启翔，孙迎坤，等．2006. 居住区绿地的美景度评价 [J]. 中国园林，22(4):62-67.

# 第八章　结论与创新

## 第一节　主要结论

### 一、系统提出生态景观林带概念和内涵

生态景观林带是在连绵山体、主要江河沿江两岸、沿海海岸及交通主干线两侧一定范围内，营建具有多层次、多树种、多色彩、多功能、多效益的森林绿化带，串联起破碎化的森林斑块和绿化带，形成宽度 2km 以上的大型森林生态景观廊道，包括绿化景观带（线）、景观节点（点）、生态景观带（面）共 3 个组成部分。其中：绿化景观带（线）是以高速公路、铁路两侧 20 ～ 50m 林带和沿海海岸基干林带作为主线，营建的各具特色、景观优美的生态景观长廊。景观节点（点）是对沿线分布的城镇村居、景区景点、服务区、车站、收费站、互通立交等景观节点进行绿化美化园林化，形成连串的景观亮点。生态景观带（面）是以高速公路、铁路和江河两岸 1km 可视范围内的林地作为建设范围，改造提升森林和景观质量，形成主题突出和具有区域特色的森林生态景观，具有增强区域生态安全的功能。根据全省的建设实践，分为高速公路、铁路生态景观林带，江河生态景观林带和沿海生态景观林带共 3 种类型。其中：高速公路、铁路生态景观林带是在高速公路、铁路等主干道两侧 1 km 内可视范围林（山）地建设连片大色块、多色调森林生态景观。江河生态景观林带是在主要江河两岸山地、重点水库周边和水土流失较严重地区，建设以绿色为基调、彩叶树种为小斑块、叶色随季节变化的森林景观。沿海生态景观林带是在沿海沙质海岸线附近建设与海岸线大致平行、宽度 50 m 以上的基干林带，在沿海滩涂地带，营建枝繁叶茂、色彩层次分明、海岸防护

功能强的红树林。

## 二、科学总结生态景观林带 3 类营建模式组、15 种典型营建模式

遵循"因地制宜、突出特色，依据现有、整合资源，科学规划、统筹发展，政府主导，社会共建"的原则，针对不同主导功能、立地环境、土壤条件总结出 3 种生态景观林带模式组（高速公路、铁路生态景观林带模式组，江河生态景观林带模式组，沿海生态景观林带模式组）。3 种生态景观林带模式组细分为 15 种生态景观林带营建模式，分别是铁路红线范围内绿化林带、铁路绿化景观林带、铁路两侧可视山体生态景观林带、高速公路中央分隔林带、高速公路互通立交绿化林带、高速公路绿化景观带、高速公路两侧可视山体生态景观林带、江河湿地生态景观林带、江河护岸林带、江河两岸第一重山生态景观林带、低盐泥质海岸红树林生态景观林带、高盐泥质海岸红树林生态景观林带、沙质海岸基干林带、岩质海岸基干林带、沿海第一重山防护林带。此外，科学提出各种营建模式的适用范围、模式目标、主题树种、基调树种、树种比例、配置形式、典型配置、建设现状和景观效果。从林地清理、挖穴整地、植穴规格、种植密度、回土与基肥、苗木规格、苗木栽植和抚育管理等方面提出了各种营建模式相应的造林技术措施，绘制出 15 种营建模式的典型配置示意图。

## 三、构建生态景观林带建设质量精准提升的关键技术体系

针对生态景观林带建设过程中出现的各种问题，从树种选择、植物配置、色彩设计、特殊立地造林、植物群落设计技术等方面提出了一整套生态景观林带建设质量提升的关键技术体系。采用逼近理想解排序法（TOPSIS）进行生态景观林带树种选择，筛选出适应能力强、景观效果好的 100 种树种。采用小群落混交设计法进行植物群落设计，采取树种筛选、群落组合、混交设计、主题策划等方法，结合辅助工程措施，营建近自然森林景观。从植物色彩的表达媒介、空间层次设计和时间序列配置等方面入手，提出红色、黄色、紫色、白色等不同主色调生态景观林带植物配置，营建大色调高速公路生态景观林带。针对高速公路、铁路沿线特殊立地，如取土场、采石场、隧道口、低效桉树林等，提出优化提升森林生态景观的基本思路和技术方法。

## 四、科学评价广东省生态景观林带建设成效

对 2012—2015 年广东省生态景观林带建设情况进行专项调查，分年度统计建设里程、合格里程、设计面积、保存面积、任务完成率等指标，对全省生态景观林带任务完成情况和存在问题进行分析评价。截至 2015 年年底，全省生态景观林带建设工程建设总长度 8705.1km，建设总面积 5.69 万 $hm^2$。从全省生态景观林带推广应用情况看，建设面积排在全省前 5 位的模式分别是：高速公路两侧可视

山体生态景观林带模式、铁路两侧可视山体生态景观林带模式、江河两岸第一重山生态景观林带模式、高速公路绿化景观带模式、沿海第一重山防护林带模式。本研究应用层次分析法（AHP），参考《森林生态系统服务功能评价规范》（LY/T1721—2008）等规范，从资源状况、生态效能和碳汇效能 3 个维度构建生态景观林带生态效益评价体系。全省生态景观林带生态效益评价指数居全省前三位的地级市是：湛江市、汕头市和深圳市。本书采用美景度评价法（SBE）筛选出对美景度影响较大的 4 个因子，即色彩丰富度、色彩明度、生活型、生长状况，建立多元线性回归模型，并对全省范围内 12 个生态景观林带建设点进行实证研究，结果表明：色彩丰富、色彩明度较高，乔灌草相结合的生长良好的生态景观林带得分较高，如机场高速广州市花都区人和段、沈海高速的汕尾市海丰潭西段、广深高速增城区新塘段，更能给人以美的感受。

# 第二节　主要创新

## 一、首次系统提出生态景观林带理念、概念与类型

绿色廊道思想起源于 19 世纪末期的美国，最初用于公园绿地系统的规划。随着绿道理论研究和实践的大规模推进，其规划类型逐步从注重景观功能的林荫大道发展到注重绿地生态网络功能的生态廊道。国外的生态环境保护组织较早地意识到了建立大尺度绿色廊道对于景观连通性以及生物多样性保持和恢复的重要性，已经在区域尺度、国家尺度或洲际尺度陆续构建了若干大型绿色廊道。国内最早开展大尺度绿色廊道建设的是 1978 年由林业部门立项的"三北"防护林体系建设工程。本课题组充分吸收国内外建设经验，在深圳市生态风景林"一路一景 花繁锦簇"的设计理念启示下，结合近年实践，系统提出全省生态景观林带的理念、概念与类型，在省域尺度探索绿色廊道建设和生物多样性保育格局构建，对全国开展类似项目具有重要的参考借鉴意义。研究提出的理论体系及技术措施等已被省委省政府在《关于建设生态景观林带 构建区域生态安全体系的意见》（粤府〔2011〕101 号）及《关于全面推进新一轮绿化广东大行动的决定》（粤发〔2013〕11 号）采纳，并在全省范围内推广实施。

## 二、首次提出生态景观林带群落生态设计的"小群落混交设计法"

本研究提出小群落混交设计法，以种群空间分布格局、物种种间关系、生态位、群落演替、生物多样性、景观生态学等理论为基础，以地带性森林群落为参照系，根据维护城市生态安全和提升城市森林景观需求，在立地调查和评价的基础上，通过采取树种筛选、群落组合、混交设计、主题策划等手段，采取以提高

成活率和确保景观效果为目的的相关辅助工程，营建"近自然"人工森林景观。同时，为确保生态景观林带建设群落设计的实施效果，将模块化思维引入生态景观林带建设，即设计一系列的工程模块（包括通用模块和专用模块），其中，提出典型的"5S"模块化设计途径，即生态安全的营林工程模块、配套良好的辅助工程模块、持续承载的保护工程模块、集约利用的环保节能模块和高效运行的组织管理模块，在广州、深圳等经济发达地区高标准生态景观营建中得到广泛应用并取得良好效果。

### 三、运用 TOPSIS 法对生态景观林带营建树种进行定量筛选

采用逼近理想解排序法（TOPSIS）首次对广东省山地造林、城镇绿化、水系和道路绿化、海岸滩涂绿化中常见的 188 个树种，从造林用途、观赏特性、植物形态、土壤适应性、落叶或常绿、抗逆性、抗污染性、抗寒性等方面进行赋值，进行全面系统评价。通过建立评价矩阵，计算各树种评价指标标准化值与最优值的距离 $D^+$ 值和与最劣值的距离 $D^-$ 值以及各评价单元与最优值的相对接近度指标 $C_i$ 值，根据相对接近度指标 $C_i$ 值进行名次排序，选取适应能力强和景观效果好的 100 个树种。结果显示：山地造林绿化树种排名第一的是红锥，表明四季常绿、花形果形兼备、抗逆性强、造林用途广泛是广东省景观林带的理想树种；湿地型树种水松的 $C_i$ 值最大，说明水松是广东生态景观林带树种（湿地型）的优先选择；无瓣海桑是滩涂型生态景观林带树种的最优选择。采用逼近理想解排序法（TOPSIS）选择生态景观林带树种，为生态景观林带营建的树种选择提供一种科学、理性、规范的方法，同时也为其他营造林工程树种选择与配置提供了一个通用的范例。

### 四、提出大色调生态景观林带色彩设计技术

合理的色彩搭配能营造出丰富多彩、令人愉快的森林景观，若是配置不当则易使人感到混杂、厌烦，色彩心理效应直接影响色彩搭配的最终效果。在追求绚烂、多彩、靓丽的绿化效果和色彩丰富的森林景观时尚的同时，也要表现地域特点，满足公众的心理需求，形成自己的特色。为此，本研究从植物色彩的表达媒介、空间层次设计和时间序列配置等方面入手，综合运用"叶、花、果、枝"色彩变化，提出红色、黄色、紫色、白色等不同主色调生态景观林带植物配置技术，为营建大色调的生态景观林带提供科学依据和参考案例。

### 五、采用 AHP 和 SBE 法构建生态景观林带建设成效评价体系并进行实证研究

在生态景观林带建设专项调查的基础上，参考《森林生态系统服务功能评价规范》（LY/T1721—2008）等规范，采用层次分析法（AHP）和美景度评价法（SBE），

构建生态景观林带生态效益评价指标体系和生态景观林带美景度评价体系，以此评价全省生态景观林带建设成效。生态景观林带生态效果评价指标体系含 3 个准则层（资源状况、生态效能、碳汇效能）和 15 项具体指标（森林面积变化率、森林覆盖率变化率、林木保存率、活立木蓄积变化率、水源涵养、水土保持、吸收$CO_2$、释放$O_2$、净化空气、降低噪音、滞尘功能、生物多样性、生物量、碳储量、碳汇量）。通过选取照片、制作评估幻灯片、编制评估问卷、选择评估群体、评估程序、数据整理、SBE 值计算、美景度影响因子分析等过程，筛选出色彩丰富度、色泽明度、生活型、生长状况 4 个对生态景观林带美景度影响较大的因子，建立评价预测模型，从而进一步指导全省生态景观林带建设。

# 附　录

## 附　表

### 各营建模式植物选择及配置表

| 林带类型 | 编号 | 林带名称 | 树种选择与配置 | | | | |
|---|---|---|---|---|---|---|---|
| | | | 主题树种 | 基调树种 | 主题树种与基调树种比例 | 配置形式 | 配置方式 |
| 高速公路、铁路生态景观林带 | 1 | 铁路红线范围内绿化林带 | 夹竹桃、大红花 | 双荚槐、红花檵木、红绒球、黄金榕 | 5：5 | 规则式 | 列植、绿篱 |
| | 2 | 铁路绿化景观林带 | 银桦、木棉、尖叶杜英、猫尾木、蓝花楹、杜果 | 樟树、观光木、高山榕、黄兰、构树、垂叶榕、铁刀木、依兰香、海南红豆 | 3：7 | 混合式 | 林带、对植 |
| | 3 | 铁路两侧可视山体生态景观林带 | 木荷、乐昌含笑、石栗、仪花 | 榕树、火力楠、人面子、灰木莲、降香黄檀、木菠萝、红鳞蒲桃、朴树、浙江润楠、海南蒲桃、楝叶吴茱萸 | 5：5 | 自然式 | 林植 |
| | 4 | 高速公路中央分隔林带 | 大红花、红花檵木、红叶石楠 | 黄金榕、变叶木、红绒球、侧柏、小叶紫薇 | 6：4 | 规则式 | 绿篱 |
| | 5 | 高速公路互通立交绿化林带 | 南方红豆杉、大花第伦桃、无忧树、糖胶树、幌伞枫 | 苹婆、金花茶、杜鹃红山茶、红千层、红花银桦、越南抱茎茶 | 3：7 | 混合式 | 孤植、丛植 |
| | 6 | 高速公路绿化景观带 | 红花羊蹄甲、宫粉羊蹄甲、美丽异木棉、复羽叶栾树、黄槐、凤凰木 | 阴香、假苹婆、小叶榄仁、铁冬青、秋枫、五月茶、山杜英 | 4：6 | 混合式 | 林带、对植 |
| | 7 | 高速公路两侧可视山体生态景观林带 | 鳖藤、枫香、红锥、樟树、木棉 | 格木、黄桐、红苞木、米老排、大叶榕、任豆、蝴蝶果、山蒲桃、翻白叶树、麻楝、鹅掌楸 | 5：5 | 自然式 | 林植 |
| 江河生态景观林带 | 8 | 江河湿地生态景观林带 | 落羽杉 | 水松、池杉 | 5：5 | 规则式 | 群植 |
| | 9 | 江河护岸林带 | 白千层、水翁、串钱柳 | 蒲桃、洋蒲桃、海南杜英、苦楝、银合欢 | 6：4 | 规则式 | 列植 |
| | 10 | 江河两岸第一重山生态景观林带 | 樟树、枫香、红锥、楠木、火力楠 | 秋枫、木荷、米老排、千年桐、鳖藤 | 5：5 | 自然式 | 林植 |
| 沿海生态景观林带 | 11 | 低盐泥质海岸红树林生态景观林带 | 无瓣海桑 | 木榄、秋茄、桐花、老鼠簕、银叶树、海芒果 | 3：7 | 自然式 | 林植 |
| | 12 | 高盐泥质海岸红树林生态景观林带 | 海桑、无瓣海桑 | 白骨壤、秋茄、海漆、木榄、老鼠簕、红海榄 | 3：7 | 自然式 | 林植 |
| | 13 | 沙质海岸基干林带 | 木麻黄 | 台湾相思、香蒲桃、湿加松、黄槿 | 5：5 | 规则式 | 林带、列植 |
| | 14 | 岩质海岸基干林带 | 台湾相思、大叶相思 | 鸭脚木、潺槁树、斜叶榕、笔管榕 | 5：5 | 规则式 | 林带、列植 |
| | 15 | 沿海第一重山防护林带 | 台湾相思、木荷、杨梅 | 山乌桕、大头茶、鸭脚木、山竹子 | 6：4 | 自然式 | 林植 |

# 各营建模式技术措施一览表

| 林带类型 | 林带名称 | 林地清理 | 植穴规格 (cm×cm×cm) | 种植密度 (株/hm²) | 技术措施 基肥 | 苗木规格 (cm) | 苗木栽植 | 抚育措施 |
|---|---|---|---|---|---|---|---|---|
| | 铁路红线范围内绿化林带 | 将杂物清出造林地 | 随挖随种 | 40005 | 每穴施复合肥 0.10kg | 营养袋苗以上 | 阴天栽植，剥营养袋，扶木，适当回土压实 | 补苗，除草，追肥3年3次，施复合肥 0.15kg/ (株·次) |
| | 铁路绿化景观林带 | 将杂物清出造林地 | 灌木类苗：随挖随种；乔木类苗：为植株土球大小的1.5倍 | 灌木类苗：300~450；乔木类苗：450~630 | 灌木类苗：每穴施复合肥 0.10kg；乔木类苗：每穴施复合肥 0.25kg | 灌木类苗：营养袋苗高 0.50m以上；乔木类苗：H>2.5m,冠幅>1.0m,胸径4~6cm,土球直径>40cm | 阴天栽植，剥营养袋，扶正苗木，适当回土压实 | 补苗，除草，追肥3年3次，施复合肥 0.15kg/ (株·次) |
| | 铁路两侧可视山体生态景观林带 | 块状清理，清理植株周围1m²的林地 | 40×40×30 | 810~1335 | 每穴施复合肥 0.25kg | 营养袋苗，高 0.60m以上 | 阴天栽植，剥营养袋，扶正苗木，适当回土压实 | 补苗，除草，追肥3年3次，施复合肥 0.15kg/ (株·次) |
| 高速公路、铁路生态景观带 | 高速公路中央分隔林带 | 将杂物清出造林地 | 随挖随种 | 40005 | 每穴施复合肥 0.10kg | 营养袋苗以上 | 阴天栽植，剥营养袋，扶木，适当回土压实 | 补苗，除草，追肥3年3次，施复合肥 0.15kg/ (株·次) |
| | 高速公路立交绿化景观林带 | 将杂物清出造林地 | 灌木类苗：随挖随种；乔木类苗：为植株土球大小的1.5倍 | 灌木类苗：667~1333；乔木类苗：30~75 | 灌木类苗：每穴施复合肥 0.10kg；乔木类苗：每穴施复合肥 0.25kg | 灌木类苗：营养袋苗高 0.50m以上；乔木类苗：H>2.5m,冠幅>1.0m,胸径4~6cm,土球直径>40cm | 阴天栽植，剥营养袋，扶正苗木，适当回土压实 | 补苗，除草，追肥3年3次，施复合肥 0.15kg/ (株·次) |
| | 高速公路绿化景观带 | 将杂物清出造林地 | 灌木类苗：随挖随种；乔木类苗：为植株土球大小的1.5倍 | 灌木类苗：300~450；乔木类苗：450~630 | 灌木类苗：每穴施复合肥 0.10kg；乔木类苗：每穴施复合肥 0.25kg | 灌木类苗：营养袋苗高 0.50m以上；乔木类苗：H>2.5m,冠幅>1.0m,胸径4~6cm,土球直径>40cm | 阴天栽植，剥营养袋，扶正苗木，适当回土压实 | 补苗，除草，追肥3年3次，施复合肥 0.15kg/ (株·次) |
| | 高速公路两侧可视山体生态景观林带 | 块状清理，清理植株周围1m²的林地 | 40×40×30 | 810~1335 | 每穴施复合肥 0.25kg | 营养袋苗，高 0.60m以上 | 阴天栽植，剥营养袋，扶正苗木，适当回土压实 | 补苗，除草，追肥3年3次，施复合肥 0.15kg/ (株·次) |

（续）

| 林带类型 | 林带名称 | 技术措施 | | | | | | 抚育措施 |
|---|---|---|---|---|---|---|---|---|
| | | 林地清理 | 植穴规格（cm×cm×cm） | 种植密度（株/hm²） | 基肥 | 苗木规格（cm） | 苗木栽植 | |
| 江河生态景观林带 | 江河湿地生态景观林带 | 将杂物清出造林地 | 随挖随种 | 810～1335 | — | 营养袋苗或裸根苗，高1.0m以上 | 阴天栽植，营养袋苗，扶正苗木，适当压植，回土压实 | 补苗、扶正苗木、清理杂物 |
| | 江河护岸林带 | 块状清理，清理植株周围1m²的林地 | 40×40×30 | 810～1335 | 每穴施复合肥0.25kg | 营养袋苗，高0.60m以上 | 阴天栽植，剥离苗袋，扶正苗木，适当土压，回土压实 | 补苗、除草，追肥3年3次，施复合肥0.15kg（株·次） |
| | 江河两岸第一重山生态景观林带 | 块状清理，清理植株周围1m²的林地 | 40×40×30 | 810～1335 | 每穴施复合肥0.25kg | 营养袋苗，高0.60m以上 | 阴天栽植，剥离苗袋，扶正苗木，适当土压，回土压实 | 补苗、除草，追肥5年5次，施复合肥0.15kg（株·次） |
| 沿海生态景观林带 | 低盐泥质海岸红树林生态景观林带 | 将杂物清出造林地 | 随挖随种 | 4005～7995 | — | 胚轴苗 | 胚轴插植深度为胚轴长度的2/3 | 补苗、扶正苗木、扑捉害虫，清理杂物 |
| | 高盐泥质海岸红树林生态景观林带 | 将杂物清出造林地 | 随挖随种 | 4005～7995 | — | 胚轴苗 | 胚轴插植深度为胚轴长度的2/3 | 补苗、扶正苗木、扑捉害虫，清理杂物 |
| | 沙质海岸基干林带 | 将杂物清出造林地 | 随挖随种 | 1665～2505 600～1050 | 每穴施复合肥0.25kg | 木麻黄为水培苗，高0.5～0.8m，其他为袋苗，高0.50m以上 | 选择大雾天或阴雨天造林，适当深栽，覆土要实 | 补苗、除草，追肥3年3次，施复合肥0.15kg（株·次） |
| | 岩质海岸基干林带 | 将杂物清出造林地 | 见缝插针或修筑鱼鳞坑 | 810～1110 | 每穴施复合肥0.25kg | 营养袋苗，高0.50m以上 | 选择大雾天或阴雨天造林，适当深栽，覆土要实 | 补苗、除草，追肥3年3次，施复合肥0.15kg（株·次） |
| | 沿海第一重山山防护林带 | 块状清理，清理植株周围1m²的林地 | 40×40×30 | 810～1335 | 每穴施复合肥0.25kg | 营养袋苗，高0.50m以上 | 阴天栽植，营养袋苗，扶正苗木，适当压植，回土压实 | 补苗、除草，追肥3年5次，施复合肥0.15kg（株·次） |

# 生态景观林带美景度评价打分表

测试日期： 年 月 日

1．受测组别：□专家组 □社会公众组 □林学专业学生组 □非林学专业学生组
2．性 别：□男 □女
3．年 龄：□20 岁以下 □20～40 岁 □40 岁以上
4．受教育程度：□专科及以下 □本科 □硕士及以上

### 表 1 生态景观林带林外近景观美景度评价赋值表

| 喜好程度 | 极喜欢 | 很喜欢 | 喜欢 | 一般 | 不喜欢 | 很不喜欢 | 极不喜欢 |
|---|---|---|---|---|---|---|---|
| 对应分值 | 3 | 2 | 1 | 0 | −1 | −2 | −3 |

### 表 2 准备实验评价打分表

| 幻灯片编号 | 1 | 2 | 3 | 4 | 5 | 6 | 7 | 8 |
|---|---|---|---|---|---|---|---|---|
| 分值 | | | | | | | | |

### 表 3 正式评价打分表

| 幻灯片编号 | 1 | 2 | 3 | 4 | 5 | 6 | 7 | 8 | 9 | 10 |
|---|---|---|---|---|---|---|---|---|---|---|
| 分值 | | | | | | | | | | |
| 幻灯片编号 | 11 | 12 | 13 | 14 | 15 | 16 | 17 | 18 | 19 | 20 |
| 分值 | | | | | | | | | | |
| 幻灯片编号 | 21 | 22 | 23 | 24 | 25 | 26 | 27 | 28 | 29 | 30 |
| 分值 | | | | | | | | | | |
| 幻灯片编号 | 31 | 32 | 33 | 34 | 35 | 36 | 37 | 38 | 39 | 40 |
| 分值 | | | | | | | | | | |
| 幻灯片编号 | 41 | 42 | 43 | 44 | 45 | 46 | 47 | 48 | 49 | 50 |
| 分值 | | | | | | | | | | |
| 幻灯片编号 | 51 | 52 | 53 | | | | | | | |
| 分值 | | | | | | | | | | |

# 附　件

## SBE 模型运用评测照片

编号 1．拍摄地点：长深高速——梅州市蕉岭县长潭镇

编号 2．拍摄地点：沈海高速——茂名市电白县观珠镇

编号 3．拍摄地点：沈海高速——潮州市湘桥区铁铺镇

编号 4．拍摄地点：二广高速——清远市连山县福堂镇

编号 5．拍摄地点：京珠高速——珠海市香洲区金鼎镇

编号 6．拍摄地点：京珠高速——中山市三角镇段

编号 7．拍摄地点：机场高速——广州市花都区人和镇　　编号 8．拍摄地点：惠河高速——惠州市惠城区龙丰段

编号 9．拍摄地点：广深高速——广州市增城区新塘镇段　　编号 10．拍摄地点：广汕高速——汕尾市海丰市潭西镇

编号 11．拍摄地点：广惠高速——惠州市惠东县白花镇段　　编号 12．拍摄地点：广河高速——广州市增城区中新镇

# 中共广东省委广东省人民政府
# 关于全面推进新一轮绿化广东大行动的决定

粤发〔2013〕11号

为深入贯彻落实党的十八大和习近平总书记视察广东重要讲话精神，全面推进新一轮绿化广东大行动，实施绿色发展战略，提升生态文明建设水平，促进我省经济社会持续健康发展，现结合我省实际，作出如下决定。

## 一、新一轮绿化广东大行动的重要意义

省委、省政府历来高度重视生态建设和林业发展，造林绿化行动取得了显著成绩，南粤大地实现了基本绿化，生态环境明显改善。但是，必须清醒地看到，目前我省林业生态建设仍存在森林资源总量不足、结构不优、质量不高和生态产品短缺、生态功能脆弱等问题，制约着我省经济社会的可持续发展。全面推进新一轮绿化广东大行动，提高我省林业生态建设水平，是建设美丽广东的重大举措，是贯彻落实党的十八大精神的具体行动，是加快实现"三个定位、两个率先"目标的必然要求。全省各级党委、政府必须从全局和战略的高度，进一步增强责任感和紧迫感，全面推进新一轮绿化广东大行动，加大自然生态系统和环境保护力度，开创我省生态文明建设新局面。

## 二、新一轮绿化广东大行动的指导思想、总体目标和基本原则

（一）指导思想。以邓小平理论、"三个代表"重要思想、科学发展观为指导，紧紧围绕"三个定位、两个率先"的目标，树立尊重自然、顺应自然、保护自然的生态文明理念，大力推进森林生态修复和改造，扩大森林覆盖面，强化资源管理，提高森林质量，增

加森林碳汇，提升生态功能，加快发展现代林业，努力建设美丽广东，为我省经济社会科学发展提供有力的生态支撑。

（二）总体目标。通过 10 年左右的努力，将我省建设成为森林生态体系完善、林业产业发达、林业生态文化繁荣、人与自然和谐的全国绿色生态第一省。

——到 2015 年，基本消灭 500 万亩宜林荒山，完成 1000 万亩残次林、纯松林和布局不合理桉树林的改造任务，生态景观林带建设初见成效。森林面积达到 1.60 亿亩，森林蓄积量达到 5.51 亿立方米。与 2012 年相比，新增森林公园 518 个、湿地公园 98 个。森林碳汇储量达到 11.52 亿吨。林业科技进步贡献率达到 55%。林业产业总产值超过 6000 亿元，森林生态效益总值达到 1.39 万亿元。森林覆盖率达到 58%。

——到 2017 年，初步建成完善的森林生态体系，生态景观林带全面建成。森林面积达到 1.63 亿亩，森林蓄积量达到 6.20 亿立方米。与 2015 年相比，新增森林公园 519 个、湿地公园 70 个。森林碳汇储量达到 12.89 亿吨。林业科技进步贡献率达到 60%。林业产业总值超过 8000 亿元，森林生态效益总值达到 1.59 万亿元。森林覆盖率达到 60%。

（三）基本原则。

1. 坚持立足当前与着眼长远相结合。在促进经济社会持续健康发展的同时，坚守生态底线，既解决当前林业发展面临的突出问题，又建立促进生态发展的长效机制，大力发展生态林业和民生林业，做到兴林富民、生态惠民。

2. 坚持生态建设与生态修复相结合。尊重自然规律，保护自然生态，坚持质量优先，以自然修复为主，科学开展人工造林和抚育改造，维护生物多样性，以人为本，促进人与自然和谐发展。

3. 坚持统筹规划与因地制宜相结合。既要统筹全省生态空间布局，坚持高起点、高标准科学规划，突出整体效益，又要从实际出发，注重实效，适地适树，体现区域特色。

4. 坚持政府主导与共建共享相结合。坚持政府主导，建立分级负责和以市、县（市、区）为责任主体的工作机制，充分发挥社会各界积极性，组织引导全社会开展造林、育林、护林活动，形成政府主导、全民参与、共建共享的工作格局。

### 三、新一轮绿化广东大行动的主要任务

（一）全面构建五大森林生态体系。根据我省不同区域特点，科学构建主体功能定位清晰、建设重点突出、相互协调发展的森林生态体系，为打造全国绿色生态第一省夯实基础。

1. 北部连绵山体森林生态屏障体系。以南岭山脉、云开山脉、凤凰—莲花山脉等北部连绵山体为主，加强重点生态敏感区域保护，加快水土流失治理和石漠化治理，推进矿区植被恢复，积极开展森林抚育改造、封山育林，修复南岭地带性森林植被，构建北部及珠三角外环森林生态屏障带，增强生态防护功能。

2. 珠江水系等主要水源地森林生态安全体系。以东江、西江、北江、韩江等主要江河流域以及具有饮用水源地功能的大中型水库集雨区为主，强化水源涵养林、水土保持林和沿江防护林建设，提高水源涵养和水土保持能力。

3. 珠三角城市群森林绿地体系。加强森林公园、湿地公园、自然保护区、生态廊道、城区绿地、环城防护林带、生态控制线等区

域绿地建设，构建大型森林组团、城市绿地与绿色生态廊道相结合的珠三角城市森林绿地体系，提高城市森林绿地总量，努力创建国家森林城市。

4. 道路林带与绿道网生态体系。在高速公路、铁路等主要交通干线两侧宜林地带，营建具有多树种、多层次、多色彩的生态景观林带。加强城乡道路、水网绿化，提升城市绿带建设水平。推进绿道网绿化升级，突出抓好自行车道和步行系统建设，提升绿道网森林景观与生态效果。

5. 沿海防护林生态安全体系。以海岸带、近海岛屿和沿海第一重山为主，结合海岸带综合整治，科学合理开展沿海滩涂红树林、沿海基干林和沿海纵深防护林建设，加强河口和滨海湿地生态系统的修复和保护，构建防灾减灾功能与景观效果相结合的沿海防护林生态安全体系。

（二）**建设四大重点林业生态工程。**坚持以大工程推进新一轮绿化广东大行动，着力增强森林碳汇能力，打造森林生态景观，优化城市森林生态，实现我省生态建设大发展、大提升。

1. 森林碳汇工程。实施森林碳汇重点生态工程建设规划，加快消灭宜林荒山和改造残次林、纯松林、布局不合理桉树林的步伐，加大封山育林和抚育管护力度，推广应用优良乡土阔叶树种，科学改造林相，营建结构优、功能强、效益高的混交林，增加森林碳汇。

2. 生态景观林带工程。进一步推进高速公路、铁路、沿江、沿海生态景观林带建设。新建高速公路与生态景观林带建设同步规划、同步施工、同步验收。创新建设和管护模式，确保生态景观林带发挥综合功能与效益。

3. 森林进城围城工程。在城市及其周边见空增绿、见缝插绿，加快建设森林公园、湿地公园、城市与社区公园、城区绿地，加强道路和建筑物绿化，大力推进绿色社区建设，增加森林面积，实现"城在林里、林在城中"。把森林进城围城作为提升城市发展质量的重要内容，分类制订并不断完善城区及新建项目绿地率、绿化率控制指标，各类新建项目配套绿化与主体工程同步设计、同步建设、同步验收，营造生态优美的宜居宜业环境。

4. 乡村绿化美化工程。整村推进村庄绿化美化，建设环村绿化带，营造风景林、水源涵养林，在乡村道路、公共场所、农户庭院及门前户后积极造林绿化，提高村庄绿化率，增加森林景观点，构建优美宜居生态家园。

（三）加强生态公益林和自然保护区建设。优化布局，将生态区位重要、生态环境脆弱区域的森林和林地划为省级以上生态公益林。根据实际，划定市、县（市、区）级生态公益林。

严格界定生态公益林四至范围，落实权属，强化管理。将生态公益林划为禁止经营区和限制经营区，实行分区经营、分类补偿。建设生态公益林示范区。探索建立饮用水水源涵养林专属地及其管理机制。加大自然保护区建设管理力度，积极探索租赁、补偿、置换等方式，逐步解决自然保护区内集体林地权属问题，加快建设全国自然保护区示范省。

（四）强化森林资源保护管理。加强现有林木的培育、管护和对古树名木的保护。严格执行林地保护利用规划，严格林地用途管制和定额管理，严禁在交通主干道两侧、沿海、沿江及城镇周边第一重山的林地范围内采石、采矿、取土、建坟及毁林种果。抓好采矿、采石场整治、复绿工作。完善森林采伐限额管理制度，实行分类管理。落实部门责任，严格开展木材加工经营联合监管。强化野生动植物资源监测，实施濒危物种野外回归和重点物种保护工程，健全陆生野生动物疫源疫病防控体系。强化森林防火宣传教育，完善森林火灾应急管理体系。

加强林业有害生物监测防控和检疫工作。加强林业管护基层队伍及基础设施建设，建立健全县（市、区）、乡镇、村森林资源管护体系。严厉打击破坏森林资源违法犯罪活动。

（五）推动林业创新驱动发展。加强林业科研院所和科技人才队伍建设，加强生态功能评估、碳汇计量监测、林木良种选育等林业重点领域科技攻关。健全省、市、县（市、区）林业科技推广体系，加快成果转化应用和先进实用技术推广。强化林木良种壮苗培育。完善森林生态状况综合监测体系，开展对森林资源、湿地、荒漠化、林业碳汇等监测，定期发布林业生态状况公报。推进林业核心业务信息化建设，构建林业综合管理信息化平台，建设森林资源视频监控系统。将森林碳汇纳入碳排放权交易体系，加快林业碳汇抵减碳排放制度建设，依托公共资源交易平台，积极推进林业碳汇交易工作。

（六）发展壮大绿色惠民产业。科学规划林业产业发展，推进森林资源科学合理利用，促进兴林惠民。积极发展苗木花卉、森林食品、木本粮油、竹子和中草药材及野生动植物资源培育等特色产业，推动木材加工、木浆造纸、人造板、家具等传统优势产业改造升级，提高精深加工水平。引导林下经济规模化、集约化、标准化发展，打造示范基地和特色产品。大力发展名优珍贵树种，培育大径材，建设木材战略储备基地。以森林公园、湿地公园、自然保护区、森林旅游景区和绿道网为主要载体，打造一批旅游示范基地，加快发展森林生态旅游休闲产业。扶持发展林业龙头企业，打造知名品牌，带动林业产业快速发展。

## 四、新一轮绿化广东大行动的保障机制

（一）**加强组织领导**。各级党委、政府要高度重视，把新一轮绿化广东大行动摆上重要议事日程，做到认识到位、责任到位、措施到位。要层层落实工作责任，主要领导干部要亲自抓、负总责，有关部门要各司其职，互相配合，形成合力。

（二）**切实加大投入**。2014年至2017年，省财政新增安排专项资金19亿元，用于新一轮绿化广东大行动，重点加强林业生态工程、基础设施和保障能力建设，完善森林抚育、造林、林木良种和湿地生态补贴制度。各地也要加大对林业生态建设的投入。逐步提高生态公益林效益补偿标准，建立激励性补助和补偿资金发放监管长效机制。充分发挥市场机制的作用，积极引导社会资金投入，拓宽社会投融资渠道，推动造林绿化投资主体多元化。

（三）**健全林权制度**。进一步提高林权管理水平，确保林权确权发证到位，切实维护林权证的法律效力，保护林权权利人的合法权益。完善林权管理社会化服务体系，逐步建立具有广东特色的现代林业产权制度。推进产权交易平台建设，规范商品林林地、林木流转。发展林业专业合作组织，探索集体统一经营的山林股份制经营和自留山、责任山集约经营模式。加快推进国有林场分类改革。加强山林权属纠纷调处，妥善解决遗留问题，维护林区社会和谐稳定。

（四）**强化法制保障**。制定和完善关于生态公益林和生态景观林带建设和管理、森林防火、林地林木流转等方面的法规规章，推动重要水源地和自然保护区专项立法。加强行政许可、行政复议管理，强化执法监督检查。加强林业法律宣传和服务工作。

（五）**强化绩效管理**。研究制定鼓励各地各部门多造林、造好林的激励措施。加强监督，对政策措施不到位、工作进度缓慢、完成任务不力、存在质量安全突出问题的，要对相关市、县（市、区）领导干部进行约谈，限期进行整改；对问题严重的，要依纪依法追究责任。

（六）**加强宣传发动**。把林业生态文化纳入文化建设范畴，强化全社会生态文明理念，营造良好氛围。深入开展全民义务植树活动，创新形式，完善举措，健全机制，激发和调动人民群众积极性。通过捐资造林、认种认养等形式，提高义务植树尽责率。

二〇一三年八月二十五日

# 关于建设生态景观林带
# 构建区域生态安全体系的意见

粤府〔2011〕101号

各地级以上市人民政府，各县（市、区）人民政府，省政府各部门、各直属机构：

生态景观林带是重要的景观资源和生态屏障，是展示区域形象的重要载体。根据中央领导同志"加强重点生态工程建设，构筑以珠江水系、沿海重要绿化带和北部连绵山体为主要框架的区域生态安全体系"的重要指示精神，为充分发挥林业在维护区域生态安全、发展生态文明、促进宜居城乡建设、提升可持续发展水平中的独特作用，省人民政府决定在全省范围内大力推进生态景观林带建设。现提出如下意见。

## 一、充分认识生态景观林带建设的重要意义

我省历来高度重视林业工作，改革开放以来，通过实施十年绿化广东等举措大力推进林业生态省建设，取得了丰硕成果，全省森林覆盖率已达57%。但是，随着陆路、水路交通网络的快速发展以及沿海地带的开发，部分路（河）段两侧、海岸沿线森林生态安全和景观建设显得相对滞后。一些重要路（河）段两侧、交通节点的裸露地及采石场等植被破坏地块，迫切需要进行复绿美化；部分路（河）段两侧可视范围内的山地森林质量不高、林相层次简单、景观类型单一，迫切需要进行林分改造；一些沿线森林斑块和绿化带破碎化，生态防护功能有待提升。上述状况与建设区域生态安全体系的要求不相适应。加快推进交通主干线两侧、沿江两岸、海岸沿

线周边宜林地区的造林绿化，是新形势下我省林业生态建设面临的一项迫切任务。

生态景观林带建设，要在北部连绵山体、主要江河沿江两岸、沿海海岸及交通主干线两侧一定范围内，营建具有多层次、多树种、多色彩、多功能、多效益的森林绿化带。通过生态景观林带建设，争取在一定时期内，有效改善部分路（河）段的疏残林相和单一林分构成，串联起破碎化的森林斑块和绿化带，形成覆盖广泛的森林景观廊道网络，大力增强以森林为主体的自然生态空间的连通性和观赏性，构建区域生态安全体系。

加快建设生态景观林带，是有力推动林业科学发展的重要抓手，是深入推进宜居城乡建设的根本需要，也是"加快转型升级、建设幸福广东"不可或缺的内容。我省是全国光、热、水以及种质资源最丰富的地区之一，优越的自然条件和丰富多样的乡土树种为全面提升森林质量、完善森林生态体系提供了良好的基础条件。各地、各部门要充分认识建设生态景观林带的重要性和迫切性，切实把这项工程作为落实胡锦涛总书记"七一"重要讲话和视察广东重要讲话精神、落实科学发展观的具体行动摆上重要议事日程，着力加快工程建设，力争早日见到成效，推动全省林业生态和景观建设实现跨越式提升。

**二、准确把握生态景观林带建设的指导思想和基本原则**

（一）指导思想。深入贯彻落实胡锦涛总书记"七一"重要讲话和视察广东重要讲话精神，以科学发展观为统领，按照省委十届八次全会关于"加快转型升级、建设幸福广东"的重要决策部署，着力实施绿色发展和生态惠民战略，以生态景观林带建设推动林业发展转型升级，把生态景观林带建设作为陆路水路交通和海岸堤防工程建设的重要配套任务和构建区域生态安全体系的重要措施，进一步在重点区域优化森林结构、提升森林质量、强化生态功能，加快推进绿化美化生态化，更好地满足人民群众对林业生态产品的需求，有力推进生态优美的幸福广东建设。

（二）基本原则。一是因地制宜，突出特色。要充分利用当地的资源禀赋，以当地特色树种、花（叶）色树种为主题树种，以乡土阔叶树种为基调树种，坚持生态化、乡土化，注重恢复和保护地带性森林植被群落，不搞"一刀切"的形象工程。二是依据现有，整合资源。生态景观林带建设要在现有林带基础上进行优化提升，在绿化基础上进行美化生态化。注重与沿线的湿地、农田、果园、村舍等原有生态景观相衔接，注重与各地防护林、经济林、绿道网等建设统筹实施，充分实现各种生态建设项目的整体效益。三是科学规划，统筹发展。既要坚持以市、县为主体进行建设，又要坚持规划先行和全省一盘棋，对跨区域的路段、河段、海岸线绿化美化生态化进行统一布局规划，保证建设工程的有序衔接和生态景观的整体协调。四是政府主导，社会共建。突出各级政府的主导作用，由属地政府统筹安排生态景观林带建设，建立完善部门联动工作机制，积极动员社会力量共同参与，形成共建共享的良好氛围。

**三、确保实现生态景观林带建设的各项目标任务**

全省统一规划建设 23 条共 10000km、805 万亩的生态景观林带，其中沿海生态景观林带 2 条共 3368km、52 万亩；江河生态景观林带 4 条共 1918km、329 万亩；高速公路、铁路生态景观林带 17 条共 4714km、424 万亩。2011 年开始试点，力争 3 年初见成效，6 年基本成带，9 年完成各项指标任务。

通过生态景观林带建设，努力打造全国最好的林相，即最好的森林外形、林木品质和健康状况。一是结构优。通过调整森林的树种结构、层次结构、区域结构和树龄结构等，建成树种丰富、林木郁闭、结构多样的复层林、异龄林。二是健康好。能有效防御松材线虫病和薇甘菊等有害生物的入侵和蔓延，抵御火灾、大气污染及其他自然灾害的危害。三是景观美。形成沿线乔、灌、花、草等多层次、多色彩的景观，富有动态美、韵律美和季节相貌变化，提升审美价值。四是功能强。提升水源涵养、水土保持、防灾减灾能力，拓展碳汇功能。五是效益高。提供丰富的公共生态产品，改善人居环境，提升林带的综合效益。

### 四、统筹运用生态景观林带建设的方法和类型

（一）**建设方法**。综合考虑全省自然生态、交通、城镇和景区景点布局等资源要素，全面整合山地森林、四旁绿化、平原与水系防护林、城市森林、城镇村庄人居森林以及湿地、田园等多种资源，采用"线、点、面"相结合的方法，构建立体、复合的生态景观林带。"线"是指将高速公路、铁路两侧20至50m林带和沿海海岸基干林带作为主线，建成各具特色、景观优美的生态景观长廊；"点"是指将沿线分布的城镇村居、景区景点、服务区、车站、收费站、互通立交等景观节点进行绿化美化园林化，形成连串的景观亮点；"面"是指将高速公路、铁路和江河两岸1km可视范围内的林地纳入建设范围，改造提升森林和景观质量，形成主题突出和具有区域特色的森林生态景观，增强区域生态安全功能。

生态景观林带建设要以现有的绿化和森林为基础，主要采取以下方式进行：一是在宜林荒山荒地、采伐迹地、闲置地、裸露地进

行人工造林；二是对疏林地、残次林进行补植套种；三是对已经绿化但景观效果不理想的林分进行改造提升；四是对景观效果较好的林分进行封育管护。

（二）**建设类型**。根据各地的实际条件，珠江三角洲地区要注重建设城乡一体连片大色块特色的森林生态景观，粤北地区要注重建设具有山区特色的森林生态景观，粤东、粤西地区要注重建设海岸防护特色的森林生态景观，整体优化提升我省生态景观质量和安全防护功能。具体建设类型分为三种：

一是沿海生态景观林带。在沿海沙质海岸线附近，选择抗风沙、耐高温、固土能力强的树种，采用块状混交的方式进行造林绿化，建设与海岸线大致平行、宽度 50m 以上的基干林带；在沿海滩涂地带，选择枝繁叶茂、色彩层次分明、海岸防护功能强的红树林树种，采用乡土树种为主随机混交的模式进行造林绿化，形成沿海防护林、红树林景观和生态安全体系。

二是江河生态景观林带。在主要江河两岸山地、重点水库周边和水土流失较严重地区，选择涵养水源和保持水土能力较强的乡土树种，采用主导功能树种和彩叶树种随机混交或块状混交的方式造林，呈现以绿色为基调、彩叶树种为小斑块、叶色随季节变化的森林景观。

三是高速公路、铁路生态景观林带。在高速公路、铁路等主干道两侧 1km 内可视范围林（山）地，选择花（叶）色鲜艳、生长快、生态功能好的树种，采用花（叶）色树种和灌木搭配方式进行造林绿化，建设连片大色块、多色调森林生态景观；高速公路、铁路主干道经城镇、厂区、农用地两侧各 20 至 50m 范围内的绿化，采用花（叶）色树种或常绿树种和灌木为主，种植 5 至 10 行，形成 3 至 5 个层次的绿化景观带。

## 五、突出发挥生态景观林带的综合功能和效益

（一）突出林业转型发壤功能。建设生态景观林带，是进一步优化森林结构、提升森林质量的切入点和突破口。通过补植套种、林分改造、封育管护等措施，改变中幼林多，近、成、过熟林少；纯林多，混交林少；针叶林多，阔叶林少；单层林多，复层林少；低效林多，优质林少；沿线桉树多，乡土树种少的现状，推动森林资源增长从量的扩张向质的提升转变，更好地完成林业生态建设优化提升阶段的目标任务，完成建设全国最好林相、构建区域生态安全体系的任务。

（二）突出改善生态环境功能。坚持"生态第一"的原则，通过生态景观林带建设，构建大规模的生态缓冲带和防护带，进一步增强全省森林的生态防护功能。在江河两岸、大中型水库周围大力营造水土保持林和水源涵养林，充分发挥其调节气候、保持水土、涵养水源、净化水质等作用。通过打通森林斑块连接，为野生动植物提供栖息地和迁徙走廊，促进物种多样性的保护。结合千里海堤加固达标工程建设，加强红树林、沿海滩涂湿地的保护、营造和恢复，构筑沿海绿色生态屏障。结合低碳示范省建设，大力发展碳汇林业，充分发挥森林间接减排、应对气候变化的重要作用。

（三）突出防灾减灾安全功能。通过优化路（河）段两侧及海岸沿线森林群落结构，完善以公路河道防护林和海岸基于林带为基本骨架的森林抗灾体系建设。在增强森林自身抵御病虫害能力的同时，提升防洪护岸、防风固堤和抵御山洪、风暴潮等自然灾害的能

力，有效防范沿线山体滑坡、水土流失等灾害发生，从根本上治理和减少各类自然灾害，维护区域国土生态安全。

（四）突出建设宜居城乡功能。生态优美是建设幸福广东的重要内容。建设高标准、高质量的生态景观林带，是建设宜居家园不可分割的基础支撑。结合名镇名村示范村建设、珠三角地区绿道网建设、万村绿大行动等，优化城市森林生态系统，完善农村森林生态系统，建立城乡森林系统的自然连接廊道，有效改善城乡生产生活环境，进一步提高宜居水平。

（五）突出区域形象展示功能。陆路、水路交通干线和海岸沿线是客流、物流的集中地，是社会各界了解广东的重要窗口。突出抓好重要国道、省道以及省际出入口、交通环岛、风景名胜区等重要节点的景观林带建设，注重从形成景观的角度统筹安排花（叶）色树种，形成全年常绿、四季有花的景观带，增强林带的观赏性和视觉冲击力，充分展示各地林业生态文明建设的成果，树立各地全面协调可持续的综合发展形象。

（六）突出多元多维发展功能。生态景观林带建设不是单纯的林业工程，要与旅游、科普、文化等工作有机结合。通过打造地方绿化美化生态化品牌，建设进入式林地和配套游览通道、林间小品等，形成生态旅游的新增长点。通过林带建设连通沿线的自然景点、人文景点，更有效地传承自然和历史文化。选择有条件的绿化带建设林业宣传科教基地，推广现代林业文化，促进有利于可持续发展的林业生态文明形成。

**六、全面落实生态景观林带建设的各项保障措施**

（一）加强组织领导。建设生态景观林带是一项重要的生态工程，也是一项惠及民生的幸福工程。各地、各有关部门要高度重视，切实增强责任感和紧迫感，精心组织，周密部署，强力推进。各地级以上市、县（市、区）政府是建设生态景观林带的责任主体，要根据全省生态景观林带建设规划，制定本区域的实施方案、年度实施计划，解决土地供给、资金筹措等问题，切实把建设任务分解到位，把主体责任落实到位，层层抓好落实。

（二）落实部门责任。省绿化委员会负责指导、协调、监督和考评全省的生态景观林带建设工作。省发展改革、财政、国土资源、住房城乡建设、交通运输、水利、农业、林业、海洋渔业、旅游以及铁路等相关部门要认真履行职责，密切配合，共同推动生态景观林带建设。各有关部门和单位要将林带建设纳入本部门、本单位相关规划和项目实施范围。林业部门负责林业用地的造林绿化和景观的改造提升，协助有关部门抓好规划设计、协调种苗供应、提供技术保障等服务。交通运输、铁路部门负责公路、铁路两侧以及公路、铁路用地范围内的绿化和景观改造；对新建、改扩建项目，特别是高速公路的停车区、服务区，高速铁路的车站周边绿化，建设单位要同步规划、同步建设、同步验收，并以资金支持、技术指导等方式帮助地方对公路、铁路周边进行生态景观林带改造和山地绿化。国土资源部门牵头做好各类废弃矿山、采石场等的复绿。水利部门负责水利工程设施范围内的绿化和水土流失区生物措施治理。各级工会、共青团、妇联及其他社会团体都要积极支持和参与生态景观林带建设。

（三）开展示范建设。按照规划的要求，在重要路段、城镇周边、主要节点、大型水库等区域，选择绿化基础好、地方积极性高、示范带动作用大的县（市、区），分类型、分层次开展示范点建设。示范地区要依据当地资源禀赋、区位优势、基础条件，明确建设目标，突出自身优势特色，坚持绿化与美化并重、生态与景观并重、造林复绿与林相改造并重，积极探索生态景观林带建设模式。各有关部门和单位要加强规划、指导，支持示范点建设。通过示范点建设，打造一批示范作用强的精品工程，以点带面，促进全省生态景观林带建设。

（四）**加大资金投入**。按照分级负责、多元投入的原则，多渠道筹措建设资金。省财政从2011年起连续3年每年安排1.5亿元专项建设资金，补助粤北山区和东西两翼的生态景观林带建设。各地级以上市、县（市、区）财政也要安排生态景观林带建设专项资金。交通、铁路部门要落实相关建设经费，新建和改扩建公路、铁路时将绿化经费纳入工程预算。实施农业综合开发、水利工程、新农村建设等项目时，相关部门对项目范围内的生态景观林带建设要安排造林绿化资金。鼓励企业和个人通过捐资造林或认种、认养等形式，参与生态景观林带建设。

（五）**强化科技支撑**。加强科技研究，大力选育林木良种，推广优良乡土阔叶树种、珍贵树种、木本花卉，采用先进实用栽培技术和造林模式，加强绿化植物优良材料选择与配置、有害生物防治和森林防火等方面的技术创新和应用，为生态景观林带建设提供技术支撑。林业部门要根据各地生态景观林带建设工程对树种苗木的需求，规划、指导和扶持足够的林木良种和苗木生产基地，加大培育绿化大苗力度，确保建设需要。

（六）**完善政策机制**。通过深化集体林权制度改革，出台优惠政策，对按规划要求建设生态景观林带的企业和个人，给予一定的政策和资金支持。进一步完善生态公益林管理机制，将改造后的生态景观林带范围内的林地全部调整为国家和地方生态公益林，落实生态补偿政策。禁止大规模砍伐现有林木，对生态景观林带范围内的现有桉树、松树等速生丰产林，要逐步改造成以乡土阔叶树为主的混交林，并在 30 至 50 年内禁止主伐，确保生态景观林带功能持续发挥。

二〇一一年八月二十五日

# 关于广东省生态景观林带建设规划
# （2011—2020 年）的批复

粤府函〔2011〕299 号

省绿化委员会、林业局：

省绿化委员会、林业局粤林〔2011〕131 号请示收悉。经审核，同意《广东省生态景观林带建设规划(2011 —2020 年)》(以下简称《规划》)，请认真组织实施。省绿化委员会要充分发挥作用，完善工作机制，指导和督促各地、各有关部门做好生态景观林带建设。省林业局要加强与省有关部门的沟通协调，完善政策措施，创造良好的政策环境，推动《规划》确定的各项任务和目标落实。省各有关部门要发挥职能作用，积极支持、主动参与、落实责任，形成工作合力，共同推动全省生态景观林带建设。构建区域生态安全体系。各地级以上市、县（市、区）人民政府作为生态景观林带建设的责任主体，要切实加强组织领导，明确任务分工，加大投入力度，尽快制订本区域的实施方案和年度实施计划，狠抓任务和进度落实，确保高标准、高质量实现生态景观林带建设目标，扎实有效推进全省区域生态安全体系建设。

二〇一一年十一月一日

# 《广东省生态景观林带建设规划（2010—2020 年)》简介

生态景观林带是重要的景观资源和生态屏障，是展示区域形象的重要载体。根据中央领导同志"加强重点生态工程建设，构筑以珠江水系、沿海重要绿化带和北部连绵山体为主要框架的区域生态安全体系"的重要指示精神，为充分发挥林业在维护区域生态安全、发展生态文明、促进宜居城乡建设、提升可持续发展水平中的独特作用，省人民政府决定在全省范围内大力推进生态景观林带建设。

## 一、指导思想、建设目标与布局

### （一）指导思想

深入贯彻落实胡锦涛总书记"七一"重要讲话和视察广东重要讲话精神，以科学发展观为统领，按照省委十届八次全会关于"加快转型升级、建设幸福广东"的重要决策部署，着力实施绿色发展和生态惠民战略，以生态景观林带建设推动林业发展转型升级，把生态景观林带建设作为陆路水路交通和海岸堤防工程建设的重要配套任务和构建区域生态安全体系的重要措施，进一步在重点区域优化森林结构、提升森林质量、强化生态功能，加快推进绿化美化生态化，更好地满足人民群众对林业生态产品的需求，有力推进生态优美的幸福广东建设。

### （二）建设目标

#### 1．总体目标

2011 年开始试点，力争 3 年初见成效，6 年基本成带，9 年完成各项指标任务，形成 23 条"结构优、健康好、景观美、功能强、效益高"的生态景观林带，呈现"青山碧水添花繁，四江两岸愈斑斓；彩龙舞动南粤美，更有绿廊连海天"的森林景观。

——结构优：指森林的组成结构、空间结构和年龄结构优。通过调整森林的树种结构、层次结构、区域结构和树龄结构等，建成树种丰富、林木郁闭、结构多样的复层林、异龄林。

——健康好：能有效防御松材线虫病和薇甘菊等有害生物的入侵和蔓延，抵御火灾、大气污染及其他自然灾害的危害。

——景观美：指形成沿线乔、灌、花、草等多层次、多色彩的景观，富有动态美、韵律美和季相变化，提升审美价值。

——功能强：提升水源涵养、水土保持、防灾减灾能力，拓展碳汇功能。

——效益高：提供丰富的公共生态产品，改善人居环境，提升林带的综合效益。

**2．具体目标**

至 2013 年，完成 23 条生态景观林带主要路段、节点主体建设任务，"四江"、海岸线和交通干线局部地区生态状况明显改善，森林景观效果初步显现，生态景观林带初见成效。

至 2016 年，全部完成 23 条生态景观林带营造林建设任务，"四江"、海岸线和交通干线重点地区生态状况明显改善，森林景观效果进一步丰富提升，生态景观林带基本建成。

至 2020 年，各项建设指标任务全部完成，"四江"、海岸线和交通干线整体生态状况明显改善，形成生态景观林带，构筑覆盖全省的森林生态网络，规划范围内土地实现绿化美化生态化。

### （三）建设原则

**1．因地制宜、突出特色。** 生态景观林带建设突出地方特色和景观主题，以当地特色树种，花（叶）色树种为主题树种，以乡土阔叶树种为基调树种，注重林木栽种的多样性。

**2．依据现有、整合资源。** 生态景观林带建设要在现有林带基础上进行优化提升，在绿化基础上进行美化生态化。要注重与沿线的湿地、农田、果园、村舍等原有生态景观相衔接，注重与各地防护林、经济林、绿道网等建设统筹实施，充分实现各种生态建设项目的整体效益。

**3．科学营建、统筹发展。** 既要坚持以市、县为主体进行建设，又要坚持规划先行和全省一盘棋，对跨区域的路段、河段、海岸线绿化美化生态化进行统一布局规划，保证建设工程的有序衔接和生态景观的整体协调。

**4．政府主导、社会共建。** 突出各级政府的主导作用，由属地政府统筹安排生态景观林带建设，建立完善部门联动工作机制，积极动员社会力量共同参与，形成共建共享的良好氛围。

### （四）建设布局

**1．总体布局**

综合考虑自然生态、交通、城镇和景区景点布局等资源要素，统筹协调山、水、田、林、路和城乡，全面整合山地森林、四旁绿化、平原与水系防护林、城市森林、城镇村庄人居森林以及湿地、田园等多种资源，采用"线、点、面"相结合的形式，增绿添景，建设多色彩、多层次、连片大色块和具有区域特色的森林生态景观长廊。

（1）"线"：是指将高速公路、铁路两侧 20 ～ 50 m 林带和沿海海岸基干林带作为主线，建成各具特色、景观优美的生态景观长廊。

（2）"点"：是指将沿线分布的城镇村居、景区景点、服务区、车站、收费站、互通立交等景观节点进行绿化美化园林化，形成连串的景观亮点。

（3）"面"：是指将高速公路、铁路和江河两岸1 km可视范围内的林地纳入建设范围，改造提升森林和景观质量，形成主题突出和具有区域特色的森林生态景观，增强区域生态安全功能。

**2．分区布局**

按照全省国民经济和社会发展分区战略，依据各条生态景观林带途经的市（县、区）所属的区域，确定生态景观林带建设主导方向和景观主题。树种配置则结合地域差异性特征及各地的风俗人情和群众的生态需求，以地级市为单位，以当地市树、市花和具有特色的当地树种为主题树种，搭配其他花色和常绿阔叶树种，每个地级市营造一至二个具有区域特色的森林生态景观主题。

（1）**珠江三角洲生态景观区**：包括广州、深圳、中山、珠海、佛山、东莞、惠州、肇庆和江门等九个市，重点建设连片大色块森林生态景观。

①广州市：以市树木棉为城市名片，以木棉、宫粉羊蹄甲（宫粉紫荆）、火焰木、小叶紫薇为主题树种，营建以红色花系为主题的森林景观。

②深圳市：以凤凰木、火焰木为主题树种，营建以红色花系为主题的森林景观，表达深圳特区人民的热情、友好与奔放。

③中山市：以铁刀木为主题树种，配置黄槐、双翼豆等树种，营建以黄色为主色调的森林景观。

④珠海市：以腊肠树为主题树种，营建以黄色花系为主题的森林景观。

⑤佛山市：以木棉、格木等为主题树种，营建以红色、黄色为主色调的森林景观。

⑥东莞市：以仪花为主题树种，营建以蓝色为主色调的森林景观。

⑦惠州市：以源于惠州市博罗县罗浮山命名的罗浮槭、美丽异木棉为主题树种，营造红色调的森林景观。

⑧肇庆市：以肇庆市广宁命名的广宁油茶为主题树种，形成独具地方特色的红色景观。

⑨江门市：以宫粉紫荆为主题树种，营造以粉红色为主色调的森林景观。

（2）**粤北生态景观区**：包括韶关、清远、梅州、河源和云浮等五个市，重点建设具有区域特色森林生态景观。

①韶关市：以红花油茶、樱花等为主题树种，营建以红色为主色调的森林景观。

②清远市：以杨梅、任豆为主题树种，建设以红色调为主的森林景观。

③梅州市：以梅州的市花——红梅为主题树种，营建以红色为主色调的森林景观。

④河源市：以杜鹃、大叶紫薇、枫香等为主题树种营建以暖色系为主色调的森林景观。

⑤云浮市：以樟科的红楠、浙江润楠为主题树种，营造具有观红叶的森林景观。

（3）**粤东生态景观区**：包括汕头、汕尾、潮州和揭阳等四个市，重点建设防护林特色森林生态景观。

①汕头市：以市树凤凰木为主题树种，打造色彩鲜艳的景观。

②汕尾市：以假苹婆、台湾相思为主题树种，台湾相思不仅具有景观特色，而且是沿海防护林中不可多得的树种之一。

③潮州市：以国庆花（复羽叶栾树）为主题树种，营建国庆前后繁花怒放的森林景观。

④揭阳市：以蓝花楹为主题树种，营造紫蓝色彰显的雅丽清秀景观。

（4）**粤西生态景观区**：包括湛江、茂名、阳江等三个市，重点建设具有防护林特色的森林生态景观。

①湛江市：以市树红花紫荆为主题树种，营建以红色为主色调的森林景观。

②茂名市：以黄花风铃木为主题树种，营造黄色系的森林景观。

③阳江市：以美丽异木棉为主题树种，营造以粉红色为主色调的森林景观。

# 二、主要建设内容

## （一）高速公路、铁路生态景观林带

全省规划建设高速公路、铁路生态景观林带 17 条，全长 4714 km。其中，高速公路生态景观林带 14 条，长 3896 km；铁路生态景观林带 3 条，长 818km。

### 1．建设重点

（1）**绿化景观带**：高速公路、铁路主干道经城镇、厂区、农用地两侧各 20~50 m 范围内的绿化采用花色树种或常绿树种和观赏灌木为主，栽种 5 至 10 行绿化树，形成 3 至 5 个层次的绿化景观带。增强护路、护坡能力，防止塌方和泥石流灾害，在减轻视觉疲劳，提高行车安全的同时，给人以层次分明、色彩亮丽的视觉享受。

（2）**景观节点**：在高速公路、铁路等交通主干道沿线的省际出入口、城市出入口、城镇村居、收费站、立交互通等景观节点，选择景观多样的乔木、灌木和地被植物，采用多种形式的造景手法，建设精致、美观的景观亮点。

（3）**生态景观带**：在高速公路、铁路等交通主干道两侧 1 km 内可视范围林(山)地，选择花色鲜艳、生长较快、生态功能良好的树种，采用花色树种、观景树种和观赏灌木搭配方式进行造林绿化，建设大尺度、大色调的森林生态景观。

### 2．建设内容

（1）1 号生态景观林带（广深高速）

北起广州市黄村立交，南至深圳市皇岗口岸，途经广州市、东莞市和深圳市，全长约 105 km。

①规划主题：百里火焰木长廊。以火焰木、木棉、凤凰木等红色调树种为主题树种，基调树种选择樟树、深山含笑、红锥等生态功能稳定、适应性较强的常绿阔叶树种，搭配杜鹃、龙船花、大红花等灌木，形成以红色调为主的森林生态景观。

②景观特色：火焰木开花时节，花开放在树冠顶层，如熊熊燃烧的火焰一般，花艳如火，极为醒目。

（2）2号生态景观林带（广深沿江高速）

北起广州市黄埔G107国道，南至深圳市深港西部通道，途经广州市、东莞市和深圳市，全长约85 km。

①规划主题：百里红棉长廊。选择广州市的市树——木棉（又名红棉）为主题树种，基调树种选择杨梅、阴香、石笔木、翻白叶树、中华锥等抗风性较强、生态功能稳定的阔叶树种，搭配夹竹桃、山毛豆、春花等花色灌木，形成以红色调为主的森林生态景观。

②景观特色：木棉树形高大，雄壮魁梧，枝干舒展，花红如血，硕大如杯，远观好似一团团在枝头尽情燃烧、欢快跳跃的火苗，极有气势。

（3）3号生态景观林带（广惠深汕高速）

由广惠高速、深汕高速和汕汾高速等路段组成，西起广州市萝岗区萝岗互通，东至汕头市海湾大桥，途经广州市、惠州市、汕尾市、揭阳市、汕头市，全长约384 km。

①规划主题：百里国庆花长廊。以复羽叶栾树（别名国庆花）为主题树种，基调树种选择黄槐、火力楠、中华楠、木荷、米老排、山杜英、大叶相思、黎蒴、枫香和台湾相思等生态功能稳定、抗逆性强的阔叶树种，搭配夹竹桃、春花、野牡丹、决明等花色灌木，营造景观优美、生态防护的绿色屏障。

②景观特色：复羽叶栾树春季嫩叶多呈红色，夏叶羽状浓绿色，秋叶鲜黄色，国庆前后花黄满树，蔚为壮观。花开过后，其蒴果的膜质果皮膨大如小灯笼，鲜红色，成串挂在枝顶，十分美丽。

（4）4号生态景观林带（京珠高速）

包括京珠高速主线以及复线韶赣高速，全长521 km。其中京珠高速广东境内北起乐昌市坪石镇，南至珠海市香洲区，途经韶关市、清远市、广州市、中山市和珠海市，韶赣高速位于韶关境内。

①规划主题：百里红花油茶长廊。京珠高速（韶关段）以红花油茶为主题树种，基调树种选择樟树、中华楠、木荷、山乌桕、杨梅、鸭脚木等生态功能稳定的阔叶树种，植物配置具有季相变化，同时增加观花、观果景观功能，形成特色明显、丰富多彩的森林景观。

②景观特色：红花油茶自然分布于我国华南地区，近年已逐步扩大人工栽培，为南亚热带树种。红花油茶树形优美，叶色深绿，早春开花，花形艳丽缤纷，而

受到人们的喜欢。

**（5）5号生态景观林带（广湛高速）**

由广佛高速、佛开高速、开阳高速、阳茂高速、茂湛高速等路段组成，东起广州市白云区沙贝立交，西至湛江市徐闻县海安镇，途经广州市、佛山市、江门市、阳江市、茂名市和湛江市，全长约504 km。

①规划主题：白里紫荆花廊。广湛高速（湛江段）以湛江市树——红花紫荆为主题树种，基调树种搭配樟树、木荷、杨梅、山乌桕、鸭脚木、山杜英、米老排、黄桐、火力楠等，创造出生态稳定、景观优美的森林群落。在重要景观节点还可使用棕榈科植物，充分体现南亚热带植物的特色，突出和强化规划主题。

②景观特色：红花紫荆，别名羊蹄甲、洋紫荆，原产我国华南地区。红花紫荆叶片宽卵形，顶端裂为两半，似羊蹄甲，花期冬春之间，花大如掌，略带芳香，五片花瓣均匀地轮生排列，红色或粉红色，十分美观。

**（6）6号生态景观林带（广清清连高速）**

南起广州市白云区，北至连州市大路边镇，珠江三角洲通往粤北地区的一条重要交通要道，由广清高速和清连高速组成，途经广州市和清远市，全长约252 km。

①规划主题：百里含笑长廊。以乐昌含笑、深山含笑、醉香含笑（火力楠）和含笑等为主题树种，基调树种选择山乌桕、枫香、阴香、杨梅、鸭脚木、樟树、木荷等生态功能稳定的阔叶树种，运用具季相变化、林冠线变化的植物品种，构建有浓郁乡土特色的森林意象和意境，营造出前卫、冷静、专注的文化创意氛围。

②景观特色：含笑属树种种类较多，多为常绿乔木或灌木，树形、叶形俱美，花朵香气浓郁，喜温暖湿润的气候条件，是南方优良的造林树种。孤植、列植和丛植均甚适宜，特别是在城郊营造风景林或防护林。

**（7）7号生态景观林带（广河高速）**

起点于广州龙眼洞春岗立交，终点接G25长深高速(原惠河高速)博罗石坝路段，最后进入河源市源城区埔前镇。途径广州市、惠州市和河源市，全长约156 km。

①规划主题：百里紫薇长廊。广河高速以大叶紫薇和小叶紫薇为主题树种，基调树种选择阴香、火力楠、木荷、罗浮栲、米老排、假苹婆、红锥、山杜英、乐昌含笑等阔叶树种，沿线植物景观以具有紫色、红色季相变化的植物品种为主体，主色调表现出一种柔、美与韧，寓意惊世骇俗的勤奋、吃苦耐劳的精神，充满着生命力和说服力。

②景观特色：大叶紫薇花色华丽，树姿飘逸，叶片质感平滑，每到冬天转为红色或暗红色的叶子禁不住寒冷而落叶纷纷，初春萌芽，给南国人们以季相变化，夏季开花，为夏季代表花之一，花在枝条顶成串朝上绽开，花朵满布枝头，总让人惊艳不已，大型优雅的紫花宛若扬翅飞舞的风蝶围绕枝头不肯离去。小叶紫薇树干光滑洁净，花色艳丽，开花时正当夏秋少花季节，花期极长，故有"百日红"之称，又有"盛夏绿遮眼，此花红满堂"的赞语，是观花、观干的良材。

（8）8号生态景观林带（二广高速）

南起广州市白云区，北至连州市三水镇，由南至北贯穿广州市、佛山市、肇庆市和清远市，全长约308 km。

①规划主题：百里竹子长廊。二广高速两侧以低山丘陵地貌为主，沿途穿过著名的竹乡广宁、怀集，沿途而上两边分布着连片的广宁竹、茶杆竹等，其间点缀翠绿的松树、杉木，意境优美，景色迷人。主题树种可选择广宁竹、茶杆竹、青皮竹、毛竹、撑篙竹、黄金间碧竹、佛肚竹等，与樟树、中华楠、木荷、山乌桕、杨梅、鸭脚木等生态功能稳定的阔叶树种混交，形成百里竹廊。

②景观特色：竹身修长，青翠苍绿，成林后遮天蔽日，蔚为壮观。清风吹过，万顷波动，发出海浪般的响声，使人犹如置身于竹林的波峰与浪谷之间，有"竹海"波澜壮阔之气势。

（9）9号生态景观林带（广梧高速）

东起广州市白云区，西至云浮市郁南县平台镇，途经广州市、佛山市、肇庆市和云浮市，全长约206 km。

①规划主题：百里润楠长廊。广梧高速（云浮段）以红楠、浙江润楠等润楠属植物为主题树种，基调树种选择黄桐、阴香、米老排、潺槁树、假苹婆、木荷、杨梅等阔叶树种，搭配夹竹桃、山毛豆、春花等花色灌木，营造景观优美、层次多样、色彩丰富的生态防护屏障，形成与"城中有山，山中有水，绿树花香，山水相映"的地方特色相呼应的地域性森林群落景观。

②景观特色：润楠属植物春季顶芽相继开放，新叶随着生长期出现深红、粉红、金黄、嫩黄或嫩绿等不同颜色的变化，满树新叶似花非花，五彩缤纷，斑斓可爱，秋梢红艳。夏季果熟，果皮紫黑色，长长的红色果柄，顶托着一粒粒黑珍珠般靓丽动人的果实，是理想的观果树种。冬季顶芽粗壮饱满微红，犹如一朵朵含苞待放的花蕾，缀满碧绿的树冠，恰似"绿叶丛中万点红"，叫人赏心悦目。

（10）10号生态景观林带（惠河梅汕高速）

由"惠河高速""河梅高速"和"梅汕高速"以及"天汕高速梅州段"组成，途经惠州市、河源市、梅州市、揭阳市、潮州市和汕头市，全长约435 km。

①规划主题：美丽异木棉长廊、百里枫香长廊、百里红梅花廊。惠河高速以美丽异木棉为主题树种，基调树种搭配以罗浮槭、木荷、火力楠、山杜英、山乌桕等，营造以粉红色为主色调的森林景观。河梅高速以枫香为主题树种，基调树种搭配以樟树、火力楠、木荷、山杜英、杨梅等，形成红叶为主调的森林生态景观。梅州境内以市花——红梅为主题树种，以阴香、木荷、山杜英、樟树、红锥、深山含笑、杨梅、中华楠等为基调树种，形成独具亚热带特色的森林景观。

②景观特色：每年11月，美丽异木棉花开时，枝叶茂盛、满枝繁花灿若桃花，粉色的花瓣配上淡黄色的花蕊相得益彰。枫香秋季日夜温差变大后叶变红、紫、橙红等，增添秋色，显得格外美丽，陆游即有"数树丹枫映苍桧"的诗句，亦有

杜牧的"停车坐爱枫林晚，霜叶红于二月花"的名句。梅花是中华民族的精神象征，象征着坚韧不拔、百折不挠、奋勇当先、自强不息的精神品质。

**(11) 11 号生态景观林带（潮莞高速）**

西起东莞市谢岗镇，东至潮安县凤塘镇，途经东莞市、惠州市、汕尾市、揭阳市和潮州市，全长约 342 km。

①规划主题：百里金凤花廊。以凤凰木（又名金凤）、黎蒴、台湾相思等红色和黄色为主色调的主题树种，基调树种选择阴香、假苹婆、木荷、红锥、山杜英、蓝花楹、枫香和乐昌含笑等，配以其他常绿阔叶树种，自西向东，在大尺度视觉上营建各具特色的亚热带森林群落，形成与从工业城市向海滨城市过渡的人文景观相协调的森林景观带。

②景观特色：凤凰木别名红花楹树、凤凰树、火树、红花楹、影树、金凤。凤凰木树冠高大，花期花红叶绿，满树如火，富丽堂皇，"叶如飞凰之羽，花若丹凤之冠"。

**(12) 12 号生态景观林带（粤赣高速）**

南起河源市源城区埔前互通，北至和平县上陵镇，贯穿河源市源城区、东源县、连平县、和平县，全长约 151 km。

①规划主题：百里杜鹃花廊。以杜鹃为主题树种，基调树种选择阴香、火力楠、木荷、罗浮栲、山杜英、米老排等，营建以暖色系为主色调的森林景观。充分展示"客家古邑、万绿河源"的城市主题。

②景观特色：杜鹃在所有观赏花木之中，称得上花、叶兼美，素有"木本花卉之王"的美称，以杜鹃的红色体现客家人们的淳朴和好客。

**(13) 13 号生态景观林带（广乐高速）**

北起韶关市乐昌市坪石镇，南至广州市花都区花山镇，途径韶关市、清远市和广州市，最终到达全长约 271 km。

①规划主题：百里樱花长廊。以樱花为主题树种，搭配樟树、中华楠、木荷、山乌桕、杨梅、中华锥等基调树种，营建以暖色系为主色调，春可观花、秋可观果的具有浓郁特色的森林景观。

②景观特色：樱花花色幽香艳丽，为早春重要的观花树种，盛开时节花繁艳丽，满树烂漫，如云似霞，极为壮观。大片栽植形成"花海"景观。樱花代表壮烈、纯洁、高尚，在很多人心目中是美丽、漂亮和浪漫的象征。

**(14) 14 号生态景观林带（西部沿海高速）**

东起中山市，西至阳东县新洲镇，途经中山市、珠海市、江门市和阳江市，全长约 176 km。

①规划主题：百里仪花长廊。以仪花、蓝花楹、铁刀木和黄槐等紫色、黄色调的主题树种，基调树种选择阴香、乐昌含笑、木荷、红锥、枫香、潺槁树、火力楠、木荷、杨梅、山杜英、鸭脚木、樟树和黄桐等，形成多树种、多色彩的森林景观，展现人与自然和谐相处的新景象。

②景观特色：仪花主要产于广东省高要、茂名、五华等地。树姿雄伟。花多，花色美丽，开放时在绿色的映衬下一片紫红，十分浪漫。

**（15）15 号生态景观林带（武广高铁）**

南起广州市番禺区，北至乐昌市坪石镇，途经广州市、佛山市、清远市和韶关市，全长约 236 km。

①规划主题：百里梦幻紫。以紫花泡桐、紫玉兰、仪花、蓝花楹和大叶紫薇等为主题树种，基调树种选择杨梅、樟树、木荷、火力楠、山杜英、假苹婆、米老排、中华楠、山乌桕、中华锥、乐昌含笑、枫香、鸭脚木、阴香和罗浮栲等常绿乡土阔叶树种，营建以紫色花系为主色调的森林景观。

②景观特色：紫色寓意高铁沿线人们工作、生活节奏的高效与快捷。

**（16）16 号生态景观林带（京广铁路）**

南起广州市越秀区，北至乐昌市坪石镇，途经广州市、清远市和韶关市，全长约 278 km。

①规划主题：百里生命红。以火焰木、凤凰木、红苞木和红花紫荆等为主题树种，基调树种选择阴香、木荷、深山含笑、枫香、中华锥、鸭脚木等乡土阔叶树种，通过营建大色调、大色块的暖色系森林景观，改善铁路沿线现有森林结构、提升原有景观水平，充分体现京广铁路作为经济大动脉，在沿线城市社会、经济的快速发展中起到的不可或缺的作用。

②景观特色：红色调展现京广铁路在社会、经济发展中起到的极其重要的作用。

**（17）17 号生态景观林带（京九铁路）**

南起深圳市罗湖区，北至河源市和平县上陵镇，途经深圳市、东莞市、惠州市、河源市，全长约 304 km。

①规划主题：百里富贵黄。以黄槐、复羽叶栾树、台湾相思、双翼豆和双荚槐等为主题树种，基调树种选择樟树、深山含笑、木荷、红锥、火力楠、罗浮栲、米老排、阴香、假苹婆、山杜英、枫香、和乐昌含笑等。依照铁路沿线不同城市的不同特色，营建与当地现有自然景观相融合的森林景观，以良好的生态环境在保障社会、经济发展之余，能够作为一张生态名片更好地提升城市形象。

②景观特色：黄色调既表现京九铁路沿线不同城市间虽各具特色，又反映共同致力于建设和谐社会、幸福广东的发展愿景。

### （二）沿海生态景观林带

全省规划建设沿海生态景观林带 2 条，全长 3368 km。在沿海沙质海岸线附近，选择抗风沙、耐高温、根系发达、固土能力强、枯枝落叶量大的树种，采用块状混交的方式，建设与海岸线大致平行、宽度 50 m 以上基干林带，增强防风固沙，防止土地沙化；在沿海滩涂地带、陆地与海洋交界的海岸潮间带或海潮能达到的河流入海口，选择枝繁叶茂、根系发达、色彩层次分明、海岸防护功能强的红树林树种，采用乡土树种为主随机混交的模式种植红树林，利用红树林的促淤、缓流和消浪，提高护岸、护堤功能，减轻台风、赤潮的影响。沿海生态景观林带镶嵌在岸线和海洋之间，凸显"绿廊连海天"的景观。

（1）18 号生态景观林带（东部沿海防护林）

以珠江口深圳市为起点，由西至东沿海岸线布局，途经深圳市、东莞市、惠州市、汕尾市、揭阳市、汕头市和潮州市，全长约 1225 km。

该带由沿海基干林带和滩涂红树林两部分构成。在沿海沙质海岸线附近，选择抗风沙、耐高温、根系发达、固土能力强、枯枝落叶量大的树种，主要是木麻黄、大叶相思、台湾相思、黄槿等，采用块状混交的方式，建设与海岸线大致平行、宽度 50 m 以上基干林带，增强防风固沙，防止土地沙化。在沿海滩涂地带、陆地与海洋交界的海岸潮间带或海潮能达到的河流入海口，选择枝繁叶茂、根系发达、色彩层次分明、海岸防护功能强的红树林树种，如桐花树、秋茄、木榄、红海榄、海桑、无瓣海桑、角果木、拉贡木、白骨壤、海莲、老鼠簕、海漆等，采用随机混交的模式种植红树林，利用红树林的促淤、缓流和消浪，提高护岸、护堤功能。

（2）19 号生态景观林带（西部沿海防护林）

以珠江口中山市为起点，由东至西沿海岸线布局，途经中山市、珠海市、江门市、阳江市、茂名市、湛江市，全长约 2143 km。

该带包括沿海基干林带和滩涂红树林两部分。在沿海沙质海岸线附近，选择木麻黄、大叶相思、台湾相思等抗风沙、耐高温、根系发达、固土能力强、枯枝落叶量大的树种，采用块状混交的方式种植；在沿海滩涂地带选择无瓣海桑、海莲、海桑、老鼠簕、红海榄等枝繁叶茂、根系发达、海岸防护功能强的红树林树种，采用随机混交的种植模式，减轻台风、海啸、赤潮等自然灾害的影响。

### （三）江河生态景观林带

规划建设江河生态景观林带 4 条，全长 1918 km。在东江、西江、北江和韩江干流的两侧山地，选择具有较好涵养水源和较强保持水土能力的乡土树种，采用主导功能树种和彩叶树种随机混交或块状混交的方式进行造林绿化，提高保持水土、涵养水源能力，减少地表径流，减轻水土流失，防止山体滑坡和泥石流等地质灾害，强调叶色变化和季相变化，呈现以绿色为基调、彩叶树种为小斑块的"四江两岸愈斑斓"景观。

（1）20 号生态景观林带（东江水源涵养林）

以"东江"省内干流为主线，由北至南途经河源市、惠州市和东莞市，全长约 482 km。

林分主林冠层的主要树种可以选择樟树、枫香、红锥、楠木、木荷、火力楠、马占相思和米老排等，搭配阴香、秋枫、铁冬青、鸭脚木、千年桐、黎蒴、火力楠、楝叶吴茱萸等其他乡土树种，通过采用近自然手法营建阔叶林森林景观，强化水源涵养林截留降水、缓和地表径流和增强土壤蓄水能力。

（2）21号生态景观林带（西江水源涵养林）

以"西江"省内干流为主线，由西北至东南途经云浮市、肇庆市、佛山市、江门市、中山市和珠海市，全长约430 km。

进一步保护好封开县等地境内的天然阔叶林，在其他地方改造现有的马尾松林和杉木人工林。水源涵养林应选择树形高大、枝叶繁茂、树冠稠密、落叶量大、根系发达的乡土树种，以利于截留降水、缓和地表径流和增强土壤蓄水能力。同时要求选择的树种寿命较长，以便形成比较稳定的森林群落，维持较长期的涵养水源效益。其中林分主林冠层的主要经营树种可以选择红锥、樟树、檫树、楠木、火力楠、格木、柚木、红椿、米老排和红苞木，搭配其他乡土阔叶树种，改善树种和林种结构，提高水土保持和水源涵养功能。

（3）22号生态景观林带（北江水源涵养林）

以"北江"省内干流为主线，由北至南途经韶关市、清远市、肇庆市、佛山市和广州市，全长约546 km。

林分主林冠层的主要树种可以选择山乌桕、冬桃杜英、拟赤杨、枫香、石栎、山杜英等具有生长好、落叶丰富、根系发达的优良树种，伴生树种可以选择阴香、黎蒴、杨梅、红苞木、降香黄檀、深山含笑、千年桐等落叶多、护土、改土、肥土作用显著的阔叶树种。

（4）23号生态景观林带（韩江水源涵养林）

以"韩江"省内干流为主线，由北至南途经梅州市、潮州市和汕头市，全长约460 km。

林分主林冠层的主要树种可以选择乌桕、枫香、黎蒴、拟赤杨、石栎、山杜英等，伴生树种可以选择红锥、火力楠、椆木、枫香、山乌桕、鸭脚木、樟树、米老排等，逐步改变现有水源涵养林疏残林多、纯林较多的现状，加速其向针阔、阔叶混交林方向演替，使其群落结构更趋合理。充分发挥水源涵养林在水土保持、水源调节、净化水质、调节气候等方面的重要作用。

# 三、建设任务与年度安排

## （一）建设任务

建设23条生态景观林带，全长10000 km，规划任务总量为805.0万亩。

### 1. 建设任务按建设类型统计

（1）高速公路、铁路生态景观林带。全长4714 km，规划任务共计424.0万亩（表1）。

（2）沿海生态景观林带。全长3368 km，规划任务共计52.0万亩（表2）。

（3）江河生态景观林带。全长1918 km，建设任务为329.0万亩（表3）。

### 表 1　高速公路、铁路生态景观林带规划表

| 序号 | 建设任务 | 人工造林（万亩） | 补植套种（万亩） | 改造提升（万亩） | 封育管护（万亩） | 合计 |
|---|---|---|---|---|---|---|
| 1 | 生态景观带 | 40.6 | 145.6 | 88.8 | 129.0 | 404.0 |
| 2 | 绿化景观带（含景观节点） | 15.0 | | | 5.0 | 20.0 |
| | 合计 | 55.6 | 145.6 | 88.8 | 134.0 | 424.0 |

### 表 2　沿海生态景观林带规划表

| 序号 | 规划任务 | 人工造林（万亩） | 补植套种（万亩） | 改造提升（万亩） | 封育管护（万亩） | 合计 |
|---|---|---|---|---|---|---|
| 1 | 基干林带 | 10.0 | 1.5 | | 15.5 | 27.0 |
| 2 | 红树林 | 15.0 | | | 10.0 | 25.0 |
| | 合计 | 25.0 | 1.5 | | 25.5 | 52.0 |

### 表 3　江河生态景观林带规划表

| 序号 | 规划任务 | 人工造林（万亩） | 补植套种（万亩） | 改造提升（万亩） | 封育管护（万亩） | 合计 |
|---|---|---|---|---|---|---|
| 1 | 江河生态景观林带 | 22.9 | 58.5 | 67.2 | 180.4 | 329.0 |
| | 合计 | 22.9 | 58.5 | 67.2 | 180.4 | 329.0 |

## 2．建设任务按林带和市别统计

全省统一规划 23 条生态景观林带，共涉及 21 个地级市（表 4、表 5）。

### 表 4　按林带统计建设规划任务一览表

| 生态景观林带号 | 合计（亩） | 建设任务（亩） | | | |
|---|---|---|---|---|---|
| | | 人工造林 | 补植套种 | 改造提升 | 封育管护 |
| 1 | 37180 | 11400 | 9000 | 6500 | 10280 |
| 2 | 27020 | 8960 | 5000 | 5000 | 8060 |
| 3 | 355280 | 60800 | 92700 | 56000 | 145780 |
| 4 | 357230 | 38000 | 128500 | 67500 | 123230 |
| 5 | 486860 | 48800 | 134200 | 110000 | 193860 |
| 6 | 247400 | 32150 | 66000 | 43000 | 106250 |
| 7 | 124080 | 23700 | 29100 | 19000 | 52280 |
| 8 | 341380 | 46160 | 95000 | 89000 | 111220 |

（续）

| 生态景观林带号 | 合计（亩） | 建设任务（亩） | | | |
|---|---|---|---|---|---|
| | | 人工造林 | 补植套种 | 改造提升 | 封育管护 |
| 9 | 169210 | 30530 | 27000 | 65000 | 46680 |
| 10 | 487700 | 66700 | 136000 | 153000 | 132000 |
| 11 | 357960 | 50000 | 109000 | 102000 | 96960 |
| 12 | 82690 | 21550 | 20800 | 10500 | 29840 |
| 13 | 149710 | 18550 | 28000 | 46500 | 56660 |
| 14 | 139100 | 22200 | 51500 | 6500 | 58900 |
| 15 | 282400 | 24000 | 163500 | 39000 | 55900 |
| 16 | 325000 | 26000 | 191500 | 40500 | 67000 |
| 17 | 269000 | 26000 | 169000 | 29000 | 45000 |
| 18 | 192900 | 82700 | 8800 | — | 101400 |
| 19 | 327100 | 167300 | 6200 | — | 153600 |
| 20 | 864500 | 64000 | 152500 | 158000 | 490000 |
| 21 | 762500 | 30000 | 162500 | 163000 | 407000 |
| 22 | 977000 | 67000 | 140000 | 220000 | 550000 |
| 23 | 686800 | 68000 | 130000 | 131000 | 357800 |
| 合计 | 8050000 | 1034500 | 2055800 | 1560000 | 3399700 |

## 表5　按地级市统计建设规划任务一览表

| 序号 | 市别 | 合计（亩） | 建设任务（亩） | | | |
|---|---|---|---|---|---|---|
| | | | 人工造林 | 补植套种 | 改造提升 | 封育管护 |
| 1 | 广州市 | 323240 | 43880 | 91000 | 59300 | 129060 |
| 2 | 深圳市 | 45070 | 12710 | 10600 | 6400 | 15360 |
| 3 | 珠海市 | 74650 | 15550 | 13800 | 7500 | 37800 |
| 4 | 汕头市 | 135230 | 34500 | 36300 | 15300 | 49130 |
| 5 | 佛山市 | 175530 | 31820 | 47900 | 19700 | 76110 |
| 6 | 韶关市 | 1228240 | 100600 | 357000 | 250000 | 520640 |
| 7 | 河源市 | 968920 | 95500 | 298300 | 164100 | 411020 |
| 8 | 梅州市 | 648200 | 74250 | 132500 | 142800 | 298650 |
| 9 | 惠州市 | 591150 | 87400 | 153350 | 139900 | 210500 |
| 10 | 汕尾市 | 264840 | 55400 | 59750 | 41300 | 108390 |
| 11 | 东莞市 | 110100 | 15200 | 22000 | 21500 | 51400 |
| 12 | 中山市 | 57400 | 5050 | 13500 | 10500 | 28350 |

（续）

| 序号 | 市别 | 合计（亩） | 建设任务（亩） | | | |
|---|---|---|---|---|---|---|
| | | | 人工造林 | 补植套种 | 改造提升 | 封育管护 |
| 13 | 江门市 | 281850 | 37850 | 69000 | 43000 | 132000 |
| 14 | 阳江市 | 164100 | 32600 | 38900 | 16300 | 76300 |
| 15 | 湛江市 | 379450 | 112650 | 60150 | 47500 | 139150 |
| 16 | 茂名市 | 153500 | 40300 | 23850 | 25600 | 63750 |
| 17 | 肇庆市 | 444650 | 35500 | 95000 | 121500 | 192650 |
| 18 | 清远市 | 1015720 | 90100 | 325400 | 208500 | 391720 |
| 19 | 潮州市 | 347760 | 36690 | 73300 | 72900 | 164870 |
| 20 | 揭阳市 | 247950 | 57400 | 50200 | 41000 | 99350 |
| 21 | 云浮市 | 392450 | 19550 | 84000 | 105400 | 183500 |
| 22 | 合计 | 8050000 | 1034500 | 2055800 | 1560000 | 3399700 |

## （二）年度安排

1. 规划前期（2011—2015 年）

完成 103.45 万亩人工造林任务、205.58 万亩补植套种任务、156.0 万亩改造提升任务、339.97 万亩封育管护任务，合计 805.0 万亩。

2. 规划后期（2016—2020 年）

完成前期建设景观林带的封育管护任务。

# 四、投资概算与效益分析

本工程营造林直接投资 559119.3 万元，按景观带类型分，其中：高速公路、铁路生态景观林带 346264.1 万元；沿海生态景观林带 44518.0 万元；江河生态景观林带 168337.2 万元。按措施类型分，其中：人工造林 168762.0 万元；补植套种 160355.7 万元；改造提升 122304.0 万元；封育管护 107697.6 万元。

# 生态景观林带作业设计技术规范（DB44/T 1109—2013）

## 1 范围

本标准规定了生态景观林带作业设计总则、外业调查、内业设计及设计文件等要求。

本标准适用于生态景观林带的作业设计。

## 2 规范性引用文件

下列文件对于本文件的应用是必不可少的。凡是注日期的引用文件，其版本适用于本规范；凡是不注日期的引用文件，其最新版本（包括所有的修改版）适用于本文件。

GB/T 18337.3 生态公益林建设技术规程

LY/T 1607 造林作业设计规程

LY/T 1763 沿海防护林体系工程建设技术规程

LYJ 002 林业工程制图标准

CTJ 006 公路环境保护设计规范

JT/T 647 公路绿化设计制图

DB44/T 284 红树林造林技术规程

## 3 术语与定义

下列术语和定义适用于本文件。

### 3.1 生态景观林带 eco-landscape belt forest

在交通主干道两侧、江河两岸及沿海海岸一定范围内，营建以乡土树种为主的，具有多树种、多层次、多色彩、多功能、多效益的带状森林。

### 3.2 景观节点 landscape node

在生态景观林带建设范围内，对具有良好观赏视线的地段进行局部的植物造景，营建有助于突出规划主题的各类绿化用地。景观节点类型包括：收费站、服务区、休息区、互通立交、隧道口及管理设施周边等；沿途的出入口、公路与城市的主要连接干道等。

### 3.3 作业设计 operational design

在调查和分析的基础上，按照规划主题的要求，进行营造林及绿化设计，提出植物选择与配置、工程量、物资需要量、施工组织、工程概预算等，以及为提高建设成效而采取的各种技术措施。

### 3.4 作业设计单元 operational design unit

作业设计编制和统计的基本单位。山地造林以造林小班为作业设计单元，景观节点以用地范围为作业设计单元；道路和林带绿化以道路里程桩号为作业设计单元。

### 3.5 主题树种 topic-specific trees

能突显规划主题，体现区域特色，形成独特景观的树种。

### 3.6 基调树种 predominant trees

能衬托主题树种，与立地条件相适应，可大量应用的适生树种。

## 4 作业设计总则

### 4.1 设计范围

交通主干道的生态景观林带作业设计范围包括隔离网范围内绿化用地、隔离网外侧 20 ～ 50 m 范围用地以及两侧 1 km 可视范围的林地；江河的生态景观林带作业设计范围包括主要江河两岸 1 km 可视范围的林地；沿海的生态景观林带作业设计范围包括沿海潮间带滩涂、基干林带用地和沿海第一重山地；以及在生态景观林带建设范围内的景观节点。

### 4.2 设计原则

因地制宜、适地适树；生态优先、景观辅之；利用现有、优化提升。

### 4.3 设计内容

种植、抚育管护、辅助工程、工程量、物资需要量、工程概预算、图件及施工组织等。

### 4.4 设计深度

应满足招投标、施工、监理、结算、验收及成效核查等的要求。

## 5 外业调查

### 5.1 资料收集

#### 5.1.1 基础资料

收集当地的社会经济发展、土地利用、国土绿化、林业发展、重点生态工程建设及林业中长期规划等资料；近期的森林资源分布图和分辨率较高的卫星遥感数据。

### 5.1.2  设计底图

交通主干道隔离网范围内绿化设计底图参照 CTJ 006 执行；交通主干道两侧林带设计使用 1:500 或 1:2000 地形图或道路施工图；其他山地造林使用 1:10000 地形图。

## 5.2  设计单元确定

踏查确定作业设计单元，编绘总平面图。作业设计单元在图纸上的最小成图面积为 2 mm×2 mm。作业设计单元面积求算精度达到 98% 以上。

## 5.3  现状调查

对作业设计单元的地理位置、地形地势、土壤条件、植被状况、林地林权等情况进行专题调查。

# 6  内业设计

## 6.1  一般要求

### 6.1.1  交通主干道生态景观林带

#### 6.1.1.1  道路绿化

参照 CTJ 006 执行。

#### 6.1.1.2  两侧林带

按照规划主题的要求，遵循"因地制宜、突出主题，四季常绿、四季有花"的原则，两侧营建宽 20 ～ 50 m 的多层次林带。

林带构成应有主题树种和基调树种，同一条林带中主题树种数量比例宜控制在 30% ～ 40%。

#### 6.1.1.3  山地绿化

遵循"因地制宜、突出主题，集中连片、强化景观"的原则，选择花（叶）色鲜艳、生长快、生态功能好的树种，采用花（叶）色树种和灌木搭配方式进行造林绿化，建设连片大色块、多色调森林生态景观。营建技术参照 GB/T 18337.3 执行。

树种配置可采取块状混交和株间混交多种方式。主题树种在同一作业设计单元中比例不得低于 40%，基调树种以乡土常绿阔叶树种或珍贵树种为主。

#### 6.1.1.4  景观节点绿化

##### 6.1.1.4.1  出入口

在宜绿化地段，选择以美观为主、抗逆性强的植物进行绿化。

##### 6.1.1.4.2  服务区

以植物造景为主，适当布置园林小品，创造一个优美、舒适、安全的休息场所；停车场宜种植荫蔽效果好的树种。

---

说明：规范中附录A、附录B略写。

6.1.1.4.3　互通立交

种植设计应满足安全视线要求，突出景观特色。

6.1.1.4.4　隧道口

隧道口上方山地造林绿化应突出规划主题，营建连片、大色块的森林景观，在洞口口沿和洞口边种植攀藤植物进行垂直绿化，隧道口附近的平缓地带或中间带宜采用自然式或规则式植物配置方式，形成绿树成荫、花香四季的植物景观。

6.1.1.5　特殊地段处理

对于现有景观效果良好的荔枝、龙眼、柑桔等经济林，以及农田、库塘等地段，应结合实际，适度保留，以增加景观多样性；对于生态景观林带范围内的现有桉树林、松树林等，应结合实际，逐步改造成以乡土阔叶树为主的混交林，确保生态景观林带功能持续发挥；对于主干道两侧的破旧房屋、墓园、采石场、取土场等特殊地段，应采取密植乔、灌、草的方式进行遮挡或复绿。

6.1.2　江河生态景观林带

按照"因地制宜、保护优先"的原则，选择具有较强涵养水源和保持水土能力的树种，以增强江河两岸森林的生态防护功能。营造技术参照 GB/T 18337.3 执行。

6.1.3　沿海生态景观林带

6.1.3.1　滩涂绿化

根据不同的气候带、土壤底质、潮滩高度、盐度和风浪影响程度等确定不同的红树林树种及配植方式，注重提高林分的生物多样性。营建技术参照 DB44/T 284 执行。

6.1.3.2　基干林带绿化

应遵循"因害设防、突出重点"的原则，充分利用原有植被，对断带、未合拢地段进行补缺，对残破林带、低效林带进行修复，形成与海岸线大致平行的基干林带。营建技术参照 LY/T 1763 执行。

6.1.3.3　沿海第一重山绿化

遵循"保护为主、突出重点"的原则，以抗风能力强的乡土常绿阔叶树种为主，营建生态防护功能稳定的森林。营建技术参照 LY/T 1763 执行。

## 6.2　技术要求

6.2.1　土地整理

6.2.1.1　道路绿化

若土质不能满足苗木种植要求，应进行客土处理。种植地表应在 $\pm 30$ cm 高差以内平整。土地平整应符合场地的排水要求。

6.2.1.2　林带绿化

植穴定位应错位布穴。整地采用明穴方式，植穴规格应根据苗木的土球大小而定。林带两侧应预留有排水沟。

### 6.2.1.3 山地绿化

在满足造林种植的前提下，尽可能少破坏原有的森林植被，严禁全面炼山、全垦。以种植穴为中心，采取块状清理，清理 1 m² 的林地，将清理的杂草堆沤，以增加土壤腐殖质，提高土壤肥力。植穴应错位布穴，整地采用明穴方式，植穴规格 60 cm×60 cm×50 cm（大苗）或 50 cm×40 cm×40 cm（小苗）。

### 6.2.2 回土与基肥

在造林前一个月应回土，回土应打碎及清除石块、树根，先回表土后回心土，当回至 50% 时，施放基肥，并与穴土充分混匀后继续回土至平穴备栽。

### 6.2.3 苗木规格

#### 6.2.3.1 主干道林带绿化苗（含道路绿化、两侧林带绿化及景观节点绿化）

灌木选用高 >50 cm、冠幅 >30 cm、地径 >1.0 cm 的袋苗；乔木选用高 >2.5 m、冠幅 >1.5 m、胸径 4～6 cm、土球直径 >40 cm 的袋苗。

#### 6.2.3.2 山地绿化苗

人工造林的苗木选用高 60 cm 以上袋苗，补植套种和改造提升的苗木选用高 120 cm 以上的袋苗。

#### 6.2.3.3 滩涂绿化苗

白骨壤、红海榄、海桑、无瓣海桑、拉贡木、桐花树和木榄选用苗高 50 cm 以上无病虫害健壮的袋苗；秋茄选用果实饱满无病虫害的优质胚轴进行造林，可在胚轴成熟后随采随种。

#### 6.2.3.4 基干林带绿化苗

选用苗高 30 cm 以上袋苗。

### 6.2.4 栽植季节

根据当地的自然气候条件，较适宜造林的季节为 3～4 月，在春季下透雨后（穴土湿透），即可选择雨后的阴天或小雨天时栽植。

### 6.2.5 栽植要求

栽植时先在植穴中央挖一比营养袋稍大的栽植孔，小心剥除营养袋（可溶性营养袋除外），把带土的苗木放至栽植孔中，扶正苗木，适当深栽，同时回土后应压实，然后用松土覆盖比苗木根颈高 2～5 cm，堆成馒头状。栽植后 2 周内全面检查种植情况，发现死株应及时补植，并扶苗培正，确保成活率达 95% 以上。

### 6.2.6 抚育管理

抚育三年五次，第一年秋初抚育一次，第二、三年春秋末各抚育一次。抚育工作内容：清除植穴 1m²（1 m×1 m）范围的杂草、灌丛；松土以植株为中心，半径 50 cm 内的土壤挖松、内浅外深、松土后回土培成"馒头状"。

追肥三年三次，栽植二个月结合补苗进行第一次追肥，第二、三年春末结合抚育各追肥一次。追肥结合抚育进行，抚育结束后在植穴的外围开宽 10 cm 左右的环形浅沟，把肥料均匀放入沟内，然后用土覆盖，以防流失。

6.2.7　封育管护

6.2.7.1　主要对象

规划范围内现有景观特色和生态功能较好的林分。

6.2.7.2　主要措施

设立封山育林固定标志牌，配置专职护林员；加强日常巡山管护，禁止一切砍伐林木、采药、挖树根、毁林开垦及捕杀野生动物等不利于林木生长的人为活动；加强护林防火，杜绝一切野外用火；做好森林病虫害预防、监控等工作。

## 6.3　设计内容

6.3.1　种植设计

道路绿化设计参照 CTJ 006 执行。

其他类型绿化设计参照 LY/T 1607 执行。

6.3.2　抚育管护设计

幼林抚育次数、时间、方式、内容与具体要求；追肥次数、用肥量、肥料品种、施放方式与具体要求；病虫害防治措施等。

6.3.3　辅助工程设计

辅助工程设计主要针对交通主干道隔离网外侧 20 ～ 50 m 绿化景观带的辅助工程设计，包括苗木支撑设计、蓄水池设计和物资运输林道设计等。

6.3.4　苗木需求量计算

根据设计初植密度（株行距）及作业设计单元面积计算出苗木需要量，并落实苗木来源。

6.3.5　工程量统计

根据相关的技术经济指标，计算林地清理、整地挖穴、肥料施放等计算物资需要量，辅助工程量与相应物资需求量，以及车辆、农具等设备的数量。

6.3.6　用工量测算

根据作业设计单元面积、辅助工程数量及其相关的劳动定额，计算用工量，结合施工安排测算所需人员与劳力。

6.3.7　施工进度安排

根据季节、苗木、劳力等状况，做出施工进度安排。

6.3.8　工程概预算

根据国家及省的有关概预算指标（标准），结合当地的物价水平进行计算。

## 6.4　图件绘制

图件包括总平面图、作业设计图和辅助工程单项设计图 3 类。

6.4.1　总平面图

总平面图以 A3 图幅的县域平面图为基本图，将施工作业区以醒目的颜色标示到该图上。

6.4.2 作业设计图

山地绿化采用 1∶10000 地形图作为底图，图面标明设计单元边界、面积、辅助工程的布设位置。

参照 LYJ 002 执行。

道路及林带绿化采用 1∶500 或 1∶2000 的底图，参照 JT/T 647 执行。

图纸内容包括：设计说明、工程量表、总平面接图、整地样式图（平面图、立面图）和栽植配置图（平面图、立面图）等。

6.4.3 辅助工程单项设计图

按照国家、行业相关标准绘制单项设计图。

# 7 设计文件

## 7.1 文件组成

作业设计文件由封面、扉页、说明书、总平面图、作业设计图、辅助工程单项设计图、调查设计卡片和概预算书等构成。

## 7.2 文件内容要求

7.2.1 封面

封面内容包括：项目名称、编制单位名称及编制日期。

7.2.2 扉页

扉页内容包括：项目名称；建设单位；编制单位名称；编制单位法人代表、技术总负责人、项目负责人和参加人员；项目负责人、审核人、审定人和签发人签名；设计单位资质证盖章。

7.2.3 说明书

说明书内容包括：基本情况、设计方案、技术设计、辅助工程单项设计、工程量、物资需要量、投资概预算与筹集、保障措施、效果预期与展望等。

7.2.4 图件

包括总平面图、作业设计图及辅助工程单项设计图。

作业设计图以生态景观林带的带号为单位成册。

7.2.5 调查设计卡片

调查设计卡片包括交通主干道两侧林带绿化调查设计卡片、山地绿化调查设计卡片、基干林带绿化调查设计卡片、沿海滩涂绿化调查设计卡片及其他类型设计卡片。

7.2.6 施工图预算书

根据投资项目编制投资预算的相关规定编制施工图预算书（包括详细的工程量、苗木计价清单）。

# 广东省生态景观林带建设指引

广 东 省 绿 化 委 员 会
广 东 省 林 业 调 查 规 划 院
二 ○ 一 二 年 五 月

# 一、生态景观林带的概念、组成、类型及建设方式

## （一）生态景观林带的概念

生态景观林带是在北部连绵山体、主要江河沿江两岸、沿海海岸及交通主干线两侧一定范围内，营建具有多层次、多树种、多色彩、多功能、多效益的森林绿化带。

## （二）生态景观林带的组成

生态景观林带由"线""点""面"组成。

（1）"线"是指将高速公路、铁路两侧 20 ~ 50m 林带和沿海海岸基干林带作为主线，建成各具特色、景观优美的生态景观长廊。

（2）"点"是指将沿线分布的城镇村居、景区景点、服务区、车站、收费站、互通立交等景观节点进行绿化美化园林化，形成连串景观亮点。

（3）"面"是指将高速公路、铁路、江河两岸和海岸沿线 1km 可视范围内的林地纳入建设范围，改造提升森林和景观质量，形成主题突出和具有区域特色的森林生态景观，增强区域生态安全功能。

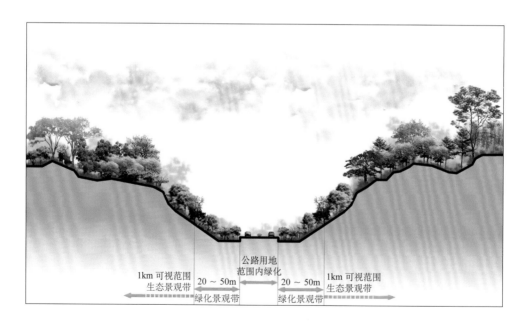

## （三）生态景观林带的类型

### 1．高速公路、铁路生态景观林带

在高速公路、铁路等主干道两侧 1km 内可视范围林（山）地，选择花（叶）色鲜艳、生长快、生态功能好的树种，采用花（叶）色树种和灌木搭配方式进行

造林绿化，建设连片大色块、多色调森林生态景观；高速公路、铁路主干道经城镇、厂区、农用地两侧各 20 ~ 50m 范围内的绿化，采用花（叶）色树种或常绿树种和灌木为主，种植 5 ~ 10 行，形成 3 ~ 5 个层次的绿化景观带。

2．江河生态景观林带

在主要江河两岸山地、重点水库周边和水土流失较严重地区，选择涵养水源和保持水土能力较强的乡土树种，采用主导功能树种和彩叶树种随机混交或块状混交的方式造林，呈现以绿色为基调、彩叶树种为小斑块、叶色随季节变化的森林景观。

3．沿海生态景观林带

在沿海沙质海岸线附近，选择抗风沙、耐高温、固土能力强的树种，采用块状混交的方式进行造林绿化，建设与海岸线大致平行、宽度 50m 以上的基干林带；在沿海滩涂地带，选择枝繁叶茂、色彩层次分明、海岸防护功能强的红树林树种，采用乡土树种为主随机混交的模式进行造林绿化，形成沿海防护林、红树林景观和生态安全体系。

**（四）生态景观林带的建设方式**

根据规划目标要求、立地条件以及营造技术要求，结合建设区域的实际现状，分为人工造林、补植套种、改造提升和封育管护 4 种建设方式。

（1）人工造林。对采伐迹地、火烧迹地、其他无立木林地、宜林荒山荒地、宜林沙荒地和其他土地等，采用植苗方法进行人工造林。

（2）补植套种。对疏林地和郁闭度小于 0.4 的有林地，采用补植的方法，引进花色树种、叶色树种，提高密度，改善林分组成和结构，提高森林景观质量。

（3）改造提升。对景观效果较差的有林地，采用套种、疏伐、皆伐等方法对其进行改造提升，营建具有各具特色的优美森林景观。如现有桉树、松树等速生丰产林，可重新规划为生态公益林或采用块状皆伐现有林分后重新人工造林；现有荔枝、龙眼等经济林可补种桃、李、梅等，增加林分的景观多样性。

（4）封育管护。以保护常绿阔叶次生林、针阔混交林为目标，主要进行封育管护，保持其自然的森林景观状况。

# 二、建设原则及依据

## （一）建设原则

一是坚持因地制宜、突出特色的原则。根据待绿化土地特点，合理确定绿化方式，优化树种配置模式，提高绿化美化效果，提倡乔、灌结合，突出特色。农田与山地、挖方与填方地段，树种配置应有所不同。

二是坚持适地适树、突显景观的原则。根据各地的气候与土壤条件，选择适应性强、病虫害少的乡土树种造林，适当选用少量经过长期引种驯化且表现好的外来树种。要充分利用当地的资源禀赋，以当地特色树种、花（叶）色树种为主题树种，以乡土阔叶树种为基调树种，营建森林景观，展示地方景观特色，坚持生态化、乡土化，注重恢复和保护地带性森林植被群落。

三是坚持依据现有、优化提升的原则。生态景观林带建设要在现有林带基础上进行优化提升，在绿化基础上进行美化生态化。注重与沿线的湿地、农田、果园、村舍等原有生态景观相衔接，注重与各地防护林、经济林、绿道网等建设统筹实施，充分实现各种生态建设项目的整体效益。

四是坚持生态优先、多效益兼顾的原则。以发挥森林生态功能为前提，建设生态景观林带的苗木应尽量保留原有树冠，禁止使用截干苗木造林，增强绿化美化效果。在生态景观林带建设中，搭配种植经济价值高、市场前景广、景观效果好的珍贵树种，突出地方绿化特色，实现生态、经济、社会效益的统一。

### （二）建设依据

1. 广东省人民政府文件《关于建设生态景观带构建区域生态安全体系的意见》（粤府〔2011〕101号）；

2. 广东省绿化委员会　省林业局《广东省生态景观带建设规划（2011—2020)》；

3.《城市绿化工程施工及验收规范》（CJJ/T82—99）；

4.《国省干线GBM工程实施标准》[（91）交工字15号]；

5.《造林技术规程》（GB/T15776—1994）；

6.《营造林工程建设项目文件组成及深度要求》（LY5141—1999）；

7.《封山（沙）育林技术规程》（GB/T15163—2004）；

8.《全国生态公益林建设标准》（中国标准出版社，2001）；

9.《水源涵养林工程设计规范》（中华人民共和国建设部，2011年）；

10.《水土保持林工程设计规范》（中华人民共和国建设部，2011年）；

11.《沿海防护林体系工程建设技术规程》（LY/T 1763—2008）；

12.《红树林造林技术规程》（广东省地方标准，DB44/T 284—2005）。

## 三、高速公路、铁路生态景观林带

### （一）建设范围

主要包括高速公路、铁路等主干道隔离网范围内的中间隔离带和路肩绿化带；主干道沿线分布的城镇村居、景区景点、服务区、车站、收费站、互通立交等景观节点；主干道经城镇、厂区、农用地两侧各20～50m范围内的绿化；主干道两侧1km内可视范围的林（山）地。

### （二）树种选择

1. 高速公路、铁路等主干道隔离网内绿化景观带

选择适应性强、生长强健、管理粗放、抗污染能力强的植物。植物配置须因地制宜，按园林式手法造景。主要树种选择参见表1。

## 表1　主干道隔离网内绿化景观带树种选择表

| 高速公路中间隔离带 | 路肩绿化带 |
|---|---|
| 变叶木、黄金榕、美人蕉、海桐、锦绣杜鹃、红背桂、红花檵木、红叶石楠、大红化、假连翘和龙船花等 | 夹竹桃、小叶紫薇、映山红、狗牙花、灰莉、双荚槐、金凤花、红绒球、大红花和九里香等 |

2．高速公路、铁路等主干道沿线景观节点

选择景观多样的乔木、灌木和地被等进行复层搭配、疏密结合，按自然式种植设计。采用多种形式的造景手法，建设精致、美观的景观亮点。主要树种选择参见表2。

## 表2　主干道沿线景观节点树种选择表

| 乔木或小乔木 | 灌木 |
|---|---|
| 蓝花楹、樟树、高山榕、人面子、铁冬青、蝴蝶果、白兰、阴香、大叶紫薇、桂花、乐昌含笑等 | 黄金榕、红背桂、米仔兰、九里香、海桐、红绒球、灰莉、龙船花、大红花、红花继木、各色夹竹桃等 |

3．高速公路、铁路等主干道隔离网外两侧20～50m的绿化景观带

采用花色树种或常绿树种和观赏灌木为主，栽种5～10行绿化树，形成3～5个层次的绿化景观带。为使绿化景观带形成梯状层次结构，排列顺序依次为低矮灌木、灌木、小乔、中乔、大乔、伟乔。各类树种选择参见表3。

## 表3　主干道绿化景观带树种选择表

| 低矮灌木 | 灌木 | 小乔（6～10m） | 中乔（11～20m） | 大乔（21～30m） | 伟乔（30m以上） |
|---|---|---|---|---|---|
| 锦绣杜鹃、红花檵木、红叶石楠、翅荚决明、红绒球、九里香和黄金榕等 | 小叶紫薇、夹竹桃、双荚槐和洒金榕等 | 鸡冠刺桐、大叶紫薇、黄槐、樱花、红千层、紫玉兰和鸡蛋花等 | 黄花风铃木、红花羊蹄甲、红花油茶、铁冬青、洋蒲桃、水石榕和复羽叶栾树 | 宫粉羊蹄甲、腊肠树、白兰、凤凰木、荷花玉兰、蓝花楹、无忧树、杜果、火焰木和小叶榄仁等 | 樟树、木棉、枫香、盘架子、浙江润楠和尖叶杜英等 |

在地下水位高、经常积水地段可选择落羽杉、水松、池杉、杨柳、水翁、洋蒲桃和水蒲桃等耐水湿树种。

4．高速公路、铁路等主干道两侧1km可视范围生态景观带

选择花（叶）色鲜艳、生长较快、生态功能良好的树种，采用花（叶）色树种、观景树种和观赏灌木搭配方式进行造林绿化，建设大尺度、大色块、多色调的森林生态景观。根据各地条件和各条景观带的主题确定主题树种和基调树种，参见表4。

## 表4 高速公路、铁路生态景观带树种配置模式表

| 带号 | 主干道名称 | 主题树种 | 基调树种 |
|---|---|---|---|
| 1 | 广深高速 | 美丽异木棉、木棉、火焰木、土沉香、仪花、凤凰木 | 樟树、深山含笑、木荷、红锥、阴香、黄桐、鸭脚木、檫树、米锥、灰木莲、山杜英、红荷 |
| 2 | 广深沿江高速 | 美丽异木棉、木棉、红苞木、火焰木 | 阴香、石笔木、中华锥、樟树、翻白叶树、杨梅、石栗、阿丁枫、米老排、黄桐 |
| 3 | 广惠深汕高速 | 凤凰木、红花羊蹄甲、复羽叶栾树、黄花风铃木 | 中华楠、火力楠、木荷、罗浮栲、米老排、山杜英、大叶相思、假苹婆、台湾相思、猴欢喜、南酸枣、锥栗、朴树 |
| 4 | 京珠高速 | 红花油茶、大叶紫薇、火焰木、黄槐、红花羊蹄甲 | 阴香、乐昌含笑、木荷、红锥、枫香、潺槁树、鸭脚木、虎皮楠、石栗、山杜英、石梓、黄樟 |
| 5 | 广湛高速 | 木棉、黄花风铃木、宫粉羊蹄甲、蓝花楹、仪花、红花羊蹄甲 | 樟树、火力楠、木荷、黄桐、中华锥、杨梅、山杜英、米锥、红锥、灰木莲、假苹婆、阿丁枫、枫香、土沉香 |
| 6 | 广清清连高速 | 宫粉羊蹄甲、醉香含笑、乐昌含笑笑、深山含笑等 | 中华楠、灰木莲、石笔木、翻白叶树、米老排、红锥、樟树、木荷、山杜英、枫香 |
| 7 | 广河高速、河紫高速 | 凤凰木、复羽叶栾树、大叶紫薇、小叶紫薇 | 深山含笑、樟树、木荷、山杜英、枫香、中华锥、秋枫、米老排、朴树、白楸 |
| 8 | 二广高速 | 复羽叶栾树、红花油茶、凤凰木 | 火力楠、阴香、山杜英、假苹婆、米老排、杨梅、樟树、木荷、红锥、南酸枣 |
| 9 | 广梧高速 | 浙江润楠、绒毛润楠、黄花风铃木、凤凰木、宫粉羊蹄甲 | 黄桐、木荷、火力楠、阴香、潺槁树、鸭脚木、黄樟、米锥、山杜英、杨梅 |
| 10 | 惠河梅汕高速 | 枫香、大叶紫薇、小叶紫薇、罗浮槭、红梅 | 樟树、红锥、深山含笑、杨梅、中华楠、罗浮栲、米老排、秋枫、山乌桕、枫香 |
| 11 | 潮莞高速 | 大叶紫薇、小叶紫薇、罗浮槭、凤凰木、红花羊蹄甲、蓝花楹、火焰木 | 阴香、假苹婆、木荷、红锥、山杜英、枫香、乐昌含笑、锥栗、樟树、橄榄、山乌桕 |
| 12 | 粤赣高速 | 杜鹃、紫花泡桐 | 樟树、中华楠、木荷、山乌桕、杨梅、中华锥、毛桃木莲、泡桐 |
| 13 | 广乐高速 | 樱花、复羽叶栾树 | 阴香、乐昌含笑、木荷、枫香、红锥、樟树、山乌桕、山杜英 |
| 14 | 西部沿海高速 | 仪花、蓝花楹、红花羊蹄甲、火焰木 | 中华楠、红锥、木荷、火力楠、鸭脚木、黄桐、山杜英、黄樟、阿丁枫、米老排 |
| 15 | 武广高铁 | 紫玉兰、仪花、大叶紫薇、紫花泡桐 | 樟树、木荷、乐昌含笑、米老排、红锥、山乌桕、米锥、枫香、虎皮楠 |
| 16 | 京广铁路 | 火焰木、红苞木、红花羊蹄甲 | 阴香、木荷、深山含笑、枫香、中华锥、鸭脚木、杨梅、山乌桕 |
| 17 | 京九铁路 | 黄槐、复羽叶栾树、蓝花楹、枫香 | 阴香、火力楠、木荷、枫香、罗浮栲、山杜英、米老排、中华楠、秋枫、鸭脚木 |

## （三）建设要求

**1. 主干道隔离网内绿化景观带**

（1）必须以规划的主题相适应，有提升空间的，要添花添色添景；与主题色调不统一或生长较差的，要重新规划种植。

（2）种植树种原则上以小灌为主，如大红花、簕杜鹃、红车、小叶紫薇等，不要种植乔木，高度不超过3m，以免遮挡后面20～50m的绿化景观带。

（3）如果隔离网内路肩绿化带种有桉树的，原则上要进行改造。

**2. 主干道隔离网外两侧20～50m的绿化景观带**

（1）做到灌木、小乔木、大乔木立体配置，5～10行树，3～5个层次，排列顺序依次为低矮灌木、灌木、小乔、中乔、大乔、伟乔，形成立体式上升的层次结构。

（2）大乔木以规刘的主题景观树种为主，与规划理念相融洽，并做到适地适树，种植时适当选用大苗。

（3）主题树种为落叶的，需搭配间种一些基调树种，做到四季常绿。

（4）重要景观节点，要根据用地情况营造组团式的景观节点。

（5）若两侧用地为较好田园风光的，可适当留有窗口，保留沿线的湿地、农田、果园、村舍等原有生态景观，丰富视觉效果。

（6）若途径农田、河岸、低洼湿地等排水不良地块，应在林带外侧修土质排水沟，尺寸可根据实际场地情况来确定，采用剖面梯形排水沟，坡度为1∶1，可供参考剖面尺寸：上宽×下宽×高为180cm×60cm×60cm。

（7）场地平整要考虑满足总体规划、施工条件、交通运输和场地排水等要求，并尽量使土方的挖填平衡，减少运土量和重复挖运。

（8）为了保证绿化景观带相对连续成带，除河流等自然地物外，缺口不超过50m，对旱地、农田、鱼塘，采取租赁、征收等方式解决绿化用地问题。

（9）为了保证主题景观带形成规模，地级市之间要做好规划建设的衔接。同时农业、林业、交通、公路、水利、海洋、铁路等不同部门也应注重协调。

**3. 主干道两侧1km可视范围生态景观带**

（1）要充分体现生态景观林带建设规划理念，做到与该林带主题相适应，可视1km范围内，要营造景观美、层次明、大色块、多色调的大森林景观。

（2）在一定区域内，选择珍贵树种、乡土树种的基调树种进行增绿、增茂、增厚．选择花色、叶色主题树种进行添景，种苗原则上采用2年生营养袋壮苗。

（3）对于果树等经济林，可以套种一些桃、李、梅等花色树种；对于桉树林、针叶残林等，原则要进行林分改造，以增强景观效果。

## （四）种植示意图（图1、图2）

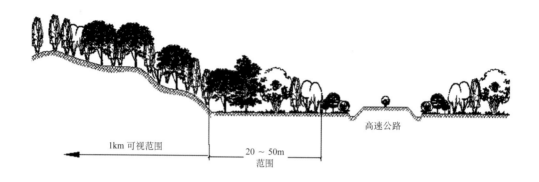

高速公路

1km 可视范围

20～50m
范围

**图1　高速公路生态景观林带种植示意图**

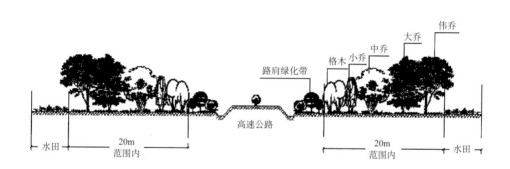

伟乔

大乔

中乔　小乔

格木

路肩绿化带

高速公路

水田

20m
范围内

20m
范围内

水田

**图2　高速公路两侧20m景观林带种植示意图**

# 四、江河生态景观林带

## （一）建设范围

建设范围为东江、西江、北江和韩江两岸山地、重点水库周边及水土流失较严重地区。

## （二）树种选择

### 1．基调树种

选择保持水土、涵养水源功能强的乡土阔叶树种，如：木荷、红锥、米锥、樟树、黄樟、甜槠、米老排、虎皮楠、檫树、红栲、锥栗、石梓、阿丁枫、猴欢喜、棟叶吴茱萸、山杜英、橄榄、土沉香、朴树、黧蒴、阴香、火力楠、灰木莲、毛桃木莲、任豆、枫香、南酸枣、石栗、黄桐、山乌桕、翻白叶树、罗浮栲、杨梅、喜树、白楸、深山含笑、鸭脚木、秋枫、潺槁树、乐昌含笑、格木、中华楠、广宁竹、茶秆竹、粉单竹和青皮竹等。

2. 景观树种

在优先考虑生态功能的同时，需要兼顾景观效果，适当搭配景观树种作点缀。红色系树种可选择：木棉、红苞木、红花油茶、红花羊蹄甲和红千层等；黄色系树种可选择：台湾相思、复羽叶栾树、黄兰、铁刀木和双翼豆等；紫色系树种可选择：仪花、大叶紫薇和紫玉兰等。白色系树种可选择：大头茶、千年桐和尖叶杜英等。

3. 配置模式

根据区域立地条件及林分状况，主要采用的配置模式见表5。

### 表5　江河两岸生态景观带树种配置模式表

| 带号 | 区域 | 树种配置模式 |
|---|---|---|
| 20 | 东江 | ①红锥+樟树+格木+米老排+棟叶吴茱萸+朴树+阿丁枫+山杜英+山乌桕 |
| | | ②黄樟+木荷+火力楠+阴香+枫香+南酸枣+米锥+假苹婆+黧蒴+杨梅 |
| | | ③米锥+黄桐+木荷+山乌桕+翻白叶树+台湾相思+米老排+灰木莲+锥栗 |
| | | ④罗浮栲+深山含笑+枫香+鸭脚木+秋枫+潺槁树+黄桐+猴欢喜+铁冬青 |
| 21 | 西江 | ①红锥+樟树+乐昌含笑+米老排+棟叶吴茱萸+朴树+檫树+潺槁树 |
| | | ②樟树+阴香+深山含笑+枫香+山杜英+黧蒴+红荷+米老排+木莲 |
| | | ③中华楠+黄桐+木荷+山乌桕+翻白叶树+红锥+假柿叶+猴欢喜+朴树 |
| | | ④罗浮栲+深山含笑+任豆+鸭脚木+秋枫+潺槁树+山杜英+杨梅 |
| 22 | 北江 | ①红锥+樟树+秋枫+乐昌含笑+含笑+米老排+棟叶吴茱萸+朴树 |
| | | ②木荷+毛桃木莲+阴香+黧蒴+任豆+枫香+山杜英+虎皮楠+铁冬青 |
| | | ③红锥+黄桐+木荷+山乌桕+翻白叶树+喜树+樟树+枫香+南酸枣 |
| | | ④罗浮栲+深山含笑+任豆+鸭脚木+秋枫+潺槁树+秋枫+木荷 |
| 23 | 韩江 | ①中华锥+樟树+火力楠+米老排+棟叶吴茱萸+朴树+橄榄+灰木莲 |
| | | ②黄樟+山杜英+杨梅+山乌桕+枫香+黧蒴+棟叶吴茱萸+南酸枣+阴香 |
| | | ③红锥+黄桐+木荷+山乌桕+翻白叶树+中华楠+檫树+阴香+山杜英 |
| | | ④罗浮栲+深山含笑+鸭脚木+秋枫+潺槁树+锥栗+红荷+土沉香 |

## （三）建设要求

（1）江河生态景观林带主要涵养水源为主，以绿色为基调，适当选择一些主题景观树种。

（2）种植采取株间随机混交的方式，使改造后林分结构更接近自然林，形成具有生物多样性、景观多样性、生长稳定、生态高效的森林群落。

（3）如果沿江有国道、省道重叠在一起的，道路两侧可以参照高速公路绿化景观带选择绿化主题景观树种进行改造。

## （四）种植示意图 （图3）

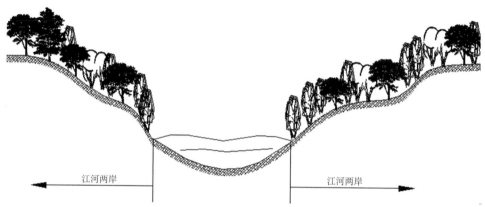

图3　江河生态景观林带种植示意图

# 五、沿海生态景观林带

## （一）建设范围

建设范围为宽度50m以上的沿海沙质海岸线、沿海滩涂地带、陆地与海洋交界的海岸潮间带或河口以及沿海第一重山。

## （二）树种选择

根据沿海岸不同的立地条件，树种选择与配置模式如表6。

表6　沿海生态景观林带树种配置模式表

| 序号 | 类型名称 | 主题树种 | 基调树种 |
|---|---|---|---|
| 1 | 基干林带 | 木麻黄、大叶相思 | 台湾相思、香蒲桃、海芒果、水黄皮、黄槿 |
| 2 | 红树林 | 白骨壤、桐花树、秋茄、无瓣海桑 | 红海榄、海桑、拉贡木、木榄、海芒果、银叶树、水黄皮、海漆、黄槿 |
| 3 | 沿海第一重山 | 台湾相思、大叶相思、山乌桕 | 木荷、大头茶、翻白叶树、鸭脚木 |

## （三）建设要求

（1）沿海泥岸滩涂：尽量多种红树林。沿海泥岸滩涂在靠岸或离岸种植无瓣海桑、秋茄、红海榄等红树树种。

（2）沿海基干林带：优先规划建设近年来受台风破坏的林带，把缺口补上，做到合拢；其次要拓宽，符合国家基干林带建设宽度要求；树种选择以木麻黄、大叶相思等抗风能力较强的树种为主。

（3）沿海基干林带和红树林建设，要注意与水利部门"千里绿色海堤"工程结合在一起，做到共建共享。

（4）沿海 1km 山体绿化带。1km 以内山体可以种植台湾相思、大叶相思、木荷、鸭脚木等树种；在立地条件较差的区域，相思类树种可超过 2/3 比例；在立地条件好的区域适当选用一些花色、叶色树种，如大头茶、山乌桕等，增强景观效果。

## （四）种植示意图（图 4、图 5）

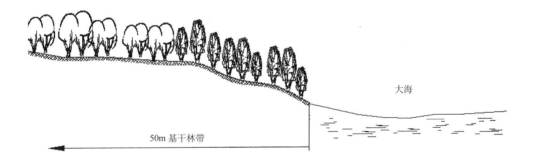

**图 4　沿海生态景观林带种植示意图**（基干林带）

**图 5　沿海生态景观林带种植示意图**（红树林）

# 六、特殊地段造林技术处理

## (一) 鱼塘、水库等水体区域

根据塘、水库等水体区域现状和造景需要，种植湿地植物可分为以下几种类型：

(1) 泥岸型：可以栽植落羽杉、池杉、水松、新银合欢、苦楝、大叶相思、台湾相思、柳树、蒲葵、青皮竹、青杆竹、大眼竹、撑篙竹、芦苇和三棱草等。

(2) 挺水性：可以选用荷花、千屈菜、菖蒲、香蒲、慈姑、黄菖蒲、水葱、梭鱼草、花叶芦竹、旱伞草和芦苇等。

(3) 浮水型：可以选择王莲、睡莲、萍蓬草、茨实、荇菜、水蕨和槐叶萍等。

(4) 水边型：种植的植物有蜈蚣草、竹叶兰、网草、金丝草、菊花草、水芹草、浮水仙、皇冠草、西瓜草、金鱼草、宽叶水芋、短叶水芋、大叶水芋、粉红水芋、水兰、大叶水兰、水莲、柳叶草、香蕉草、龙须草、小木兰和发苔草等。

## (二) 取土场

对坡度在45°以下的取土场可采用常规造林，对坡度在45°以上的取土场可采取点种灌木种子或挂网喷草的方式进行，灌木种子可以选择牧豆、银合欢和山毛豆等；草类种子可选择狗牙根、白喜草和香根草等。

## (三) 采石场

根据采石场的地理位置、周边环境及其自然特点，采用土建工程和植物合理配置的综合整治方法：

(1) 台阶式：采用多排孔定向爆破形成阶梯平台，平台高差一般在10m左右，平台宽5～8m。外砌毛石挡土墙，高度80～150cm，客土60～130cm。种植攀爬植物在台阶边缘上攀下垂，如爬山虎、青龙藤等，在台阶上选择浅根系、耐贫瘠的榕树、筋仔树作为主题乔木，再配合种植夹竹桃、大红花、箪杜鹃等作为景观植物，地表种植红毛草、类芦等固土草本。

(2) 槽板式：在石壁上人工安装种植槽，营造一个可存放土壤的空间，为植物的生长提供必要的生长环境。槽板的材质和规格因情况而定，在壁面高差每3m建一排板槽，在壁上以45°角打钻一排20～50cm的孔，预制板插入加注混泥土，槽内置优质生长基质，种植攀沿藤本爬山虎及大红花等灌木。

(3) 燕巢式：利用石壁微凹地形或破碎裂隙发育环境创造植物生存的环境，回填种植土，种植小灌木或爬藤植物，有些洞穴较深的地方可以种植榕树、马占相思和台湾相思等。

(4) 喷播覆盖式：在不太陡的边坡面上，营造一个既能让植物生长发育而种植基质又不被冲刷的多孔稳定结构，利用特制喷混机械将土壤、肥料、有机质、保水材料、植物种子、水泥等混合干料加水后喷射到岩面上。

**（四）隧道口**

隧道口是展示景观效果的最佳观赏区域，要根据立地条件，在不影响行车安全的前提下，采取乔、灌、草、藤结合的方式丰富景观。

**（五）高架桥**

高架桥周边的立地条件一般都比较差，选择对立地条件要求不苛的乔木树种进行绿化，可选择的树种有：榕树、山杜英、红锥、黧蒴、木荷和枫香等。

**（六）居民点、厂区等区域**

这些地段为靠近人居的区域，树种选择上既要考虑抗性强，又不能对人体产生过敏的树种。树种搭配上以乡土树种为主，外来景观树种为辅，仿园林式手法造景。

**（七）不佳观赏区**

对路旁景观效果差的破旧房屋、墓园等不佳观赏区，可采取密植乔、灌、草的方式进行遮挡。乔木可选择枝繁叶茂的树种：樟树、榕树、糖胶树、木荷和阴香等；灌木可选择灰莉、大红花、夹竹桃、红绒球和黄金榕等；草本可选择沿阶草和香根草等。

**（八）桉树、松树等速生丰产林**

对生态景观林带范围内的现有桉树、松树等速生丰产林要重新规划为生态公益林，并逐步改造成以乡土阔叶树为主的混交林，并在 30～50 年内禁止主伐，确保生态景观林带功能持续发挥。

**（九）荔枝、龙眼、柑橘类等经济林**

对现有荔枝、龙眼、柑橘类等经济林可补种桃、李、梅等，增加林分的景观多样性。

**（十）田园风光**

若两侧用地为较好的田园风光，可适当留有窗口，丰富沿线的湿地、农田、果园、村舍等原有生态景观。

# 七、市级规划（或实施方案）与县级施工设计

**（一）市级建设规划（或实施方案）**

1．总体要求

（1）市级建设规划（或实施方案）由市级林业主管部门牵头，其他市级相关部门协作，组织专业技术人员，以市辖区域为单位进行编制。

（2）市级建设规划（或实施方案）总体布局要服从全省规划的要求，是省级规划的细化与拓展。

（3）市级建设规划（或实施方案）要将省级任务分解落实到县（区、市）及具体林带。

2．成果要求

（1）规划（或实施）背景及必要性；

（2）建设条件分析：包括自然生态环境状况、社会经济发展概况、工程建设现状及优势与主要面临的问题分析等；

（3）规划（或实施）依据、指导思想、原则；

（4）建设理念与规划（或实施）范围、布局；

（5）建设任务：包括总工程量、年度工程量安排、物资需要量测算等；

（6）工程建设的主要技术要求；

（7）投资估算与资金筹措；

（8）组织管理与保障措施；

（9）附图：包括现状图、总体布局图等。

### （二）县级施工设计

1．总体要求

（1）施工设计由县级林业主管部门牵头组织专业人员，以本行政区内的林带为单位进行编制，施工设计要具体落实到小班（地块）。

（2）各林带施工设计要服从整体布局，以经批复的所在市的市级规划（或实施方案）成果为基础进行编制。

（3）施工设计必须对工程的质量标准、技术要点、施工组织、施工时间、组织管理有明确规定。

（4）施工设计要便于施工单位操作。

2．施工设计文件的组成

施工设计文件包括说明书、统计表、施工图及附件四部分。

（1）施工设计说明书以林带为单位编写，主要内容包括：

——前言：简述设计过程及提交的成果；

——基本情况：包括作业区的自然条件、交通、土地利用、资源状况等；

——依据和原则；

——工程的规模、范围和布局；

——技术措施；

——配套基础设施工程；

——物资需要量；

——投资预算及筹措；

——施工组织；

——环境保护。

（2）统计表：包括工程建设任务汇总表、工程施工设计一览表（小班设计一览表）及物资需要量统计表等。

（3）施工设计图：包括工程区位置示意图、按造林模式绘制的营造林施工设计图、园林式造景的施工图、辅助工程单项设计图等。

（4）附件：主要包括有关文件、专题调查报告等。